智能系统与技术丛书

利用Python驾驭Stable Diffusion
原理解析、扩展开发与高级应用

Using Stable Diffusion with Python

[美] 安德鲁·朱（Andrew Zhu） 著

王梦蛟 译

机械工业出版社
CHINA MACHINE PRESS

Andrew Zhu：*Using Stable Diffusion with Python*（ISBN 978-1-83508-637-7）.

Copyright © 2024 Packt Publishing. First published in the English language under the title "Using Stable Diffusion with Python".

All rights reserved.

Chinese simplified language edition published by China Machine Press.

Copyright © 2025 by China Machine Press.

本书中文简体字版由 Packt Publishing 授权机械工业出版社独家出版。未经出版者书面许可，不得以任何方式复制或抄袭本书内容。

北京市版权局著作权合同登记　图字：01-2024-3851 号。

图书在版编目（CIP）数据

利用 Python 驾驭 Stable Diffusion：原理解析、扩展开发与高级应用 /（美）安德鲁·朱（Andrew Zhu）著；王梦蛟译. -- 北京：机械工业出版社，2025. 5.（智能系统与技术丛书）. -- ISBN 978-7-111-78028-1

I. TP18；TP391.413

中国国家版本馆 CIP 数据核字第 20259F0X16 号

机械工业出版社（北京市百万庄大街 22 号　邮政编码 100037）
策划编辑：王春华　　　　　　　　　　责任编辑：王春华　冯润峰
责任校对：赵玉鑫　李可意　景　飞　　责任印制：单爱军
天津嘉恒印务有限公司印刷
2025 年 5 月第 1 版第 1 次印刷
186mm × 240mm · 19.25 印张 · 382 千字
标准书号：ISBN 978-7-111-78028-1
定价：109.00 元

电话服务　　　　　　　　　　网络服务
客服电话：010-88361066　　　机　工　官　网：www.cmpbook.com
　　　　　010-88379833　　　机　工　官　博：weibo.com/cmp1952
　　　　　010-68326294　　　金　书　网：www.golden-book.com
封底无防伪标均为盗版　　　　机工教育服务网：www.cmpedu.com

谨以此书献给我挚爱的妻子 Yinhua Fan，以及我们珍爱的儿子 Charles Zhu 和 Daniel Zhu。

他们是我创作的火种，是我激情的燃料，也是我在这段旅程中坚持不懈的爱之源泉。没有他们坚定不移的支持、鼓励和启发，我无法完成这本书。

THE TRANSLATOR'S WORDS
译者序

近年来，人工智能技术发展日新月异，Stable Diffusion 作为其中一颗耀眼的明星，以其强大的图像生成能力吸引了无数的目光。从艺术创作到产品设计，Stable Diffusion 正在各个领域展现出巨大的潜力。然而，对于许多想要深入了解和应用 Stable Diffusion 的人来说，复杂的原理和代码实现常常成为难以逾越的障碍。

将本书原书翻译成中文，正是为了帮助读者跨越这道障碍，真正体验 Stable Diffusion 模型的精妙之处。本书最吸引我的地方在于，它并非仅仅停留在枯燥的原理介绍层面，而是提供了完整的代码和详细的步骤，让读者可以亲自动手实验，在实践中学习和掌握 Stable Diffusion。

本书涵盖了 Stable Diffusion 的各个方面，从环境搭建到模型优化，从图像生成到视频制作，从 LoRA 到 ControlNet。作者以清晰的思路和通俗易懂的语言，将复杂的理论知识和代码实现娓娓道来，并辅以大量的示例和插图，使读者能够轻松理解和上手。

更值得一提的是，本书还深入探讨了 Stable Diffusion 的一些高级应用，例如图像修复、超分辨率、文本反转、自定义提示词、生成视频、模型微调等，为读者打开了更广阔的应用空间。

在翻译过程中，我力求忠实于原文，同时兼顾中文的表达习惯，使译文流畅自然、易于理解。

希望本书能够成为你学习和应用 Stable Diffusion 的得力助手，帮助你开启 AI 图像生成之旅！

PROLOGUE

序　言

人工智能开启了创造力的新纪元，生成式模型展示了曾经认为只能在未来看到的景象。Stable Diffusion 作为一项创新突破，巧妙结合了技术复杂性与实际应用，为各个领域的创作者提供了强大支持。

Andrew Zhu 的书可以帮助大家全面了解 Stable Diffusion 技术。他深入地剖析了这项技术的基本原理，与其他模型进行对比，并展示了如何在各种创意领域应用这项技术。

像 Stable Diffusion 这样的技术是激发创造力的催化剂，能够帮助人们加速工作流程，实现内容的完善、编辑和生成。它们利用尖端的优化技术生成细致独特的图像，在图像创建的效率方面设定了新标准，并实现了以往只能通过细致的人工操作才能实现的高质量效果。无论你是在构建数据驱动型应用程序，还是在尝试富有想象力的视觉叙事，该模型强大的可扩展架构都能无缝集成到各种生产环境中。

随着新架构和优化技术不断重新定义最先进的技术，我们正在见证人工智能（尤其在深度学习领域）前所未有的发展速度。Stable Diffusion 就是这种快速发展的证明，它提供实用的解决方案，使独立创作者和组织机构都能快速将创意变为现实，这往往能将过去需要数周时间完成的工作缩短到几小时。

现在是探索 Stable Diffusion 的激动人心的时刻。Andrew 精心整理的见解无疑将激发你创新项目的灵感，从而利用生成式 AI 的真正力量。带着好奇心和热情阅读本书，你将踏上一段既能获取信息又能激发新创意的旅程。

Andrew 在理解生成式模型的微妙差异以及开发突破可能性边界的实用方法上做出了开创性的贡献。他的书彰显了这种独创性，书中提供的见解将引领爱好者和专业人士迈入创意与技术进步的新时代。

请尽情享受阅读！旅程才刚刚开始。

—— Matt Fisher, Dahlia Labs 联合创始人兼首席技术官

PREFACE

前　　言

当 Stable Diffusion 于 2022 年 8 月 22 日问世时，这款基于扩散模型的图像生成模型迅速吸引了全球的目光。它的模型和源代码全部开源，并托管在 GitHub 上。随着数百万社区成员和用户的参与，许多新模型和混合模型相继发布，Stable Diffusion WebUI 和 InvokeAI 等工具也随之诞生。

尽管使用 Stable Diffusion WebUI 工具能够生成由扩散模型驱动的精美图像，但其适用范围有限。Hugging Face 的开源 Diffusers 包让用户可以通过 Python 完全掌控 Stable Diffusion。然而，它缺少许多关键功能，例如加载自定义的 LoRA 模型和文本反转（Textual Inversion，TI）、使用社区发布的模型/检查点、调度和加权提示、无限提示词、高分辨率图像修复和图像放大等功能。本书将指导你突破 Diffusers 的局限，实现高级功能，打造一个完全自定义的工业级 Stable Diffusion 应用程序。

读完本书，你不仅能够使用 Python 生成和编辑图像，还可以利用书中的解决方案为你的业务和用户构建 Stable Diffusion 应用程序。

本书适合谁

本书适用于希望全面了解图像生成和扩散模型如何工作的人工智能图像与艺术生成爱好者。

本书同样适合那些希望全面了解人工智能图像生成，并精确掌控扩散模型的艺术家。

希望基于 Stable Diffusion 开发人工智能图像生成应用程序的 Python 程序员也会发现本书非常有用。

最后，本书也面向数据科学家、机器学习工程师，以及希望使用 Python 以编程方式控制 Stable Diffusion 过程、自动化管道、构建自定义管道并进行测试和验证的研究人员。

本书涵盖的内容

第 1 章简介人工智能图像生成技术 Stable Diffusion。

第 2 章讲解如何配置 CUDA 和 Python 环境以运行 Stable Diffusion 模型。

第 3 章是一个快速入门章节，旨在帮助你快速掌握用 Python 通过 Stable Diffusion 生成图像的方法。

第 4 章深入探讨扩散模型背后的理论。

第 5 章全面探讨 Stable Diffusion 背后的理论。

第 6 章详细讲解如何处理模型数据，以及如何转换和加载模型文件。

第 7 章教授如何提升性能并减少显存占用。

第 8 章介绍如何将社区共享的 LoRA 与 Stable Diffusion 检查点模型结合使用。

第 9 章介绍如何将社区共享的文本反转与 Stable Diffusion 检查点模型结合使用。

第 10 章讲解如何编写自定义提示处理代码，以使用不受大小限制的提示并赋予权重分数。具体来说，我们将探讨如何为每个提示或令牌（token）分配不同的权重，以微调模型注意力，生成更精确的结果。

第 11 章展示如何使用 Stable Diffusion 技术进行图像修复和放大。

第 12 章展示如何构建自定义管道以支持计划提示。

第 13 章讲解如何将 ControlNet 与 Stable Diffusion 检查点模型结合使用。

第 14 章展示如何将 AnimateDiff 与 Stable Diffusion 结合使用来生成一个短视频片段，并理解视频生成背后的理论。

第 15 章讲解如何利用大语言模型（LLM）从图像中提取描述。

第 16 章展示如何入门并使用这个更新、更先进的 Stable Diffusion 模型。

第 17 章探讨编写高效 Stable Diffusion 提示以生成更佳图像的技巧，并介绍利用 LLM 自动生成提示的方法。

第 18 章讲解如何使用 Stable Diffusion 及相关的机器学习模型进行图像编辑，并将一种图像的风格迁移到另一种图像上。

第 19 章展示如何将图像生成提示和参数嵌入生成的 PNG 图像中。

第 20 章展示如何使用开源框架 Gradio 构建一个 Stable Diffusion WebUI。

第 21 章介绍如何从零开始训练一个 Stable Diffusion LoRA。

第 22 章提供有关 Stable Diffusion、人工智能以及如何了解最新发展的更多信息。

如何充分利用本书

你需要具备一定的 Python 编程经验。熟悉神经网络和 PyTorch 将有助于阅读和运行本书中的代码。

> **免责声明：**
> 本书在编写过程中考虑到了道德实践和法规。请避免将在本书中获得的知识用于任何不道德的目的。请参阅第 22 章，深入了解使用人工智能的道德规范。

书中涵盖的软件/硬件	操作系统要求
Python 3.10+	Linux, Windows 或 macOS
Nvidia GPU（Apple M 芯片可能可用，但强烈推荐 Nvidia GPU）	
Hugging Face Diffusers	

请翻到第 2 章，查看开发环境设置的详细步骤。

下载示例代码文件

你可以访问 https://github.com/PacktPublishing/Using-Stable-Diffusion-with-Python 下载本书的示例代码文件。如果代码有更新，那么它将在 GitHub 仓库中更新。

我们还在 https://github.com/PacktPublishing/ 上提供了许多书籍和视频资源中的其他代码包。快去看看吧！

排版约定

本书使用了以下排版约定。

代码：表示文本中的代码、数据库表名、文件夹名、文件名、文件扩展名、路径名、虚拟 URL、用户输入和 Twitter 句柄。例如："这里，我们使用 `controlnet-openpose-sdxl-1.0` 作为 Stable Diffusion XL 的姿态控制库。"

一段代码如下所示：

```
import torch
from diffusers import StableDiffusionPipeline
# load model
text2img_pipe = StableDiffusionPipeline.from_pretrained(
    "stablediffusionapi/deliberate-v2",
    torch_dtype = torch.float16
).to("cuda:0")
```

任何命令行输入或输出都写成如下形式:

```
$ pip install pandas
```

加粗:用于表示新术语、重要词汇或你在屏幕上看到的单词。例如,菜单或对话框中的单词会以**粗体**显示。例如:"单击**运行**按钮后,进度条会出现在输出文本框的位置。"

> **建议或重要的提示**
> 会按此格式展示。

ABOUT THE AUTHOR
作者简介

Andrew Zhu（Shudong Zhu）是一位资深的微软应用数据科学家，在科技行业拥有超过 15 年的经验。Andrew 擅长将复杂的机器学习和人工智能概念转化为通俗易懂且引人入胜的叙述，并因此而闻名，他定期为 *Toward Data Science* 等知名出版物撰稿。他的上一本书 *Microsoft Workflow Foundation 4.0 Cookbook* 在亚马逊上获得了 4.5 星的好评。

作为知名的 Hugging Face Diffusers 库（顶尖的 Stable Diffusion Python 库，也是本书主要关注的内容）的贡献者，Andrew 展现了卓越的专业能力。目前，他领导一家隐形初创公司的 AI 部门，凭借深厚的研究背景和生成式 AI 的娴熟技能，致力于重塑在线购物体验，并引领零售业 AI 的未来。

在工作之余，Andrew 与他深爱的家人，包括两个儿子，一起生活在美国华盛顿州。

ABOUT THE REVIEWERS
审校者简介

Krishnan Raghavan 是一位 IT 专家，在软件开发和交付方面拥有超过 20 年的经验，涉及多个领域和技术，从 C++ 到 Java、Python、Angular、Golang 和数据仓库。

在工作之余，Krishnan 喜欢和妻子、女儿共度时光，阅读各种各样的书籍，他还会参加黑客马拉松。Krishnan 也积极回馈社区，作为 GDG–Pune 志愿者小组的成员，他经常帮助团队策划活动。

你可以通过电子邮件联系 Krishnan：mailtokrishnan@gmail.com。

Krishnan 感谢他的妻子 Anita 和女儿 Ananya，她们给予他充足的时间和空间来审阅这本书。

Swagata Ashwani 是一位数据专家，拥有超过 7 年的医疗保健、零售和平台集成行业经验。她是一位热衷于撰写人工智能前沿发展文章的博主，对自然语言处理（Natural Language Processing，NLP）有着浓厚的兴趣，专注于研究如何将 NLP 模型应用于实际环境。她不仅是一名播客主持人，也是 Women in Data 分会的负责人，致力于倡导女性在技术领域的作用，并强调在这个飞速发展的时代中负责任地使用人工智能。在闲暇时光，她爱弹吉他、喝马萨拉茶，还会去探索新的瑜伽场地。

目 录

译者序
序言
前言
作者简介
审校者简介

第一部分　Stable Diffusion 的旋风

第 1 章　Stable Diffusion 介绍 …… 2
1.1　扩散模型的演变 ……………… 4
　　1.1.1　在 Transformer 和注意力之前 …………………… 4
　　1.1.2　Transformer 给机器学习带来的变革 …………… 4
　　1.1.3　OpenAI 的 CLIP 产生了重大影响 ………………… 5
　　1.1.4　图像生成 ………………… 5
　　1.1.5　DALL-E 2 和 Stable Diffusion ………………… 6
1.2　为何选择 Stable Diffusion …… 6
1.3　使用哪一个版本的 Stable Diffusion ……………………… 7
1.4　为什么选择本书 ……………… 7
1.5　参考文献 ……………………… 8

第 2 章　搭建 Stable Diffusion 的开发环境 ……………………… 9
2.1　硬件要求 ……………………… 10
　　2.1.1　GPU ……………………… 10
　　2.1.2　系统内存 ………………… 11
　　2.1.3　存储 ……………………… 11
2.2　软件要求 ……………………… 11
　　2.2.1　CUDA 安装 ……………… 11
　　2.2.2　为 Windows、Linux 和 macOS 安装 Python …… 13
　　2.2.3　安装 PyTorch …………… 14
2.3　运行 Stable Diffusion 管道 …… 15
2.4　使用 Google Colab …………… 16
2.5　使用 Google Colab 运行 Stable Diffusion 管道 ……………… 17
2.6　总结 …………………………… 19

2.7 参考文献 ································ 19

第 3 章 使用 Stable Diffusion 生成图像 ···················· 20

3.1 登录 Hugging Face ············· 20
3.2 生成图像 ··························· 21
3.3 生成器种子 ······················· 22
3.4 采样调度器 ······················· 23
3.5 更换模型 ··························· 25
3.6 引导比例 ··························· 26
3.7 总结 ·································· 27
3.8 参考文献 ··························· 28

第 4 章 理解扩散模型背后的理论 ···················· 29

4.1 理解图像到噪声的转换过程 ······ 30
4.2 一种更高效的前向扩散过程 ······ 33
4.3 噪声到图像的训练过程 ······ 36
4.4 噪声到图像的采样过程 ······ 37
4.5 理解分类器引导去噪 ········· 39
4.6 总结 ·································· 39
4.7 参考文献 ··························· 40

第 5 章 理解 Stable Diffusion 的工作原理 ················· 41

5.1 潜空间中的 Stable Diffusion ······ 42
5.2 使用 diffusers 生成潜向量 ······ 44
5.3 使用 CLIP 生成文本嵌入 ······ 47
5.4 初始化时间步嵌入 ············ 49
5.5 初始化 Stable Diffusion 的 UNet ·································· 51

5.6 实现一个文本到图像的 Stable Diffusion 推理管道 ············ 51
5.7 实现一个文本引导的图像到图像 Stable Diffusion 推理管道 ······ 54
5.8 总结 ·································· 55
5.9 参考文献 ··························· 56
5.10 扩展阅读 ·························· 56

第 6 章 使用 Stable Diffusion 模型 ····················· 57

6.1 技术要求 ··························· 57
6.2 加载 Diffusers 模型 ············ 58
6.3 从 safetensors 和 .ckpt 文件加载模型的检查点 ············· 59
6.4 在 Diffusers 中使用 .ckpt 和 safetensors 文件 ················· 59
6.5 关闭模型安全检查器 ········· 60
6.6 将检查点模型文件转换为 Diffusers 格式 ······················ 61
6.7 使用 Stable Diffusion XL ·········· 62
6.8 总结 ·································· 66
6.9 参考文献 ··························· 66

第二部分 通过自定义功能改进扩散模型

第 7 章 优化性能和显存的使用 ···················· 68

7.1 设置基线 ··························· 68
7.2 优化方案 1：使用 float16 或 bfloat16 数据类型 ············· 69

7.3 优化方案 2：启用 VAE 平铺 …… 70
7.4 优化方案 3：启用 Xformers 或 使用 PyTorch 2.0 …… 71
7.5 优化方案 4：启用顺序 CPU 卸载 …… 72
7.6 优化方案 5：启用模型 CPU 卸载 …… 73
7.7 优化方案 6：令牌合并 …… 74
7.8 总结 …… 75
7.9 参考文献 …… 76

第 8 章 使用社区共享的 LoRA …… 77

8.1 技术要求 …… 78
8.2 LoRA 技术的工作原理 …… 78
   8.2.1 使用 LoRA 与 Diffusers …… 79
   8.2.2 使用 LoRA 权重 …… 81
8.3 深入探索 LoRA 的内部结构 …… 84
   8.3.1 从 LoRA 文件中找到 A 和 B 权重矩阵 …… 85
   8.3.2 找到相应的检查点模型层名称 …… 86
   8.3.3 更新检查点模型权重 …… 88
8.4 创建一个加载 LoRA 的函数 …… 89
8.5 为什么 LoRA 有效 …… 92
8.6 总结 …… 93
8.7 参考文献 …… 93

第 9 章 使用文本反转 …… 94

9.1 使用文本反转进行 Diffusers 推理 …… 95

9.2 文本反转的工作原理 …… 96
9.3 构建一个自定义的文本反转加载器 …… 98
   9.3.1 文本反转的 pt 文件格式 …… 98
   9.3.2 文本反转的 bin 文件格式 …… 99
   9.3.3 构建一个文本反转加载器的详细步骤 …… 99
   9.3.4 将所有代码整合在一起 …… 101
9.4 总结 …… 103
9.5 参考文献 …… 104

第 10 章 破解 77 个令牌限制和启用提示权重 …… 105

10.1 理解 77 个令牌的限制 …… 106
10.2 突破 77 个令牌的限制 …… 107
10.3 启用带权重的长提示 …… 113
10.4 验证工作 …… 122
10.5 使用社区管道突破 77 个令牌的限制 …… 123
10.6 总结 …… 125
10.7 参考文献 …… 125

第 11 章 图像修复和超分辨率 …… 126

11.1 理解相关术语 …… 126
11.2 使用图像到图像的扩散技术进行图像放大 …… 128

11.2.1	一步超分辨率	128
11.2.2	多步超分辨率	131
11.2.3	超分辨率结果比较	132
11.2.4	图像到图像限制	133

11.3 ControlNet 分块图像放大 133
    11.3.1 使用 ControlNet 分块放大图像的步骤 134
    11.3.2 ControlNet 分块放大结果 136
    11.3.3 更多 ControlNet 分块放大示例 136
11.4 总结 141
11.5 参考文献 141

第 12 章 计划提示解析 143

12.1 技术要求 143
12.2 使用 Compel 包 144
12.3 构建自定义的计划提示管道 147
    12.3.1 计划提示解析器 147
    12.3.2 补充缺失的提示 150
    12.3.3 支持计划提示的 Stable Diffusion 管道 151
12.4 总结 158
12.5 参考文献 159

第三部分 高级主题

第 13 章 使用 ControlNet 生成图像 162

13.1 什么是 ControlNet，它有哪些独特之处 162

13.2 如何使用 ControlNet 164
13.3 在管道中使用多个 ControlNet 167
13.4 ControlNet 的工作原理 170
13.5 ControlNet 的更多用法 171
    13.5.1 更多 Stable Diffusion 与 ControlNet 结合的例子 171
    13.5.2 Stable Diffusion XL 的 ControlNet 171
13.6 总结 175
13.7 参考文献 176

第 14 章 使用 Stable Diffusion 生成视频 177

14.1 技术要求 178
14.2 文本到视频生成的原理 178
14.3 AnimateDiff 的实际应用 179
14.4 使用 Motion LoRA 控制动画运动 181
14.5 总结 183
14.6 参考文献 183

第 15 章 使用 BLIP-2 和 LLaVA 生成图像描述 184

15.1 技术要求 184
15.2 BLIP-2——启动语言–图像预训练 186
    15.2.1 BLIP-2 的工作原理 186
    15.2.2 使用 BLIP-2 生成描述 187

15.3 LLaVA——大型语言与视觉助手 188
   15.3.1 LLaVA 的工作原理 ...188
   15.3.2 安装 LLaVA 188
   15.3.3 使用 LLaVA 生成图像描述 189
15.4 总结 192
15.5 参考文献 192

第 16 章　探索 Stable Diffusion XL 193

16.1 Stable Diffusion XL 有哪些新变化 194
   16.1.1 Stable Diffusion XL 的变分自编码器 194
   16.1.2 Stable Diffusion XL 的 UNet 195
   16.1.3 Stable Diffusion XL 中的两个文本编码器 196
   16.1.4 两阶段设计 198
16.2 使用 Stable Diffusion XL 199
   16.2.1 使用 Stable Diffusion XL 社区模型 199
   16.2.2 使用 Stable Diffusion XL 图像到图像来增强图像 200
   16.2.3 使用 Stable Diffusion XL LoRA 模型 202
   16.2.4 使用无限长度提示词的 Stable Diffusion XL 203

16.3 总结 205
16.4 参考文献 206

第 17 章　Stable Diffusion 提示词优化之道 207

17.1 什么是好的提示词 207
   17.1.1 明确且具体 208
   17.1.2 使用描述性的语言 210
   17.1.3 使用一致的术语 212
   17.1.4 参考艺术作品和风格 213
   17.1.5 使用负面提示词 214
   17.1.6 迭代和改进 216
17.2 使用 LLM 生成更好的提示词 216
17.3 总结 226
17.4 参考文献 226

第四部分　将 Stable Diffusion 集成到应用中

第 18 章　对象编辑和风格迁移 228

18.1 使用 Stable Diffusion 编辑图像 228
   18.1.1 更换图像背景内容 229
   18.1.2 移除图像背景 232
18.2 对象和风格迁移 234
   18.2.1 加载带有 IP-Adapter 的 Stable Diffusion 管道 234

		18.2.2 风格迁移 ·········· 235

18.3 总结 ·············· 237

18.4 参考文献 ············ 237

第 19 章　生成数据持久化 ······ 238

19.1 探索和理解 PNG 文件结构 ···· 238

19.2 在 PNG 图像文件中保存文本数据 ············· 240

19.3 PNG 数据存储限制 ······· 243

19.4 总结 ·············· 243

19.5 参考文献 ············ 243

第 20 章　创建交互式用户界面 ············· 244

20.1 Gradio 介绍 ·········· 244

20.2 开始使用 Gradio ········ 245

20.3 Gradio 基础知识 ········ 247

　　20.3.1 Gradio 模块 ········ 247

　　20.3.2 输入和输出 ········ 249

　　20.3.3 创建一个进度条 ····· 250

20.4 使用 Gradio 构建一个 Stable Diffusion 文本到图像管道 ···· 250

20.5 总结 ·············· 252

20.6 参考文献 ············ 253

第 21 章　扩散模型的迁移学习 ············· 254

21.1 技术要求 ············ 255

21.2 使用 PyTorch 训练神经网络模型 ············· 255

　　21.2.1 准备训练数据 ······· 255

　　21.2.2 准备训练 ········· 256

　　21.2.3 训练模型 ········· 257

21.3 使用 Hugging Face 的 Accelerate 训练模型 ······· 259

　　21.3.1 应用 Hugging Face 的 Accelerate ·········· 259

　　21.3.2 将代码合在一起 ····· 260

　　21.3.3 使用 Accelerate 进行多 GPU 模型训练 ······ 261

21.4 训练 Stable Diffusion v1.5 LoRA ············· 264

　　21.4.1 定义训练超参数 ····· 265

　　21.4.2 准备 Stable Diffusion 组件 ············ 267

　　21.4.3 加载训练数据 ······· 268

　　21.4.4 定义训练组件 ······· 272

　　21.4.5 训练 Stable Diffusion v1.5 LoRA ········ 273

　　21.4.6 启动训练 ········· 278

　　21.4.7 验证结果 ········· 278

21.5 总结 ·············· 280

21.6 参考文献 ············ 281

第 22 章　Stable Diffusion 与未来 ············· 282

22.1 这波人工智能浪潮有何不同 ············· 282

22.2 数学和编程的持久价值 ······· 284

22.3 跟上人工智能创新的
步伐 ·················· 285
22.4 构建负责任、遵守道德、保护
隐私和安全的人工智能 ········ 286
22.5 我们与人工智能不断演变的
关系 ·················· 287
22.6 总结 ·················· 288
22.7 参考文献 ··············· 288

PART 1

第一部分

Stable Diffusion 的旋风

欢迎来到 Stable Diffusion 的奇妙世界！Stable Diffusion 正在快速发展，彻底改变了我们生成和处理图像的方式。在本书的第一部分，我们将全面探索其基础知识，为深入理解这项强大的技术奠定基础。

本部分包括第 1～6 章，我们将深入探讨 Stable Diffusion 的核心概念、原理和应用，为你进一步的实验和创新提供坚实的基础。首先，我们将介绍 Stable Diffusion 的基础知识，然后提供一份上手指南，帮助你成功搭建环境。接下来，你将学习如何使用 Stable Diffusion 生成惊艳的图像，然后深入研究扩散模型的理论基础以及 Stable Diffusion 如何施展魔法的复杂细节。

在本部分结束时，你将对 Stable Diffusion 有一个宽泛的了解，从其底层机制到实际应用，使你能够利用其潜力，创造出非凡的视觉内容。让我们一起深入探索 Stable Diffusion 的神奇之处吧！

CHAPTER 1

第 1 章

Stable Diffusion 介绍

Stable Diffusion 是一种深度学习模型,可以根据指导指令和图像通过扩散过程生成高质量的艺术作品。

在本章中,我们将带你了解这一人工智能图像生成技术,并探索它的发展历程。

与 OpenAI 的 DALL-E 2 等其他深度学习图像生成模型不同,Stable Diffusion 的工作原理是从一个随机噪声的潜在张量开始的,然后逐步添加细节。添加的细节量由一个扩散过程决定,该过程受一个数学方程控制(我们将在第 5 章深入探讨其细节)。在最后阶段,模型将潜在张量解码为像素图像。

自 2022 年问世以来,Stable Diffusion 已被广泛应用于生成惊艳的图像。例如,它能够生成与真实照片难以区分的人物、动物、物体和场景图像。图像是根据特定指令生成的,比如"一只猫在月球表面奔跑"或"一张宇航员骑马的图像"。

以下是一个示例,展示了如何使用 Stable Diffusion 根据给定描述生成图像:"一张宇航员骑马的图像"。

Stable Diffusion 会生成如图 1.1 所示的图像。

在我按下回车键之前,这张图像根本不存在。它是由我和 Stable Diffusion 共同创作的。Stable Diffusion 不仅能理解我们提供的描述,还为图像增添了更多细节。

除了文本生成图像,Stable Diffusion 还可以用自然语言编辑图像。例如,再次回顾前面的图像,我们可以用自动生成的蒙版和提示,把空间背景替换成蓝天和山脉。

背景提示可用于生成背景蒙版,"蓝天和山脉"提示引导 Stable Diffusion 将初始图像转换为如图 1.2 所示的图像。

图 1.1　由 Stable Diffusion 生成的宇航员骑马的图像

图 1.2　将背景替换为蓝天和山脉

无须点击鼠标或进行拖拽操作，也不必使用 Photoshop 这类额外付费的软件。你可以仅使用纯 Python 和 Stable Diffusion 来实现这一目标。Stable Diffusion 还能通过纯 Python 代码完成许多其他任务，这些将在本书后面详细介绍。

Stable Diffusion 是一个强大的工具，有潜力彻底改变我们创建和处理图像的方式。它可以用于为电影、视频游戏及其他应用生成逼真的图像。它还可以用于生成适用于营销、广告和装饰的个性化图像。

Stable Diffusion 具有以下几个重要特性：
❏ 它可以根据文本描述生成高质量的图像。

- 它基于一种扩散过程，这是一种比其他图像生成方法更稳定、更可靠的方法。
- 有许多可以公开访问的预训练大模型可用（超过 10 000 个），并且数量还在不断增长。
- 很多新的研究和应用正在以 Stable Diffusion 为基础进行开发。
- 它是开源的，任何人都可以使用。

下面先简要介绍一下近年来扩散模型的演变。

1.1 扩散模型的演变

正如罗马不是一天建成的一样，扩散技术也不是一开始就存在的。为了对这项技术有一个概览，在本节中，我们先来讨论近年来扩散模型的整体演变。

1.1.1 在 Transformer 和注意力之前

在不久之前，卷积神经网络（Convolutional Neural Network，CNN）和残差神经网络（Residual Neural Network，ResNet）在机器学习中的计算机视觉领域占据了主导地位。

CNN 和 ResNet 在目标检测和人脸识别等任务中已被证明非常有效。这些模型广泛应用于自动驾驶汽车和人工智能农业等多个行业。

然而，CNN 和 ResNet 有一个显著的缺点：它们只能识别训练集中的对象。要检测全新的对象，必须在训练数据集中添加新的类别标签，然后重新训练或微调预训练模型。这种限制是由模型本身、当时的硬件限制以及训练数据的可用性决定的。

1.1.2 Transformer 给机器学习带来的变革

Transformer 模型由 Google 开发，自其在自然语言处理领域产生影响以来，已经彻底革新了计算机视觉领域。

与传统方法依赖预定义标签计算损失并通过反向传播来更新神经网络权重不同，Transformer 模型及其 Attention（注意力）机制引入了一个新的概念：它们使用训练数据本身来完成训练和标注。

让我们来看一个例子：

"Stable Diffusion 可以使用文本生成图像"

假设我们将单词序列输入神经网络，但不包括最后一个单词：

"Stable Diffusion 可以使用文本生成"

有了这个提示，模型能够基于其现有的权重预测出下一个单词。假设它预测的是"苹果"。单词"苹果"的编码嵌入与文本在向量空间中的差异显著，就像两个数之间存在很大的间隔一样。这个间隔值可以作为损失值，然后通过反向传播来更新权重。

通过在训练过程中数百万次甚至数十亿次地重复这一过程并进行更新，模型的权重逐渐学会在句子中生成下一个合理的词语。

现在，通过精心设计的损失函数，机器学习模型可以应对各种任务。

1.1.3　OpenAI 的 CLIP 产生了重大影响

研究人员和工程师迅速认识到 Transformer 模型的潜力，这正如著名机器学习论文"Attention Is All You Need"[1]的结论中所提到的。作者指出以下几点：

我们对注意力模型的未来充满期待，并计划将其应用于其他任务。我们打算将 Transformer 扩展到处理除文本外的各种输入和输出模态的问题，并研究局部和受限的注意力机制，以高效处理图像、音频和视频等大规模数据。

如果你已经阅读了这篇论文，并了解了 Transformer 和基于 Attention 模型的强大能力，那么你可能会受到启发，重新思考自己的工作，并利用这种非凡的力量。

OpenAI 的研究人员成功掌握了这项技术，并开发出一个对比语言图像预训练（Contrastive Language-Image Pretraining，CLIP）模型[2]。该模型利用注意力机制和 Transformer 模型架构来训练图像分类模型。该模型可以在不需要标注数据的情况下，对各种图像进行分类。这是第一个在互联网上提取的 4 亿对图像 - 文本数据上训练的大规模图像分类模型。

虽然在 OpenAI 的 CLIP 模型之前也有类似的尝试，但正如 CLIP 论文的作者所述，结果并不理想[2]：

这些弱监督模型与最近从自然语言中直接学习图像表示的研究之间的一个重要区别在于规模。

确实，规模在解锁通用图像识别这一非凡超能力方面发挥了关键作用。其他模型使用了 20 万张图像，而 CLIP 团队则利用来自公共互联网的 4 亿张图像和文本数据来训练模型。

结果令人惊叹。CLIP 让图像识别和分割不受预定义标签的限制，可以识别过去模型难以发现的物体。通过大规模模型，CLIP 带来了显著的变化。鉴于 CLIP 的巨大影响力，研究人员一直在考虑能否利用它来根据文本生成图像。

1.1.4　图像生成

仅使用 CLIP，我们仍然无法根据文本描述生成逼真的图像。例如，如果我们让 CLIP 绘制一个苹果，则这个模型会将各种类型的苹果融合在一起，包括不同的形状、颜色和背景等。CLIP 可能会生成一个红绿各半的苹果，这可能不是我们想要的。

你可能对生成式对抗网络（Generative Adversarial Network，GAN）并不陌生，它能

够生成高度逼真的图像。但是，在生成过程中不能使用文本提示。生成式对抗网络已成为人脸修复和图像放大等图像处理任务的一种成熟的解决方案。然而，仍需要一种新的创新方法来利用基于引导描述或提示的模型来生成图像。

2020 年 6 月，Jonathan Ho 等人发表了一篇题为"Denoising Diffusion Probabilistic Models"的论文[3]，介绍了一种基于扩散的图像生成概率模型。扩散（diffusion）一词借用自热力学。扩散的原意是粒子从高浓度区域向低浓度区域移动。扩散这一概念启发了机器学习研究人员将其应用于去噪和采样过程。换句话说，我们可以从有噪声的图像开始，通过去除噪声来逐步完善图像。去噪过程会逐渐将噪点较多的图像转化为更清晰的原始图像。因此，这种生成模型被称为去噪扩散概率模型。

这种方法背后的理念非常巧妙。对于任何给定的图像，都会在原始图像上添加数量有限的正态分布噪声图像，从而有效地将原始图像转化为完全噪声图像。如果我们在 CLIP 模型的指导下，训练一个能够逆转这一扩散过程的模型，会怎么样呢？令人惊讶的是，这种方法竟然奏效了[4]。

1.1.5　DALL-E 2 和 Stable Diffusion

2022 年 4 月，OpenAI 发布了 DALL-E 2[5]，并附上了一篇名为"Hierarchical Text-Conditional Image Generation with CLIP Latents"的论文[4]。DALL-E 2 在全球范围内引起了巨大关注。它生成了大量令人惊叹的图像，这些图像迅速在社交网络和主流媒体上传播开来。人们不仅惊叹于图像的高质量，还被其创造前所未有的图像的能力所震撼。DALL-E 2 实际上在创作艺术作品。

也许是巧合，2022 年 4 月，CompVis 发表了一篇题为"High-Resolution Image Synthesis with Latent Diffusion Models"的论文[6]，介绍了另一种基于扩散的文本引导图像生成模型。在 CompVis 的工作基础上，来自 CompVis、Stability AI 和 LAION 的研究人员和工程师合作，于 2022 年 8 月发布了 DALL-E 2 的开源对标版本，名为 Stable Diffusion。

1.2　为何选择 Stable Diffusion

一方面，尽管 DALL-E 2 和其他商业图像生成模型（如 Midjourney）不需要复杂的环境设置或硬件准备就能生成精美图像，但这些模型都是闭源的。因此，用户对生成过程的控制有限，不能使用自定义模型，也无法向平台添加自定义功能。

另一方面，Stable Diffusion 是一个在 CreativeML Open RAIL-M 许可证下发布的开源模型。用户不仅可以自由使用该模型，还可以查看源代码、添加新功能，并从社区分享的众多自定义模型中获益。

1.3 使用哪一个版本的 Stable Diffusion

当我们提到 Stable Diffusion 时，究竟指的是哪一个版本呢？以下是不同 Stable Diffusion 工具及其差异的列表：

- **Stable Diffusion 的 GitHub 仓库**（https://github.com/CompVis/stable-diffusion）：这是 CompVis 团队最初实现的 Stable Diffusion，许多出色的工程师和研究人员为其作出了贡献。这是一个使用 PyTorch 实现的库，能够训练和生成图像、文本及其他创意内容。目前，该库的活跃度已有所下降，其 README 页面还建议用户使用 Hugging Face 的 Diffusers 来操作和训练扩散模型。
- **来自 Hugging Face 的 Diffusers**：Diffusers 是由 Hugging Face 开发的一个用于训练和使用扩散模型的库。它是当前用于生成图像、音频甚至分子 3D 结构的首选预训练扩散模型库。目前该库维护良好，并在积极开发中。几乎每天都有新代码被添加到其 GitHub 仓库中。
- **AUTOMATIC1111 开发的 Stable Diffusion WebUI**：这可能是当前最受欢迎的基于网页的应用程序，允许用户利用 Stable Diffusion 技术生成图像和文本，并提供图形用户界面（GUI），方便用户轻松尝试各种设置和参数。
- **InvokeAI**：InvokeAI 最初从 Stable Diffusion 项目分化而来，现在已经发展成一个独立的平台。InvokeAI 提供了许多强大功能，使其成为创意人士的强大工具。
- **ComfyUI**：ComfyUI 是一个使用 Stable Diffusion 技术的节点式用户界面。它允许用户创建个性化的工作流程，包括图像后期处理和转换。它提供了一个强大且灵活的 Stable Diffusion 图形用户界面，特色在于其基于节点的设计。

在本书中，每当我提到 Stable Diffusion 时，我指的是 Stable Diffusion 模型，而不是前面列出的 GUI 工具。本书将重点讲解如何仅用 Python 来使用 Stable Diffusion。我们的示例代码将会使用 Diffusers 的管道，并结合 Stable Diffusion WebUI 的代码和学术论文中的开源代码。

1.4 为什么选择本书

尽管 Stable Diffusion GUI 工具能够生成由扩散模型驱动的出色图像，但其使用范围仍然有限。大量的旋钮（正在增加更多的滑块和按钮）和特定术语，有时让生成高质量图像变成了一场猜谜游戏。另外，Hugging Face 开源的 Diffusers 包让用户能够使用 Python 完全掌控 Stable Diffusion。然而，它缺少许多重要功能，例如加载自定义的 LoRA 和文本嵌入、利用社区分享的模型/检查点，不支持调度和加权提示、无限提示词，以及高分辨率图像修复和图像放大等功能（不过，Diffusers 包会随着时间的推移不断改进）。

本书旨在让你从内部视角深入理解扩散模型中的各种复杂术语和控制参数，并指导你克服扩散器的局限，添加缺失的功能和高级特性，打造完全自定义的 Stable Diffusion 应用程序。

鉴于人工智能技术的发展日新月异，本书还旨在帮助你迅速适应即将到来的变化。

在本书的结尾，你不仅能够使用 Python 生成和编辑图像，还能利用书中提供的解决方案为你的业务和用户构建 Stable Diffusion 应用程序。

让我们开始这段旅程吧。

1.5 参考文献

1. *Attention Is All You Need*: https://arxiv.org/abs/1706.03762
2. *Learning Transferable Visual Models From Natural Language Supervision*: https://arxiv.org/abs/2103.00020
3. *Denoising Diffusion Probabilistic Models*: https://arxiv.org/abs/2006.11239
4. *Hierarchical Text-Conditional Image Generation with CLIP Latents*: https://arxiv.org/abs/2204.06125v1
5. DALL-E 2: https://openai.com/dall-e-2
6. *High-Resolution Image Synthesis with Latent Diffusion Models*: https://arxiv.org/abs/2112.10752

CHAPTER 2

第 2 章

搭建 Stable Diffusion 的开发环境

欢迎来到第 2 章。在本章中，我们将重点介绍如何搭建 Stable Diffusion 的运行环境。我们会介绍所有必要的步骤和配置，以确保你在使用 Stable Diffusion 模型时获得流畅的体验。我们的主要目标是帮助你了解每个组件的重要性，以及它们对整个流程的贡献。

本章内容如下所示：

- ❏ 介绍运行 Stable Diffusion 的硬件要求。
- ❏ 安装所需软件依赖项的详细步骤：NVIDIA 的 CUDA、Python、Python 虚拟环境（虽然非必需，但推荐使用）以及 PyTorch。
- ❏ 对于没有 GPU 的用户，可选的替代方案包括 Google Colab 和搭载 M 系列处理器的 Apple MacBook。
- ❏ 在设置过程中解决常见问题。
- ❏ 保持环境稳定的技巧和最佳实践。

首先我会简要介绍 Stable Diffusion 的重要性及其在各领域的应用，帮助你更好地理解这一核心概念及其意义。

接下来，我们将逐步讲解每个依赖项的安装过程，包括 CUDA、Python 和 PyTorch。我们还会讨论使用 Python 虚拟环境的好处，并指导你如何设置一个虚拟环境。

对于没有 GPU 设备的同学，我们会探讨一些替代方案，比如用 Google Colab。我们会提供使用这些服务的全面指南，并讨论其利弊。

最后，我们将列出环境设置过程中可能会遇到的一些常见问题，并提供排除故障的建议。此外，我们将分享保持环境稳定的最佳实践，以确保使用 Stable Diffusion 模型时的流畅体验。

本章结束时，你将掌握设置和维护 Stable Diffusion 的开发环境，从而为集中精力高效地构建模型并进行实验打下基础。

2.1 硬件要求

本节将探讨运行 Stable Diffusion 模型所需的硬件要求。本书将介绍 Stable Diffusion v1.5 和 Stable Diffusion XL(SDXL) 版本。这两种模型也是本书撰写时最常用的版本。

Stable Diffusion v1.5 于 2022 年 10 月推出，被视为通用模型，可以与 v1.4 互换使用。而 Stable Diffusion XL 于 2023 年 7 月发布，在处理高分辨率图像方面比 Stable Diffusion v1.5 更高效。它可以在不影响质量的情况下生成更大尺寸的图像。

从本质上讲，Stable Diffusion 是由以下部分组成的一组模型：

- **令牌解析器**（Tokenizer）：将文本提示切分成一系列令牌。
- **文本编码器**（Text Encoder）：Stable Diffusion 的文本编码器是一种特殊的 Transformer 语言模型，具体来说，是 CLIP 模型的文本编码器。在 Stable Diffusion XL 中，还使用了更大尺寸的 OpenCLIP[6] 文本编码器，将令牌转化为文本嵌入。
- **变分自编码器**（Variational Autoencoder，VAE）：将图像编码到潜在空间，然后解码回图像。
- **UNet**：这是一个去噪组件。UNet 结构用于理解加噪/去噪循环的步骤。它接收噪声、时间步长数据和条件信号（例如，文本描述的表示），并预测在去噪过程中可用的噪声残差。

除令牌解析器外，Stable Diffusion 的各个组件都提供神经网络权重数据。虽然理论上 CPU 可以处理训练和推理，但使用 GPU 或并行计算设备的机器可以提供学习和运行 Stable Diffusion 模型的最佳体验。

2.1.1 GPU

理论上，Stable Diffusion 模型可以同时运行在 GPU 和 CPU 上。但实际上，基于 PyTorch 的模型在带有 CUDA 的 NVIDIA GPU 上性能最佳。

Stable Diffusion 至少需要 4GB 显存的 GPU。根据我的经验，4GB 显存的 GPU 只能生成 512×512 像素的图像，并且生成时间较长。拥有至少 8GB 显存的 GPU 能提供较为顺畅的学习和使用体验。显存容量越大，效果越好。

本书中的代码已在显存为 8GB 的 NVIDIA RTX 3070 Ti 和显存为 24GB 的 RTX 3090 上进行了测试。

2.1.2 系统内存

GPU 和 CPU 之间会传输大量数据，一些 Stable Diffusion 模型可能会占用高达 6GB 的内存。请确保系统至少配备 16GB 的内存，32GB 会更理想——内存越多越好，尤其是在处理多个模型时。

2.1.3 存储

请准备一个大容量硬盘。默认情况下，Hugging Face 软件包会将模型数据下载到系统盘的缓存文件夹中[4]。如果你的存储空间只有 256GB 或 512GB，那么很快就会用完。建议准备一块 1TB 的 NVME SSD，如果能用上 2TB 或更大的就更理想了。

2.2 软件要求

现在我们已经准备好了硬件，Stable Diffusion 还需要额外的软件才能运行。本节将向你介绍软件环境的准备步骤。

2.2.1 CUDA 安装

如果你使用的是 Microsoft Windows，请先安装 Microsoft Visual Studio(VS)[5]。VS 会安装所有其他依赖包和 CUDA 的二进制文件。你可以选择免费的 VS Community 版本。

现在，请前往 NVIDIA CUDA 下载页面[1]，获取 CUDA 安装文件。图 2.1 展示了在 Windows 11 中安装 CUDA 的示例。

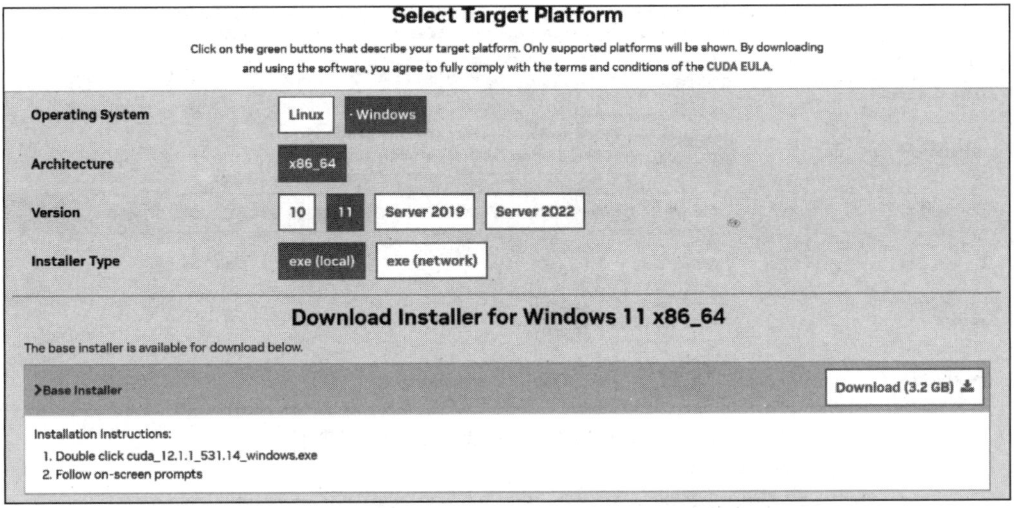

图 2.1 选择适用于 Windows 的 CUDA 安装文件

下载 CUDA 安装文件后，双击该文件，像安装其他 Windows 应用程序一样进行安装。

如果你使用的是 Linux 操作系统，安装 CUDA 程序会有些不同。你可以运行 NVIDIA 提供的 Bash 脚本来自动化安装。具体步骤如下：

1. 如果你已经安装了 NVIDIA 驱动程序，为了减少错误，最好先将其全部卸载。使用以下命令来卸载所有的 NVIDIA 驱动程序：

```
sudo apt-get purge nvidia*
sudo apt-get autoremove
```

然后，重新启动系统：

```
sudo reboot
```

2. 安装 GCC。GNU 编译器集合（GCC）是一套为多种编程语言（如 C、C++、Objective-C、Fortran、Ada 等）设计的编译器。它是由 GNU 项目开发的开源项目，广泛应用于类 Unix 操作系统（包括 Linux）上的软件编译和构建。如果没有安装 GCC，那么我们在安装 CUDA 时会遇到错误。你可以使用以下命令来安装它：

```
sudo apt install gcc
```

3. 在 CUDA 下载页面上为你的系统选择正确的 CUDA 版本[2]。图 2.2 展示了在 Ubuntu 22.04 系统上选择 CUDA 的示例。

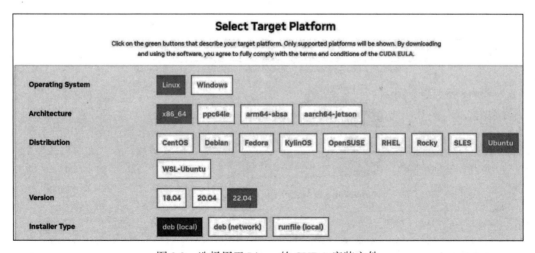

图 2.2　选择用于 Linux 的 CUDA 安装文件

选择完成后，页面将显示处理整个安装过程的命令脚本，下面是一个例子：

```
wget https://developer.download.nvidia.com/compute/cuda/repos/
ubuntu2204/x86_64/cuda-ubuntu2204.pin
sudo mv cuda-ubuntu2204.pin /etc/apt/preferences.d/cuda-repository-
pin-600
wget https://developer.download.nvidia.com/compute/cuda/12.1.1/local_
installers/cuda-repo-ubuntu2204-12-1-local_12.1.1-530.30.02-1_amd64.
deb
sudo dpkg -i cuda-repo-ubuntu2204-12-1-local_12.1.1-530.30.02-1_amd64.
deb
sudo cp /var/cuda-repo-ubuntu2204-12-1-local/cuda-*-keyring.gpg /usr/
share/keyrings/
sudo apt-get update
sudo apt-get -y install cuda
```

> **注意**
>
> 在你阅读本书时，脚本可能已更新。为避免错误和安装失败，建议你打开页面并使用与你的操作系统相符的脚本。

2.2.2 为 Windows、Linux 和 macOS 安装 Python

在 Windows 上安装 Python

你可以访问 `https://www.python.org/`，下载并安装 Python 3.9 或 Python 3.10。

多年来，我一直手动下载并安装软件，但我发现使用软件包管理器来自动化安装非常有用。使用软件包管理器，你只需编写一次脚本并保存，下次需要安装软件时，只需在终端窗口中运行相同的脚本即可。Chocolatey（`https://chocolatey.org/`）是 Windows 上最好的软件包管理器之一。

安装 Chocolatey 之后，你可以使用以下命令安装 Python 3.10.6：

```
choco install python --version=3.10.6
```

创建 Python 虚拟环境：

```
pip install --upgrade --user pip
pip install virtualenv
python -m virtualenv venv_win_p310
venv_win_p310\Scripts\activate
python -m ensurepip
python -m pip install --upgrade pip
```

在 Linux 上安装 Python

按以下操作步骤在 Linux（Ubuntu）上安装 Python：

1. 安装所需的软件包：

```
sudo apt-get install software-properties-common
sudo add-apt-repository ppa:deadsnakes/ppa
sudo apt-get update
sudo apt-get install python3.10
sudo apt-get install python3.10-dev
sudo apt-get install python3.10-distutils
```

2. 安装 `pip`：

```
curl https://bootstrap.pypa.io/get-pip.py -o get-pip.py
python3.10 get-pip.py
```

3. 创建 Python 虚拟环境：

```
python3.10 -m pip install --user virtualenv
python3.10 -m virtualenv venv_ubuntu_p310
. venv_ubuntu_p310/bin/activate
```

在 macOS 上安装 Python

如果你使用的是配备 Apple M 系列 CPU 的 Mac，那么很可能已经预装了 Python。你可以通过以下命令来检查是否已安装 Python：

```
python3 --version
```

如果你的计算机还没有安装 Python 解释器，则可以通过一个简单的命令使用 Homebrew[7] 来安装，如下所示：

```
brew install python
```

请记住，Python 版本通常每年更新一次。你可以通过更改版本号来安装特定的 Python 版本。例如，可以将 `python3.10` 改为 `python3.11`。

2.2.3 安装 PyTorch

由于 Hugging Face 的 Diffusers 包依赖于 PyTorch 包，因此我们需要先安装 PyTorch 包。请访问 PyTorch 的快速入门页面（https://pytorch.org/get-started/locally/）并选择适合你系统环境的 PyTorch 版本。图 2.3 是 Windows 系统上的 PyTorch 截图。

接下来，运行这个动态生成的命令来安装 PyTorch：

```
pip3 install torch torchvision torchaudio --index-url https://download.pytorch.org/whl/cu117
```

除了 CUDA 11.7，我们还可以使用 CUDA 11.8。选择哪个版本取决于你计算机上安装的 CUDA 版本。

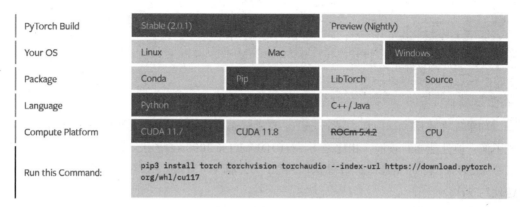

图 2.3　安装 PyTorch

你可以用以下命令来查看你的 CUDA 版本：

```
nvcc --version
```

你也可以使用以下命令：

```
nvidia-smi
```

你计算机上的 CUDA 版本可能高于列出的 11.7 或 11.8，例如 12.1。通常，某些模型或软件包需要特定的版本。对于 Stable Diffusion，只需安装最新版本即可。

如果你使用的是 Mac，那么请选择 Mac 选项来安装 macOS 版本的 PyTorch。

如果你使用的是 Python 虚拟环境，那么请确保在激活的虚拟环境中安装 PyTorch。否则，如果你不小心在虚拟环境之外安装了 PyTorch，然后在虚拟环境内运行 Python 代码，则可能会遇到 PyTorch 未正确安装的问题。

2.3　运行 Stable Diffusion 管道

现在你已经安装了所有依赖项，是时候运行 Stable Diffusion 管道来检查环境是否已正确设置了。你可以使用任何 Python 编辑工具（例如 VS Code 或 Jupyter Notebook）来编写和执行 Python 代码。请按以下步骤操作：

1. 安装 Hugging Face Diffusers 软件包：

```
pip install diffusers
pip install transformers scipy ftfy accelerate
```

2. 启动一个 Stable Diffusion 管道：

```
import torch
from diffusers import StableDiffusionPipeline
pipe = StableDiffusionPipeline.from_pretrained(
    "runwayml/stable-diffusion-v1-5",
    torch_dtype=torch.float16)
pipe.to("cuda") # mps for mac
```

如果你在使用 Mac，那么请将 cuda 改成 mps。尽管 macOS 支持使用 Diffusers 包生成图像，但性能相对较慢。相比之下，NVIDIA RTX 3090 在使用 Stable Diffusion v1.5 生成一张 512×512 的图像时，每秒迭代约 20 次，而 M3 Max CPU 在默认设置下每秒只能迭代约 5 次。

3. 生成一张图像：

```
prompt = "a photo of an astronaut riding a horse on mars,blazing fast, wind and sand moving back"
image = pipe(
    prompt, num_inference_steps=30
).images[0]
image
```

如果你能看到一张宇航员骑在马上的图像，那么说明你的机器环境设置已经正确了。

2.4 使用 Google Colab

Google Colaboratory（简称 Google Colab）是 Google 推出的一项在线计算服务[3]。实际上，Google Colab 是一个带有 GPU/CUDA 功能的在线 Jupyter Notebook。

它的免费版本可提供相当于 NVIDIA RTX 3050 或 RTX 3060 的 15GB 显存 CUDA 的计算能力。如果你没有独立的 GPU，那么它是一个性能还算不错的选择。

让我们来看看使用 Google Colab 的优缺点：

优点：

❏ 无须手动安装 CUDA 和 Python。

❏ 一切都在云上，你只需要保存一个链接就可以在任何地方重新打开它。

❏ 安装 pip 和下载资源的速度很快。

缺点：

❏ Google Colab Notebook 有磁盘空间限制。

❏ 你无法完全控制后端服务器；访问终端需要订阅 Colab 高级版。

❏ 性能没有保证，因此在高峰时段可能会遇到 GPU 推理速度变慢的情况，并且在长时间计算期间可能会断开连接。

❏ 每次重新启动 Notebook 时，Colab Notebook 的计算环境将被重置。换句话说，每次启动 Notebook 时，你都需要重新安装所有的软件包并下载模型文件。

2.5　使用 Google Colab 运行 Stable Diffusion 管道

以下是使用 Google Colab 的具体步骤：

1. 访问 `https://colab.research.google.com/` 并创建一个新实例。

2. 如图 2.4 所示，单击 Runtime 选项，然后选择 Change runtime type，然后选择 T4 GPU。

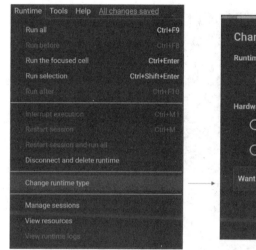
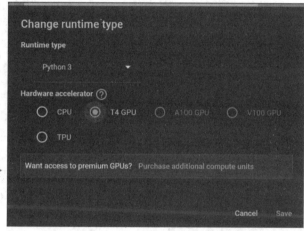

图 2.4　在 Google Colab Notebook 中选择 GPU

3. 新建一个单元格，并使用以下命令检查 GPU 和 CUDA 是否正常工作：

```
!nvidia-smi
```

4. 安装 Hugging Face Diffusers 包：

```
!pip install diffusers
!pip install transformers scipy ftfy accelerate ipywidgets
```

5. 启动一个 Stable Diffusion 管道：

```
import torch
from diffusers import StableDiffusionPipeline
pipe = StableDiffusionPipeline.from_pretrained(
    "runwayml/stable-diffusion-v1-5",
```

```
    torch_dtype=torch.float16)
pipe.to("cuda")
```

6. 生成一张图像：

```
prompt = "a photo of an astronaut riding a horse on mars,blazing
fast, wind and sand moving back"
image = pipe(
    prompt, num_inference_steps=30
).images[0]
image
```

几秒钟内，你应该能看到如图 2.5 所示的结果。

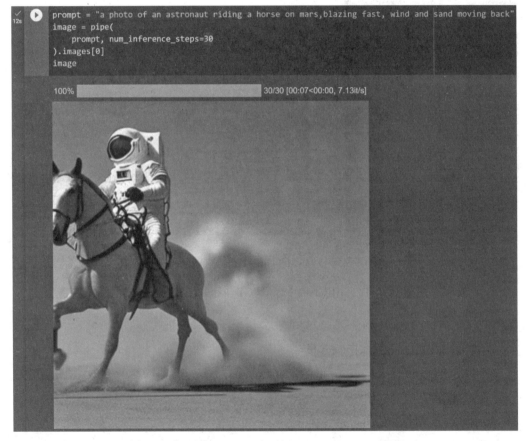

图 2.5　在 Google Colab 中运行 Stable Diffusion 管道

如果你看到如图 2.5 所示的生成图像，则说明你已经成功在 Google Colab 中设置了 Diffusers 包，并运行了 Stable Diffusion 模型。

2.6 总结

有人说，开始训练机器学习模型最具挑战性的部分不是数学或其内部逻辑，而是搭建合适的运行环境。经常可以看到工程师和教授花费整个周末尝试在他们的实验室机器上安装 CUDA，这可能是由缺少依赖项、跳过必要步骤或版本不兼容造成的。

我用了一整章来讲解安装过程，希望这些详细的步骤能帮助你避免常见的问题。通过遵循这些步骤，你将能够深入了解 Stable Diffusion 模型并轻松开始生成图像，将遇到问题的可能性降到最低。

此外，你安装的软件和包也适用于其他基于 Transformer 的大型语言模型。

在第 3 章，我们将开始使用 Stable Diffusion 生成图像。

2.7 参考文献

1. *CUDA Installation Guide for Microsoft Windows*: https://docs.nvidia.com/cuda/cuda-installation-guide-microsoft-windows/index.html
2. *NVIDIA CUDA Downloads*: https://developer.nvidia.com/cuda-downloads
3. *Google Colab*: https://colab.research.google.com/
4. *Hugging Face Diffusers Installation*: https://huggingface.co/docs/diffusers/installation
5. *Visual Studio Community Download*: https://visualstudio.microsoft.com/vs/community/
6. *OpenCLIP GitHub repository*: https://github.com/mlfoundations/open_clip
7. *Homebrew*: https://brew.sh/

CHAPTER 3

第 3 章

使用 Stable Diffusion 生成图像

在本章中，我们将利用 Hugging Face Diffusers 包（`https://github.com/huggingface/diffusers`）和一些开源软件包来体验常见的 Stable Diffusion 功能。正如我们在第 1 章中提到的，目前最常用的 Stable Diffusion Python 实现是 Hugging Face Diffusers。在探索图像生成的过程中，我们将逐步介绍常用的术语。

假设你已经安装了所有软件包和依赖项；如果你看到一条错误消息，提示找不到 GPU 或需要 CUDA，则请参阅第 2 章，了解如何设置运行 Stable Diffusion 的环境。

本章旨在通过使用 Hugging Face 的 Diffusers 包，帮助你熟悉 Stable Diffusion。我们将在第 4 章深入探讨 Stable Diffusion 的内部结构。

在本章中，我们将探讨以下主题：
- 如何使用 Hugging Face 令牌登录 Hugging Face
- 使用 Stable Diffusion 生成图像
- 使用生成种子重现图像
- 使用 Stable Diffusion 调度器
- 交换或更换 Stable Diffusion 模型
- 使用引导比例

现在，让我们开始本章的学习吧。

3.1 登录 Hugging Face

你可以通过在 `huggingface_hub` 库中调用 `login()` 函数进行登录。

```
from huggingface_hub import login
login()
```

此操作会帮助你进行 Hugging Face Hub 的身份验证。验证后，你就可以从 Hugging Face Hub 下载已托管的预训练的模型。如果不登录，那么你可能无法使用模型 ID（如 `runwayml/stable-diffusion-v1-5`）下载这些模型。

当你运行完上述代码时，需要提供你的 Hugging Face 令牌。你可能会想知道获取令牌的步骤，不过别担心，令牌输入对话框会提供获取令牌的链接和相关信息。

成功登录后，你可以使用 Diffusers 包中的 `from_pretrained()` 函数下载预训练的扩散模型。例如，以下代码会从 Hugging Face Hub 下载 `stable-diffusion-v1-5` 模型：

```
import torch
from diffusers import StableDiffusionPipeline

text2img_pipe = StableDiffusionPipeline.from_pretrained(
    "runwayml/stable-diffusion-v1-5",
    torch_dtype = torch.float16
).to("cuda:0")
```

> **注意**
> 你可能已经注意到我用的是 `to("cuda:0")` 而不是 `to("cuda")`，这是因为在多 GPU 场景中，可以通过更改 CUDA 索引来指定 Diffusers 使用的 GPU。例如，你可以使用 `to("cuda:1")` 来调用第二个 CUDA GPU 生成 Stable Diffusion 图像。

下载模型后，就该用 Stable Diffusion 来生成图像了。

3.2 生成图像

现在我们已将 Stable Diffusion 模型加载到 GPU 上，接下来生成一张图片吧。`text2img_pipe` 这个函数包含管道对象，我们只需提供一个提示字符串，用自然语言描述想生成的图片，如下所示：

```
# generate an image
prompt ="high resolution, a photograph of an astronaut riding a horse"
image = text2img_pipe(
    prompt = prompt
).images[0]
image
```

你可以随意更换提示词，比如生成"高分辨率的火星表面上奔跑的猫的照片"，或"4K 高质量的猫驾驶飞机的图像"。Stable Diffusion 能根据纯自然语言的描述生成图像，实在是非常神奇。

如果你直接运行上述代码，则可能会看到如图 3.1 所示的图像。

你可能会看到这样的图像，是因为有 99.99% 的可能性你不会看到完全相同的图像；相反，你会看到一幅外观和感觉相似的图像。为了确保生成结果的一致性，我们需要引入另一个参数，称为生成器（`generator`）。

图 3.1　一个宇航员骑马的图像

3.3　生成器种子

在 Stable Diffusion 中种子是用于初始化生成过程的随机数。种子用于创建噪声张量，扩散模型再利用该噪声张量生成图像。相同的种子、提示和设置通常会生成相同的图像。

我们之所以需要生成器种子有以下两个原因：

- 可重复性：通过使用相同的种子，你可以在相同的设置和提示下始终生成相同的图像。
- 探索：通过更改种子数量，你可以发现各种不同的图像变体。这种方法通常能生成新颖有趣的图像。

当未提供种子时，Diffusers 软件包会在每次生成图像时自动生成一个随机数。不过，你可以指定你喜欢的数字作为种子，如以下 Python 代码所示：

```
my_seed = 1234
generator = torch.Generator("cuda:0").manual_seed(my_seed)
prompt ="high resolution, a photograph of an astronaut riding a horse"
image = text2img_pipe(
    prompt = prompt,
    generator = generator
).images[0]
display(image)
```

在前面的代码中，我们使用 `torch` 创建了一个带有生成器种子的 `torch.Generator` 对象，并专门用它来生成图像。通过这种方法，我们能够重复生成相同的图像。

生成器种子是一种控制 Stable Diffusion 图像生成的方法。接下来，让我们探索调度器，进一步进行个性化设置。

3.4 采样调度器

讨论完生成器种子后，让我们深入了解 Stable Diffusion 图像生成的另一个重要环节：采样调度器。

早期的扩散模型在生成图像方面展现了令人惊叹的效果。然而，这种方法的一个缺点是逆去噪过程非常缓慢，通常需要 1000 步才能将随机噪声数据空间转化为连贯的图像（具体来说，是潜数据空间，这一点我们将在第 4 章进一步探讨）[1]。这个漫长过程会变成使用扩散模型的负担。

为了缩短图像生成过程，研究人员提出了一些解决方案。思路很简单：与其进行 1000 步去噪，为何不提取一个样本，只对该样本执行关键步骤？这个想法确实有效。采样器或调度器可以让扩散模型只需 20 步就能生成图像！

在 Hugging Face Diffusers 包中，这些实用组件被称为调度器（scheduler）。然而，你在其他资源中可能也会遇到"采样器"（sampler）这一术语。你可以访问 Diffusers Schedulers[2] 页面，了解最新支持的调度器。

默认情况下，Diffusers 包使用 `PNDMScheduler`。我们可以通过运行以下代码来找到它：

```
# Check out the current scheduler
text2img_pipe.scheduler
```

这个代码会返回一个如下所示的对象：

```
PNDMScheduler {
  "_class_name": "PNDMScheduler",
  "_diffusers_version": "0.17.1",
  "beta_end": 0.012,
  "beta_schedule": "scaled_linear",
  "beta_start": 0.00085,
  "clip_sample": false,
  "num_train_timesteps": 1000,
  "prediction_type": "epsilon",
  "set_alpha_to_one": false,
  "skip_prk_steps": true,
  "steps_offset": 1,
  "trained_betas": null
}
```

乍一看，PNDMScheduler 对象的字段可能显得复杂且陌生。然而，当你深入了解第 4 章和第 5 章中的 Stable Diffusion 模型内部机制时，这些字段将变得更加熟悉和易于理解。接下来的学习旅程将逐步揭示 Stable Diffusion 模型的复杂性，并阐明 PNDMScheduler 对象中每个字段的用途和意义。

许多调度器能够在 20 到 50 步内生成图像。根据我的经验，Euler 调度器是最佳选择之一。先让我们用 Euler 调度器生成图像吧：

```
from diffusers import EulerDiscreteScheduler
text2img_pipe.scheduler = EulerDiscreteScheduler.from_config(
    text2img_pipe.scheduler.config)
generator = torch.Generator("cuda:0").manual_seed(1234)
prompt ="high resolution, a photograph of an astronaut riding a horse"
image = text2img_pipe(
    prompt = prompt,
    generator = generator
).images[0]
display(image)
```

你可以通过设置 num_inference_steps 参数来自定义去噪步数。一般情况下，增加步数通常会提升图像质量。在这里，我们将调度步数设为 20，并对比了默认的 PNDMScheduler 和 EulerDiscreteScheduler 的结果：

```
# Euler scheduler with 20 steps
from diffusers import EulerDiscreteScheduler
text2img_pipe.scheduler = EulerDiscreteScheduler.from_config(
    text2img_pipe.scheduler.config)
generator = torch.Generator("cuda:0").manual_seed(1234)
prompt ="high resolution, a photograph of an astronaut riding a horse"
image = text2img_pipe(
    prompt = prompt,
    generator = generator,
    num_inference_steps = 20
).images[0]
display(image)
```

图 3.2 展示了这两种调度器的区别。

在这个对比中，Euler 调度器成功生成了一张包含四条马腿的图像，而 PNDMScheduler 虽然增加了图像的细节，但少了一条马腿。这些调度器表现出色，将整个图像生成过程从 1000 步减少到仅 20 步，使 Stable Diffusion 能够在家用电脑上运行。

注意，每种调度器都有其优缺点。你可能需要尝试不同的调度器，才能找到最适合的那个。

图 3.2　左图为使用 20 步的 `Euler` 调度器；右图为使用 20 步的 `PNDMScheduler`

接下来，让我们看看如何使用社区贡献的、经过微调的替代模型来替换原始的 Stable Diffusion 模型。

3.5　更换模型

在撰写本章时，有许多基于 v1.5 Stable Diffusion 模型微调的模型可供使用，这些模型由活跃的用户社区贡献。如果模型文件托管在 Hugging Face 上，那么你只需更改标识符，即可轻松切换到不同的模型，代码示例如下：

```
# Change model to "stablediffusionapi/deliberate-v2"
from diffusers import StableDiffusionPipeline
text2img_pipe = StableDiffusionPipeline.from_pretrained(
    "stablediffusionapi/deliberate-v2",
    torch_dtype = torch.float16
).to("cuda:0")

prompt ="high resolution, a photograph of an astronaut riding a horse"
image = text2img_pipe(
    prompt = prompt
).images[0]
display(image)
```

此外，你还可以使用从 civitai.com（http://civitai.com）下载的 `ckpt/safetensors` 模型。这里，我们通过以下代码演示如何加载 `deliberate-v2` 模型：

```
from diffusers import StableDiffusionPipeline
text2img_pipe = StableDiffusionPipeline.from_single_file(
    "path/to/deliberate-v2.safetensors",
    torch_dtype = torch.float16
).to("cuda:0")

prompt ="high resolution, a photograph of an astronaut riding a horse"
image = text2img_pipe(
    prompt = prompt
).images[0]
display(image)
```

从本地文件加载模型时，关键在于使用 `from_single_file` 函数，而不是 `from_pretrained`。你可以用上述代码来加载 .ckpt 模型文件。

在本书第 6 章中，我们将专注于模型加载，涵盖 Hugging Face 和本地存储的方法。通过对各种模型的尝试，你可以发现改进之处、独特的艺术风格或针对特定用例更好的兼容性。

我们已经讨论了生成器种子、调度器和模型的使用。另一个关键参数是 `guidance_scale`。接下来，我们一起看看如何使用它吧。

3.6 引导比例

引导比例或无分类器引导（Classifier-Free Guidance，CFG）是一个控制生成图像与文本提示匹配程度的参数。较高的引导比例会使图像更加贴合提示内容，而较低的引导尺度则给予 Stable Diffusion 更多自由来决定图像内容。

以下是应用保持其他参数不变，使用不同引导比例的示例：

```
import torch
generator = torch.Generator("cuda:0").manual_seed(123)

prompt = """high resolution, a photograph of an astronaut riding a
horse on mars"""

image_3_gs = text2img_pipe(
    prompt = prompt,
    num_inference_steps = 30,
    guidance_scale = 3,
    generator = generator
).images[0]

image_7_gs = text2img_pipe(
    prompt = prompt,
```

```
    num_inference_steps = 30,
    guidance_scale = 7,
    generator = generator
).images[0]

image_10_gs = text2img_pipe(
    prompt = prompt,
    num_inference_steps = 30,
    guidance_scale = 10,
    generator = generator
).images[0]

from diffusers.utils import make_image_grid
images = [image_3_gs,image_7_gs,image_10_gs]
make_image_grid(images,rows=1,cols=3)
```

图 3.3 展示了不同引导比例的对比。

图 3.3 不同引导比例的图像

在实践中，除了确保提示词符合要求，我们还可以观察到提高引导比例带来的效果：
- 增加颜色饱和度
- 增加对比度
- 如果设置得太高，可能会导致图像模糊

`guidance_scale` 参数一般设置在 7 到 8.5 之间。默认值 7.5 是一个不错的选择。

3.7 总结

在本章中，我们通过 Hugging Face Diffusers 包探索了使用 Stable Diffusion 的基本要素。我们完成了以下内容：

- ❑ 登录 Hugging Face 以启用自动模型下载
- ❑ 使用生成器生成固定不变的图像
- ❑ 使用调度器进行更高效图像生成
- ❑ 调整引导比例以获得所需的图像质量

只需几行代码，我们便成功生成了图像，展示了 Diffusers 包的强大功能。本章未涵盖所有功能和选项；请记住，该软件包也在不断发展，会定期增加新功能和改进项。

对于那些希望充分发挥 Diffusers 软件包潜能的人，我建议深入研究其源代码。探究其内部机制，发掘隐藏的宝藏，并从头搭建一个 Stable Diffusion 管道。一段充满收获的旅程正等待着我们！

```
git clone https://github.com/huggingface/diffusers
```

在第 4 章中，我们将详细剖析该软件包的内部结构，并介绍如何构建一个个性化的 Stable Diffusion 管道，以适应你的特定需求和偏好。

3.8 参考文献

1. *High-Resolution Image Synthesis with Latent Diffusion Models*: https://arxiv.org/abs/2112.10752
2. *Hugging Face Diffusers schedulers*: https://huggingface.co/docs/diffusers/api/schedulers/overview

CHAPTER 4

第 4 章

理解扩散模型背后的理论

本章将深入探讨驱动扩散模型的理论,并了解其内部工作原理。神经网络模型是如何生成如此逼真的图像的?好奇的读者不妨揭开其神秘的面纱,看看其中的运作原理[5][6]。

我们将探讨扩散模型的基础知识,深入了解其内部工作机制,为第 5 章实现一个可以工作的管道奠定基础。

通过深入理解扩散模型的复杂性,我们不仅能加深对高级扩散[也称为潜扩散模型(Latent Diffusion Model,LDM)]的认识,还能更高效地浏览 Diffusers 包的源代码。

这些知识可以让我们能够根据不断变化的需求,拓展软件包的功能。

更具体地说,我们将探讨这些主题:

❏ 理解图像到噪声的过程
❏ 更高效的前向扩散过程
❏ 噪声到图像的训练过程
❏ 噪声到图像的采样过程
❏ 理解分类器引导去噪

到本章结束时,我们将深入了解 Jonathan Ho 等人[4]最初提出的扩散模型的内部工作原理。我们将理解扩散模型的基本思想,并学习前向扩散过程。我们将了解用于扩散模型训练和采样的反向扩散过程,并学习启用文本引导的扩散模型[1][2][3]。

让我们开始这一章的学习吧。

4.1 理解图像到噪声的转换过程

扩散模型的灵感源于热力学中的扩散概念。我们可以将一张图像想象成一杯清水，而噪声就像墨水。向图像（清水）中不断添加噪声（墨水），最终图像（清水）会变成完全由噪声（墨水）构成的图像。

如图 4.1 所示，图像 x_0 可以转换为近似服从高斯分布（正态分布）的噪声图像 x_T。

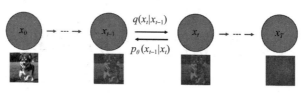

图 4.1　前向扩散与反向去噪过程

我们采用一种预先确定的前向扩散过程，记为 q。该过程系统地将高斯噪声引入图像，直至图像完全变成纯噪声，并用 $q(x_t|x_{t-1})$ 表示。需要注意的是，其反向过程 $p_\theta(x_{t-1}|x_t)$ 仍是未知的。

前向扩散过程中的一个步骤可以表示如下：

$$q(x_t|x_{t-1}) := \mathcal{N}(x_t; \sqrt{1-\beta_t}\, x_{t-1}, \beta_t I)$$

让我来从左到右逐步解释一下这个公式：

- 符号 $q(x_t|x_{t-1})$ 用于表示条件概率分布。具体来说，分布 q 表示在给定先前图像 x_{t-1} 的情况下，观察到噪声图像 x_t 的概率。
- 公式中使用定义符号 := 代替波浪号（∼），这是因为扩散的正向过程是一个确定性过程。波浪号（∼）通常用于表示一个分布。如果在本公式中使用波浪号，则意味着噪声图像符合高斯分布，而事实并非如此。实际上，t 步中的噪声图像由前一张图像和添加的噪声通过一个确定性函数来定义。
- 为什么这里使用 $\mathcal{N}$ 呢？通常情况下，$\mathcal{N}$ 符号表示高斯分布，但在这种情况下，$\mathcal{N}$ 符号被用来表示噪声图像的函数形式。
- 公式右侧部分以分号为界，分号之前的内容，即 x_t，是我们希望服从正态分布的变量。分号之后的内容则是该分布的参数。通常使用分号来分隔输出结果和参数。
- β_t 是步骤 t 处的噪声方差，$\sqrt{1-\beta_t}\, x_{t-1}$ 是新分布的均值。
- 公式中之所以使用大写的 I，是因为 RGB 图像可以包含多个通道，而单位矩阵能够将噪声方差独立地应用于不同的通道。

使用 Python 为图像添加高斯噪声十分简便：

```python
import numpy as np
import matplotlib.pyplot as plt
import ipyplot
from PIL import Image

# Load an image
img_path = r"dog.png"
image = plt.imread(img_path)

# Parameters
num_iterations = 16
beta = 0.1                  # noise_variance

images = []
steps = ["Step:"+str(i) for i in range(num_iterations)]

# Forward diffusion process
for i in range(num_iterations):
    mean = np.sqrt(1 - beta) * image
    image = np.random.normal(mean, beta, image.shape)

    # convert image to PIL image object
    pil_image = Image.fromarray((image * 255).astype('uint8'), 'RGB')

    # add to image list
    images.append(pil_image)

ipyplot.plot_images(images, labels=steps, img_width=120)
```

要执行上述代码，你还需要安装 ipyplot 包。你可以使用 pip install ipyplot 命令完成安装。这段代码模拟了图像的前向扩散过程，并将该过程在多次迭代中的进展可视化。以下是代码各部分功能的详细解释：

1. 导入库：

- ipyplot 是一个 Python 库，它可以用于在 Jupyter Notebook 中以交互性的方式绘制图像。
- PIL（Python 图像库）的 Image 模块用于图像处理。

2. 加载图像：

- img_path 被定义为 image 文件 dog.png 的路径。
- 使用 plt.imread(img_path) 函数加载 image。

3. 参数设置：

- num_iterations 定义了扩散过程的迭代次数。
- beta 是一个参数，用于模拟扩散过程中的噪声方差。

4. 列表初始化：
- `images` 被初始化为一个空列表，用于存储扩散过程每次迭代后生成的 PIL 图像对象。
- `steps` 是一个字符串列表，用于在绘制图像时作为标签，指示每个图像对应的步骤编号。

5. 前向扩散过程：
- `for` 循环会迭代执行 `num_iterations` 次，每次迭代都会执行一次扩散步骤。每次迭代中，通过使用因子 `sqrt(1 - beta)` 对图像进行缩放来计算均值。
- 通过向均值添加标准差为 `beta` 的高斯噪声，可以生成新的图像。这一过程是通过调用 `np.random.normal` 函数实现的。
- 生成的图像数组值会被缩放至 0 ～ 255 的范围，并转换为 8 位无符号整数格式，这是图像数据的常用格式。
- `pil_image` 是将图像数组转换为 RGB 模式后的 PIL 图像对象。

6. 如图 4.2 所示，使用 `ipyplot` 以网格形式绘制图像。

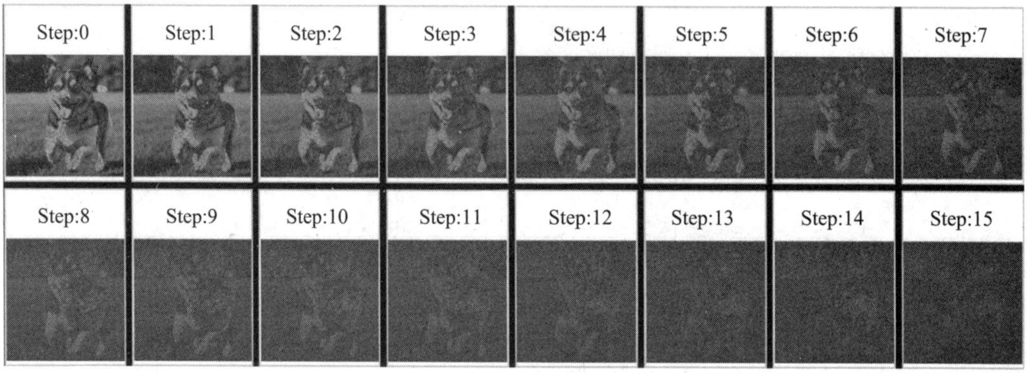

图 4.2　为图像添加噪声

从结果可以看出，尽管每张图像都源于正态分布函数，但并非每张图像都呈现出完整的高斯分布，更准确地说，各向同性的高斯分布。只有当步长设定为无限大时，图像才会展现出完整的高斯分布。然而，这并非必要条件。在去噪扩散概率模型（Denoising Diffusion Probabilistic Model，DDPM）的原始论文[4]中，步数被设定为 1000，而在 Stable Diffusion 中，步数被进一步减少至 20 到 50 之间。

图 4.2 中，如果最后一张图像呈现的是各向同性高斯分布，其二维可视化效果将是一个圆形。这意味着该分布在所有维度上都具有相同的方差，也就是说，沿着各个轴方向，分布的扩散或宽度是相同的。

我们来研究一下添加 16 倍高斯噪声后图像的像素分布，并绘制相应的分布图：

```
sample_img = image  # take the last image from the diffusion process
plt.scatter(sample_img[:, 0], sample_img[:, 1], alpha=0.5)
plt.title("2D Isotropic Gaussian Distribution")
plt.xlabel("X")
plt.ylabel("Y")
plt.axis("equal")
plt.show()
```

结果如图 4.3 所示。

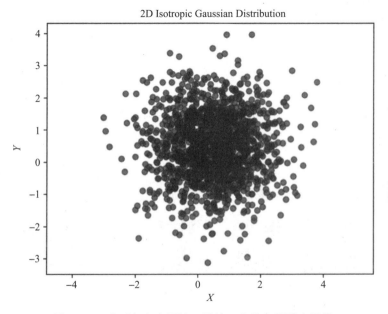

图 4.3　一个近似各向同性、服从正态分布的噪声图像

如图 4.2 的最后一张图像所示，该图展示了代码如何通过 16 步高效地将图像转换为近似满足各向同性正态分布的噪声图像。

4.2　一种更高效的前向扩散过程

如果我们采用链式过程计算步骤 t 处的噪声图像，首先需要计算从步骤 1 到步骤 $t-1$ 的所有噪声图像，这种方法效率很低。为此，我们可以利用一种称为"重参数化"[10]的技巧，将原本的链式过程转变为一步到位式的过程。

假设我们有一个高斯分布 z，其均值为 μ，方差为 σ^2：

$$z \sim \mathcal{N}(\mu, \sigma^2)$$

接着，我们可以将该分布改写如下：

$$\varepsilon \sim \mathcal{N}(0,1)$$

$$z = \mu + \sigma\varepsilon$$

这一技巧的优势在于，现在我们能够通过一步计算得出任意步骤的图像，从而显著提升训练性能。

$$x_t = \sqrt{1-\beta_t}\, x_{t-1} + \sqrt{\beta_t}\,\varepsilon_{t-1}$$

假设我们进行如下定义：

$$\alpha_t = 1 - \beta_t$$

现在我们拥有以下内容：

$$\bar{\alpha}_t = \prod_{i=1}^{t} \alpha_i$$

此处并无特殊技巧。定义 α_t 和 $\bar{\alpha}_t$ 只是为了方便，以便我们能够在步骤 t 计算出包含噪声的图像，并根据以下公式，从无噪声的源图像 x_0 生成 x_t：

$$x_t = \sqrt{\bar{\alpha}_t}\, x_0 + \sqrt{1-\bar{\alpha}_t}$$

α_t 和 $\bar{\alpha}_t$ 是怎样的呢？图 4.4 展示了一个简化示例。

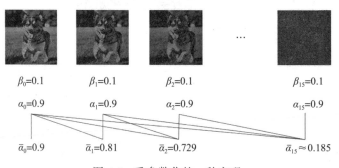

图 4.4 重参数化的一种实现

如图 4.4 所示，所有的 α——0.9 和 β——0.1 都是相同的。因此，每当需要生成噪声图像 x_t 时，我们都可以根据已知数值快速计算出 $\bar{\alpha}_t$。图中的线条展示了计算 $\bar{\alpha}_t$ 所使用的具体数值。

以下代码展示了如何生成任意步骤的带噪声的图像：

```
import numpy as np
import matplotlib.pyplot as plt
```

```python
from PIL import Image
from itertools import accumulate

def get_product_accumulate(numbers):
    product_list = list(accumulate(numbers, lambda x, y: x * y))
    return product_list

# Load an image
img_path = r"dog.png"
image = plt.imread(img_path)
image = image * 2 - 1                        # [0,1] to [-1,1]

# Parameters
num_iterations = 16
beta = 0.05                                  # noise_variance
betas = [beta]*num_iterations

alpha_list = [1 - beta for beta in betas]

alpha_bar_list = get_product_accumulate(alpha_list)

target_index = 5
x_target = (
    np.sqrt(alpha_bar_list[target_index]) * image
    + np.sqrt(1 - alpha_bar_list[target_index]) *
    np.random.normal(0,1,image.shape)
)

x_target = (x_target+1)/2

x_target = Image.fromarray((x_target * 255).astype('uint8'), 'RGB')
display(x_target)
```

这段代码实现了前面介绍的数学公式。代码展示的目的是帮助读者建立对数学公式与其具体实现之间关联的理解。如果你熟悉 Python，那么阅读代码将能够帮助你更容易地理解公式的潜在含义。这段代码可以生成如图 4.5 所示的噪声图像。

现在，让我们思考如何利用神经网络恢复图像。

图 4.5　重参数化的实现

4.3 噪声到图像的训练过程

我们已经找到了向图像添加噪声的解决方案，称为前向扩散，如图 4.6 所示。为了从噪声中恢复图像，即进行反向扩散，我们需要找到一种方法来实现反向步骤 $p_\theta(x_{t-1}|x_t)$。然而，如果没有额外的步骤，这一步将无法计算。

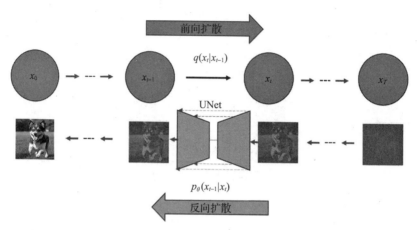

图 4.6 前向扩散和与其反向的过程

假设我们获得了最终的高斯噪声数据以及所有中间步骤的噪声数据。能否训练一个神经网络来逆转这个过程？我们可以利用神经网络预测噪声图像的均值和方差，进而从前一张图像中去除生成的噪声。通过这种方式，我们逐步迭代 $p_\theta(x_{t-1}|x_t)$，最终实现图像的恢复。

你可能会问，我们如何计算损失并更新权重。首先，结尾图像(x_T)移除了先前添加的噪声，从而提供了真实数据。实际上，我们可以在正向扩散过程中随时生成噪声数据。然后，将生成的噪声数据与神经网络（通常是 UNet）的输出数据进行比较，就能得到损失数据。最后，利用这些损失数据计算梯度下降，并据此更新神经网络的权重。

DDPM 论文[4]提出了一种简化的损失计算方法。

$$L_{\text{simple}}(\theta) := \mathbb{E}_{t,x_0,\varepsilon}\left[\left\|\varepsilon - \varepsilon_\theta\left(\sqrt{\bar{\alpha}_t}x_0 + \sqrt{1-\bar{\alpha}_t}\varepsilon, t\right)\right\|^2\right]$$

因为 $x_t = \sqrt{\bar{\alpha}_t}x_0 + \sqrt{1-\bar{\alpha}_t}\varepsilon$，我们可以将公式进一步简化为如下形式：

$$L_{\text{simple}}(\theta) := \mathbb{E}_{t,x_0,\varepsilon}\left[\left\|\varepsilon - \varepsilon_\theta\left(x_t, t\right)\right\|^2\right]$$

UNet 将噪声图像数据 x_t 和时间步长数据 t 作为输入，如图 4.7 所示。之所以将 t 作为输入，是因为所有去噪过程共享相同的 UNet 网络权重，输入 t 有助于在训练 UNet 时更好地考虑时间步长的影响。

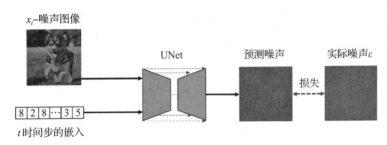

图 4.7　UNet 训练的输入参数与损失计算

当我们训练一个神经网络来预测噪声分布，并通过去除噪声来获得更清晰的图像时，这个神经网络究竟在预测什么？在 DDPM 论文[4]中，原始的扩散模型使用了一个固定的方差 θ，而将高斯分布的均值 – μ 作为唯一需要通过神经网络学习的参数。

在 PyTorch 实现中，损失数据的计算方式如下[7]：

```
import torch
import torch.nn as nn

# code prepare the model object, image and timestep
# ...

# noise is the ε ~ N(0,1) with the shape of the image x_t.
noise = torch.randn_like(x_t)
# x_t is the noised image at step "t", together with the time_step value
predicted_noise = model(x_t, time_step)
loss = nn.MSELoss(noise, predicted_noise)

# backward weight propagation
# ...
```

现在，我们已经能够训练出一个扩散模型，该模型能够从随机高斯分布的噪声中恢复图像[8]。接下来，我们将探讨推理或采样的工作原理。

4.4　噪声到图像的采样过程

以下是使用模型对图像进行采样的步骤，换句话说，即通过反向扩散过程生成图像：

1. 生成一个均值为 0，方差为 1 的完整高斯噪声。

$$x_T \sim \mathcal{N}(0,1)$$

我们将这种噪声作为起始图像。

2. 对 $t = T$ 到 $t = 1$ 进行循环。在循环的每一步中,如果满足条件 $t>1$,则生成一个新的高斯噪声图像 z。

$$z \sim \mathcal{N}(0,1)$$

如果 $t = 1$,则会出现如下情况:

$$z = 0$$

接着,利用 UNet 模型生成噪声,并从输入的噪声图像 x_t 中去除生成的噪声。

$$x_{t-1} = \frac{1}{\sqrt{\alpha_t}}\left(x_t - \frac{1-\alpha_t}{\sqrt{1-\bar{\alpha}_t}}\varepsilon_\theta(x_t,t)\right) + \sqrt{1-\alpha_t}\,z$$

观察前面的公式,我们会发现所有的 α_t 和 $\bar{\alpha}_t$ 都是已知数字,其来源是 β_t。我们唯一需要从 UNet 中获取的是 $\varepsilon_\theta(x_t,t)$,它代表 UNet 生成的噪声(如图 4.8 所示)。

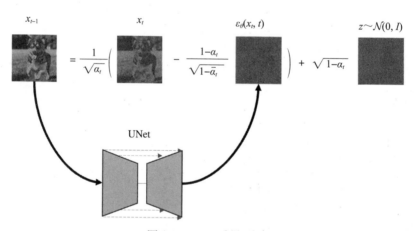

图 4.8 UNet 采样过程

在这个过程中,添加 $\sqrt{1-\alpha_t}\,z$ 的作用看起来并不直观。为什么要添加这个呢?虽然原始论文没有解释这一做法,但研究人员发现,在去噪过程中添加噪声可以显著提高生成图像的质量[11]。

3. 循环结束,返回最终生成的图像 x_0。

接下来,我们将探讨图像生成的引导。

4.5 理解分类器引导去噪

到目前为止,我们还没有讨论文本引导的概念。在图像生成过程中,如果仅以随机高斯噪声作为唯一输入,那么模型会基于训练数据集随机生成图像。然而,我们期望的是引导式的图像生成,例如,通过输入"狗",引导扩散模型生成包含"狗"的图像。

2021 年,OpenAI 的 Dhariwal 和 Nichol 在其题为 "Diffusion Models Beat GANs on Image Synthesis" 的论文[9]中提出了分类器引导的概念。

基于所提出的方法,我们可以通过在训练阶段提供分类标签来实现分类器引导的去噪。除了图像或时间步嵌入之外,我们还会提供文本描述嵌入(如图 4.9 所示)。

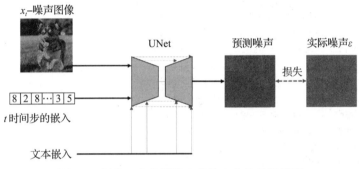

图 4.9 训练一个使用带有条件文本的扩散模型

图 4.7 展示了两个输入,而图 4.9 则增加了一个额外的输入——文本嵌入。文本嵌入是由 OpenAI 的 CLIP 模型生成的嵌入数据。我们将在第 5 章详细讨论这种更强大的、由 CLIP 模型引导的扩散模型。

4.6 总结

本章深入探讨了由 Jonathan Ho 等人[4]首次提出的扩散模型的内部工作机制。我们学习了扩散模型的基本概念,并了解了前向扩散过程。此外,本章还详细介绍了用于扩散模型训练和采样的反向扩散过程,并探讨了如何实现文本引导的扩散模型。

本章旨在阐释扩散模型的核心概念。如果读者有意自行实现扩散模型,建议直接参阅 DDPM 的原始论文。

DDPM 扩散模型能够生成高度逼真的图像,但其性能问题不容忽视。具体来说,DDPM 模型的训练过程耗时较长,图像采样速度也相对较慢。在第 5 章中,我们将着重介绍 Stable Diffusion 模型,该模型以一种巧妙的方式实现了速度上的突破。

4.7 参考文献

1. *The Annotated Diffusion Model* – https://colab.research.google.com/github/huggingface/notebooks/blob/main/examples/annotated_diffusion.ipynb#scrollTo=c5a94671
2. *Training with Diffusers* – https://colab.research.google.com/gist/anton-l/f3a8206dae4125b93f05b1f5f703191d/diffusers_training_example.ipynb
3. *Diffusers* – https://colab.research.google.com/github/huggingface/notebooks/blob/main/diffusers/diffusers_intro.ipynb#scrollTo=PzW5ublpBuUt
4. Jonathan Ho et al., *Denoising Diffusion Probabilistic Models* – https://arxiv.org/abs/2006.11239
5. Steins, *Diffusion Model Clearly Explained!* – https://medium.com/@steinsfu/diffusion-model-clearly-explained-cd331bd41166
6. Steins, *Stable Diffusion Clearly Explained!* – https://medium.com/@steinsfu/stable-diffusion-clearly-explained-ed008044e07e
7. DeepFindr, *Diffusion models from scratch in PyTorch* – https://www.youtube.com/watch?v=a4Yfz2FxXiY&t=5s&ab_channel=DeepFindr
8. Ari Seff, *What are Diffusion Models?* – https://www.youtube.com/watch?v=fbLgFrlTnGU&ab_channel=AriSeff
9. Prafulla Dhariwal, Alex Nichol, *Diffusion Models Beat GANs on Image Synthesis* – https://arxiv.org/abs/2105.05233
10. Diederik P Kingma, Max Welling, *Auto-Encoding Variational Bayes* – https://arxiv.org/abs/1312.6114
11. Lilian Weng, *What are Diffusion Models?* – https://lilianweng.github.io/posts/2021-07-11-diffusion-models/

CHAPTER 5

第 5 章

理解 Stable Diffusion 的工作原理

在第 4 章中，我们通过一些数学公式深入研究了扩散模型的内部原理。如果你不习惯阅读这些公式，可能会感到害怕，但一旦你熟悉了这些符号和希腊字母，充分理解这些公式就会受益匪浅。数学公式和方程式不仅能帮助我们以精确简洁的形式理解过程的核心，还能让我们阅读更多的论文和理解他人的工作。

虽然最初的扩散模型只是概念验证，但它展示了多步扩散模型相较于单次神经网络的巨大潜力。然而，最早的扩散模型——去噪扩散概率模型（DDPM）[1]，以及后来的分类器引导去噪模型，都存在一些缺点。让我举两个例子：

❑ 为了训练分类器引导扩散模型，我们需要训练一个全新的分类器，不能使用已有的预训练分类器。此外，在扩散模型的训练过程中，训练一个包含 1000 个类别的分类器已经相当困难。

❑ 在像素空间做预训练模型的推理成本已经非常高，更不用说模型训练了。在不对内存进行优化的情况下，使用预先训练好的模型在 8GB 显存的家用电脑上生成 512×512 像素空间的图像是不可能的。

在 2022 年，研究人员 Robin 等人[2]提出了潜扩散模型。这个模型在解决分类问题和提升性能方面表现出色。潜扩散模型后来被命名为 Stable Diffusion。

在本章中，我们将探讨 Stable Diffusion 如何解决前述问题，并推动图像生成领域的发展。具体内容包括以下主题：

❑ 潜空间中的 Stable Diffusion
❑ 使用 Diffusers 生成潜向量
❑ 使用 CLIP 生成文本嵌入

- 生成时间步嵌入
- 初始化 Stable Diffusion UNet
- 实现文本到图像的 Stable Diffusion 推理管道
- 实现一个文本引导的图像到图像 Stable Diffusion 推理管道
- 把所有代码放在一起

现在让我们深入探讨 Stable Diffusion 的核心。

本章的示例代码已在 Diffusers 包的 0.20.0 版本中测试过。要确保代码顺利运行，请使用 Diffusers v0.20.0。你可以通过以下命令来安装：

```
pip install diffusers==0.20.0
```

5.1 潜空间中的 Stable Diffusion

与在像素空间中处理扩散不同，Stable Diffusion 使用潜空间来表示图像。那么，什么是潜空间呢？简而言之，潜空间是事物的向量表示。打个比方，在你去相亲之前，媒人会以向量的形式给你提供相亲对象的身高、体重、年龄和爱好等信息：

```
[height, weight, age, hobbies,...]
```

你可以将这个向量看作你相亲对象的潜空间。一个真实的人具有几乎无限的真实属性维度（你可以为此写一本传记）。潜空间可以通过有限的特征来表示一个真实的人，比如身高、体重和年龄。

在 Stable Diffusion 的训练阶段，使用一个训练好的编码器模型，通常表示为 $\varepsilon(E)$，将输入图像编码为潜向量表示。在反向扩散过程结束后，潜空间由解码器，通常表示为 $D(D)$，解码为像素空间。

训练和采样过程均在潜空间中进行。训练过程如图 5.1 所示。

图 5.1 展示了 Stable Diffusion 模型的训练过程，提供了模型训练的概览。

以下是该过程的详细步骤：

1. 模型训练过程中使用了图像、标题文本和时间步嵌入（指明去噪发生的步骤）。

2. 图像编码器：图像输入后由编码器进行处理。编码器是一个神经网络，它对输入图像进行处理，将其转化为更抽象和压缩的表示。这种表示通常被称为"潜空间"，因为它捕捉了图像的底层特征，而不是像素级的细节。

3. 潜空间：编码器生成一个向量，表示输入图像在潜空间中的特征。潜空间的维度通常比输入空间（图像的像素空间）低，处理速度更快，且能更高效地表示输入数据。训练过程的整个阶段都在潜空间中进行。

第 5 章　理解 Stable Diffusion 的工作原理　43

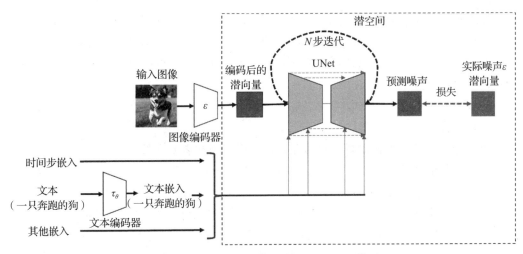

图 5.1　在潜空间中训练 Stable Diffusion 模型

4. N 步迭代：训练过程中需要在潜空间中进行多次迭代（N 步）。在此过程中，模型学习细化潜空间的表示，并进行微调以匹配所需的输出图像。

5. UNet：每次迭代后，模型都会使用 UNet 根据当前的潜空间向量生成输出图像。UNet 生成预测噪声，并结合输入的文本嵌入、步骤信息以及可能的其他嵌入。

6. 损失函数：模型的训练过程还涉及一个损失函数，用于衡量输出图像与期望输出图像之间的差异。模型的迭代过程会持续计算损失，模型会调整其权重以最小化损失。模型就是这样从错误中学习并不断改进的。

请参考第 21 章，获取更详细的关于模型训练的步骤。

UNet 的推理过程如图 5.2 所示。

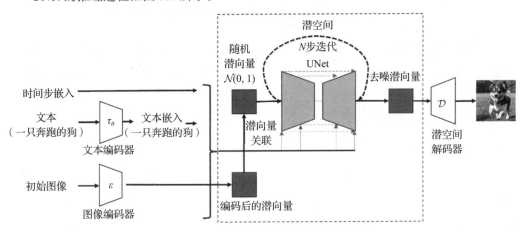

图 5.2　潜空间中的 Stable Diffusion 推理

Stable Diffusion 不仅能够通过文本生成图像，还可以通过图像生成新图像。

在图 5.2 中，从左侧开始，我们可以看到同时使用文本和图像来引导图像生成。

当我们输入文本时，Stable Diffusion 会使用 CLIP[3]生成一个嵌入向量，这个向量通过注意力机制传递到 UNet 中。

当我们用图像作为引导信号时，输入图像会被编码到潜空间，然后与随机生成的高斯噪声相结合。

这完全取决于我们的引导，可以是文本、图像，或者两者兼有。我们甚至可以在不提供任何图像的情况下生成图像。在这种"空"指导的情况下，UNet 模型会根据随机初始化的噪声来决定生成的内容。

在提供文本嵌入和初始图像的潜噪声（无论是否有初始图像在潜空间的编码向量）这两个必需的输入后，UNet 会在潜空间中开始去除初始图像的噪声。经过几次去噪步骤，在解码器的协助下，Stable Diffusion 能够在像素空间生成一幅生动的图像。

这个过程与训练过程类似，但不会将损失值返回去更新权重。相反，经过若干次去噪处理（N 步）后，变分自编码器（Variational Autoencoder，VAE）[4]会将图像从潜空间转化为可见的像素空间。

接下来，让我们来看看这些组件（文本编码器、图像编码器、UNet 和图像解码器）的样子。然后，我们开始一步步构建自己的 Stable Diffusion 管道。

5.2 使用 diffusers 生成潜向量

在本节中，我们将使用预训练的 Stable Diffusion 模型，将图像编码到潜空间中，以便直观地感受潜向量的外观和特性。然后，我们会将潜向量解码回图像。这一操作也为构建图像到图像的自定义管道奠定了基础。

1. 加载图像：我们可以用 diffusers 的 `load_image` 函数，从本地存储或 URL 中载入图像。在下面的代码中，我们加载了一个名为 dog.png 的图像，该图像与当前程序位于同一目录中：

```
from diffusers.utils import load_image
image = load_image("dog.png")
display(image)
```

2. 图像预处理：加载的图像中，每个像素都由 0 ~ 255 之间的数字表示。Stable Diffusion 过程中的图像编码器处理的数据范围是 –1.0 ~ 1.0。所以，我们需要先进行数据范围转换：

```
import numpy as np

# convert image object to array and
# convert pixel data from 0 ~ 255 to 0 ~ 1
image_array = np.array(image).astype(np.float32)/255.0

# convert the number from 0 ~ 1 to -1 ~ 1
image_array = image_array * 2.0 - 1.0
```

现在，如果我们用 Python 的 image_array.shape 来检查 image_array 的数据维度，会发现图像数据的维度是 (512, 512, 3)，排列顺序是（宽度，高度，通道），而不是常见的（通道，宽度，高度）顺序。此时，我们需要用 transpose() 函数将图像数据的转换为（通道，宽度，高度），即 (3, 512, 512)：

```
# transform the image array from width,height,
# channel to channel,width,height
image_array_cwh = image_array.transpose(2,0,1)
```

2 位于 (2, 0, 1) 的第一个位置，这意味着将原本的第 3 维（索引为 2）移到第 1 维。相同的逻辑也适用于 0 和 1。原本的第 0 维现在变成了第 2 维，而原本的第 1 维则变成了第 3 维。

经过这次转置，NumPy 数组 image_array_cwh 的维度变成了 (3, 512, 512)。

Stable Diffusion 图像编码器以批处理方式处理图像数据，此时数据为四维，批次维度位于首位。我们需要添加一个批次维度：

```
# add batch dimension
image_array_cwh = np.expand_dims(image_array_cwh, axis = 0)
```

3. 使用 torch 加载图像数据然后转到 CUDA：我们会利用 CUDA 将图像数据转换到潜空间。为此，我们需要先将数据加载到 CUDA 的显存中，然后传递给下一个模型：

```
# load image with torch
import torch
image_array_cwh = torch.from_numpy(image_array_cwh)
image_array_cwh_cuda = image_array_cwh.to(
    "cuda",
    dtype=torch.float16
)
```

4. 加载 Stable Diffusion 图像编码器 VAE：VAE 模型用于将图像从像素空间转换为潜空间：

```
# Initialize VAE model
import torch
```

```
from diffusers import AutoencoderKL

vae_model = AutoencoderKL.from_pretrained(
    "runwayml/stable-diffusion-v1-5",
    subfolder = "vae",
    torch_dtype=torch.float16
).to("cuda")
```

5. 将图像编码为潜向量：现在，一切就绪，我们可以将任何图像编码为 PyTorch 张量的潜向量：

```
latents = vae_model.encode(
    image_array_cwh_cuda).latent_dist.sample()
```

查看潜向量的内容和维度：

```
print(latents[0])
print(latents[0].shape)
```

我们可以看到，潜变量的维度是 (4, 64, 64)，每个元素的取值范围在 -1.0 ～ 1.0 之间。

Stable Diffusion 在生成 512×512 图像时，会在一个 4 通道的 64×64 张量上完成所有去噪步骤。其数据量大小远小于 512×512 像素和三通道的原始图像大小。

6. 解码潜数据为图像（可选）：你可能想知道能不能把潜向量转换回像素图像？当然可以，只需几行代码即可实现：

```
import numpy as np
from PIL import Image

def latent_to_img(latents_input, scale_rate = 1):
    latents_2 = (1 / scale_rate) * latents_input

    # decode image
    with torch.no_grad():
        decode_image = vae_model.decode(
        latents_input,
        return_dict = False
        )[0][0]

    decode_image =  (decode_image / 2 + 0.5).clamp(0, 1)

    # move latent data from cuda to cpu
    decode_image = decode_image.to("cpu")

    # convert torch tensor to numpy array
```

```
    numpy_img = decode_image.detach().numpy()

    # covert image array from (width, height, channel)
    # to (channel, width, height)
    numpy_img_t = numpy_img.transpose(1,2,0)

    # map image data to 0, 255, and convert to int number
    numpy_img_t_01_255 = \
        (numpy_img_t*255).round().astype("uint8")

    # shape the pillow image object from the numpy array
    return Image.fromarray(numpy_img_t_01_255)

pil_img = latent_to_img(latents_input)
pil_img
```

diffusers 的 Stable Diffusion 管道最终会生成一个潜张量。在本章后半部分，我们会按照类似的步骤来恢复图像的去噪潜张量。

5.3 使用 CLIP 生成文本嵌入

要生成文本嵌入（嵌入包含图像特征），我们首先需要将输入文本或提示进行令牌化，然后将分词 ID 编码为嵌入。以下是具体步骤：

1. 获取提示符令牌 ID：

```
input_prompt = "a running dog"

# input tokenizer and clip embedding model
import torch
from transformers import CLIPTokenizer,CLIPTextModel

# initialize tokenizer
clip_tokenizer = CLIPTokenizer.from_pretrained(
    "runwayml/stable-diffusion-v1-5",
    subfolder = "tokenizer",
    dtype    = torch.float16
)
input_tokens = clip_tokenizer(
    input_prompt,
    return_tensors = "pt"
)["input_ids"]
input_tokens
```

上面的代码将文本提示 a running dog 转换为一个 torch 张量对象的令牌 ID 列

表——`tensor([[49406, 320, 2761, 1929, 49407]])`。

2. 将 token ID 编码为嵌入：

```
# initialize CLIP text encoder model
clip_text_encoder = CLIPTextModel.from_pretrained(
    "runwayml/stable-diffusion-v1-5",
    subfolder="text_encoder",
    # dtype=torch.float16
).to("cuda")

# encode token ids to embeddings
prompt_embeds = clip_text_encoder(
    input_tokens.to("cuda")
)[0]
```

3. 检查嵌入数据：

```
print(prompt_embeds)
print(prompt_embeds.shape)
```

现在，我们可以看到 `prompt_embeds` 的具体数据如下：

```
tensor([[[-0.3884, 0.0229, -0.0522,..., -0.4899, -0.3066, 0.0675],
    [ 0.0290, -1.3258,  0.3085,..., -0.5257, 0.9768, 0.6652],
    [ 1.4642, 0.2696, 0.7703,..., -1.7454, -0.3677, 0.5046],
    [-1.2369, 0.4149, 1.6844,..., -2.8617, -1.3217, 0.3220],
    [-1.0182, 0.7156, 0.4969,..., -1.4992, -1.1128, -0.2895]]],
    device='cuda:0', grad_fn=<NativeLayerNormBackward0>)
```

它的维度是 `torch.Size([1, 5, 768])`。每个令牌 ID 被编码成一个 768 维的向量。

4. 生成负提示的嵌入：即使没有负提示，我们也会准备一个与输入提示大小相同的嵌入向量。这样可以确保代码在只有提示（`prompt`）和提示/负提示（`prompt/negative`）两种情况下都能正常运行：

```
# prepare neg prompt embeddings
uncond_tokens = "blur"

# get the prompt embedding length
max_length = prompt_embeds.shape[1]

# generate negative prompt tokens with the same length of prompt
uncond_input_tokens = clip_tokenizer(
    uncond_tokens,
    padding = "max_length",
```

```
        max_length = max_length,
        truncation = True,
        return_tensors = "pt"
)["input_ids"]

# generate the negative embeddings
with torch.no_grad():
    negative_prompt_embeds = clip_text_encoder(
        uncond_input_tokens.to("cuda")
    )[0]
```

5. 将提示和负提示的嵌入拼接成一个向量：因为整个提示会一次性输入UNet，并在UNet推理阶段处理正向和负向信号，所以我们将正向提示和负向提示的嵌入拼接成一个 torch 向量：

```
prompt_embeds = torch.cat([negative_prompt_embeds,
    prompt_embeds])
```

接下来，我们将初始化时间步的数据。

5.4 初始化时间步嵌入

第3章中，我们介绍了调度器。通过使用调度器，我们能够对图像生成的关键步骤进行采样。相比于在原始扩散模型（DDPM）中需要1000步去噪才能生成图像，在使用调度器后，我们只需20步就能生成图像。

在本节中，我们将使用Euler调度器生成时间步嵌入，然后查看这些时间步嵌入的效果。无论图表多么精美，我们只能通过阅读实际数据和代码来了解其工作原理。

1. 从模型的调度器配置中初始化一个调度器实例：

```
from diffusers import EulerDiscreteScheduler as Euler

# initialize scheduler from a pretrained checkpoint
scheduler = Euler.from_pretrained(
    "runwayml/stable-diffusion-v1-5",
    subfolder = "scheduler"
)
```

上面的代码将会从预训练的检查点的配置文件中初始化一个新的调度器。请注意，你也可以按照我们在第3章中讨论的方法，创建一个调度器，如下所示：

```
import torch
from diffusers import StableDiffusionPipeline
```

```
from diffusers import EulerDiscreteScheduler as Euler

text2img_pipe = StableDiffusionPipeline.from_pretrained(
    "runwayml/stable-diffusion-v1-5",
    torch_dtype = torch.float16
).to("cuda:0")

scheduler = Euler.from_config(text2img_pipe.scheduler.config)
```

然而，这需要你先加载一个模型，不仅速度慢，还没有必要；我们现在只需要一个模型的调度器。

2. 图像扩散过程中的步骤采样：

```
inference_steps = 20
scheduler.set_timesteps(inference_steps, device = "cuda")

timesteps = scheduler.timesteps
for t in timesteps:
    print(t)
```

以下是我们将看到的 20 个步骤的值：

```
...
tensor(999., device='cuda:0', dtype=torch.float64)
tensor(946.4211, device='cuda:0', dtype=torch.float64)
tensor(893.8421, device='cuda:0', dtype=torch.float64)
tensor(841.2632, device='cuda:0', dtype=torch.float64)
tensor(788.6842, device='cuda:0', dtype=torch.float64)
tensor(736.1053, device='cuda:0', dtype=torch.float64)
tensor(683.5263, device='cuda:0', dtype=torch.float64)
tensor(630.9474, device='cuda:0', dtype=torch.float64)
tensor(578.3684, device='cuda:0', dtype=torch.float64)
tensor(525.7895, device='cuda:0', dtype=torch.float64)
tensor(473.2105, device='cuda:0', dtype=torch.float64)
tensor(420.6316, device='cuda:0', dtype=torch.float64)
tensor(368.0526, device='cuda:0', dtype=torch.float64)
tensor(315.4737, device='cuda:0', dtype=torch.float64)
tensor(262.8947, device='cuda:0', dtype=torch.float64)
tensor(210.3158, device='cuda:0', dtype=torch.float64)
tensor(157.7368, device='cuda:0', dtype=torch.float64)
tensor(105.1579, device='cuda:0', dtype=torch.float64)
tensor(52.5789, device='cuda:0', dtype=torch.float64)
tensor(0., device='cuda:0', dtype=torch.float64)
```

在这里，调度器从 1000 步中挑选出 20 步，这 20 步可能足以对图像生成的整个高斯分布进行去噪。这种步采样技术还能提升 Stable Diffusion 的性能。

5.5 初始化 Stable Diffusion 的 UNet

UNet 架构[5]由 Ronneberger 等人提出，专用于生物医学图像分割。在 UNet 架构问世之前，卷积网络通常用于图像分类任务，输出为单一类标签。然而，在许多视觉任务中，期望的输出还应包括定位功能，而 UNet 模型成功解决了这个问题。

UNet 的 U 型结构可以高效地学习不同尺度的特征。UNet 的跳跃连接将各阶段的特征图直接结合，使模型能够在不同尺度上传递信息。这对于去噪非常重要，它可以确保模型在去除噪声的同时，保留细节和整体上下文。这些特性使 UNet 成为出色的去噪模型候选者。

在 Diffuser 库中，有一个名为 UNet2DConditionModel 的类，这是一个用于图像生成及相关任务的条件 2D UNet 模型。它是扩散模型的重要组成部分，在图像生成过程中发挥关键作用。我们只需几行代码就能加载一个 UNet 模型，如下所示：

```
import torch
from diffusers import UNet2DConditionModel

unet = UNet2DConditionModel.from_pretrained(
    "runwayml/stable-diffusion-v1-5",
    subfolder ="unet",
    torch_dtype = torch.float16
).to("cuda")
```

结合我们刚刚加载的 UNet 模型，现在我们已经拥有 Stable Diffusion 所需的全部组件。这不难，对吧？接下来，我们将利用这些构建模块，创建两个 Stable Diffusion 管道——一个是文本到图像，另一个是图像到图像。

5.6 实现一个文本到图像的 Stable Diffusion 推理管道

到目前为止，我们已成功初始化文本编码器、图像 VAE 和去噪 UNet 模型，并将它们加载到 CUDA 显存中。接下来的步骤是将它们组合在一起，形成一个最简单且可行的 Stable Diffusion 文本到图像管道。

1. 初始化潜噪声：在图 5.2 中，推理从随机初始化的高斯潜噪声开始。我们可以使用以下代码生成一个潜噪声：

```
# prepare noise latents
shape = torch.Size([1, 4, 64, 64])
device = "cuda"
noise_tensor = torch.randn(
```

```
    shape,
    generator = None,
    dtype     = torch.float16
).to("cuda")
```

在训练阶段，初始噪声 sigma 用于防止扩散过程陷入局部最小值。当扩散过程开始时，可能会非常接近局部最小值。可以使用 init_noise_sigma = 14.6146 来避免这种情况。因此，在推理过程中，我们也会使用 init_noise_sigma 来初始化潜变量：

```
# scale the initial noise by the standard deviation required by
# the scheduler
latents = noise_tensor * scheduler.init_noise_sigma
```

2. 通过 UNet 循环：准备好所有组件后，我们终于可以将初始潜变量输入 UNet，以生成目标潜变量：

```
guidance_scale = 7.5
latents_sd = torch.clone(latents)
for i,t in enumerate(timesteps):
    # expand the latents if we are doing classifier free guidance
    latent_model_input = torch.cat([latents_sd] * 2)
    latent_model_input = scheduler.scale_model_input(
        latent_model_input, t)

    # predict the noise residual
    with torch.no_grad():
        noise_pred = unet(
            latent_model_input,
            t,
            encoder_hidden_states=prompt_embeds,
            return_dict = False,
        )[0]

    # perform guidance
    noise_pred_uncond, noise_pred_text = noise_pred.chunk(2)
    noise_pred = noise_pred_uncond + guidance_scale *
        (noise_pred_text - noise_pred_uncond)

    # compute the previous noisy sample x_t -> x_t-1
    latents_sd = scheduler.step(noise_pred, t,
        latents_sd, return_dict=False)[0]
```

上述代码取自 diffusers 包中的 DiffusionPipeline，简化了去噪循环，仅保留了推理的核心部分，去除了所有边缘情况。

算法通过反复向图像的潜表征添加噪声来运行。在每次迭代中，噪声由文本提示引导，从而帮助模型生成更符合提示的图像。

前面的代码首先设定了几个变量：

- `guidance_scale` 决定了引导噪声的强度。
- `latents_sd` 用于保存生成图像的潜表征。
- `timesteps` 保存了添加噪声的时间步列表。

代码的主循环在每个时间步上进行迭代。在每次迭代中，代码首先将潜表征扩展成包括其自身的两个副本。这是因为 Stable Diffusion 算法采用无分类器引导机制，需要两个潜表征的副本。

代码接着调用 unet 函数来预测当前时间步的噪声差异。

随后对噪声残差进行引导，将缩放后的文本条件噪声残差添加到无条件噪声残差中。引导强度由 `guidance_scale` 变量控制。

最后，代码调用 Scheduler 函数来更新图像的潜表征。Scheduler 函数在每个时间步控制加入潜表征中的噪声量。

如前所述，这段代码是 Stable Diffusion 算法的简化版。实际上，该算法要复杂得多，并结合了许多其他技术来提升生成图像的质量。

3. 从潜空间恢复图像：我们可以再次使用 `latent_to_img` 函数，将图像从潜空间中恢复：

```python
import numpy as np
from PIL import Image

def latent_to_img(latents_input):
    # decode image
    with torch.no_grad():
        decode_image = vae_model.decode(
            latents_input,
            return_dict = False
        )[0][0]

    decode_image =  (decode_image / 2 + 0.5).clamp(0, 1)

    # move latent data from cuda to cpu
    decode_image = decode_image.to("cpu")

    # convert torch tensor to numpy array
    numpy_img = decode_image.detach().numpy()

    # covert image array from (channel, width, height)
    # to (width, height, channel)
    numpy_img_t = numpy_img.transpose(1,2,0)

    # map image data to 0, 255, and convert to int number
```

```
    numpy_img_t_01_255 = \
        (numpy_img_t*255).round().astype("uint8")
    
    # shape the pillow image object from the numpy array
    return Image.fromarray(numpy_img_t_01_255)

latents_2 = (1 / 0.18215) * latents_sd
pil_img = latent_to_img(latents_2)
```

latent_to_img函数按以下顺序进行执行：

Ⅰ.它通过调用vae_model.decode函数将潜向量解码成图像。vae_model.decode函数经过图像数据集训练，可生成与数据集中图像相似的新图像。

Ⅱ.将图像数据标准化到0～1的范围内，因为Image.fromarray函数要求图像数据在这个范围内。

Ⅲ.把图像数据从GPU传输到CPU。然后，将图像数据从torch张量转换为NumPy数组，因为Image.fromarray函数只接受NumPy数组作为输入。

Ⅳ.将图像数组的维度翻转成（宽度，高度，通道）格式，这是Image.fromarray函数所需的格式。

Ⅴ.将图像数据映射到0到255的范围，并转换为整数型。

Ⅵ.使用Image.fromarray函数，将图像数据创建为一个Python的PIL图像对象。

在将潜变量解码为图像时，需要使用这行代码：latents_2 = (1 / 0.18215) * latents_sd，因为在训练期间，潜变量被按0.18215的比例进行缩放。这种缩放是为了确保潜变量空间的方差为1。在解码过程中，必须将潜变量缩放回原始比例，以便重建原始图像。

然后，如果一切正常，你应该会看到如图5.3所示的内容。

接下来我们将实现一个图像到图像Stable Diffusion管道。

图 5.3　自定义 Stable Diffusion 管道生成的"一只奔跑的狗"

5.7　实现一个文本引导的图像到图像 Stable Diffusion 推理管道

现在我们只需将初始图像与初始潜噪声拼接起来。latents_input 这个 Torch 张量是我们在本章前面的小节中从狗的图像中编码得到的潜变量：

```
strength = 0.7
# scale the initial noise by the standard deviation required by the
# scheduler
latents = latents_input*(1-strength) +
    noise_tensor*scheduler.init_noise_sigma
```

这就是全部所需内容：使用相同的文本到图像生成管道代码，你应该生成类似于图 5.4 的效果。

图 5.4 自定义的图像到图像 Stable Diffusion 管道生成的"一只奔跑的狗"

请注意，上述代码使用了 strength = 0.7。strength 代表原始潜噪声的权重。如果你希望生成的图像更接近初始图像（即你提供给图像处理管道的图像），那么请使用较低的 strength 数值；否则，增加该数值。

5.8 总结

在本章中，我们首先介绍了原始扩散模型 DDPM，然后解释了 Stable Diffusion 的概念，并说明了它为何比 DDPM 模型更快、更出色。

正如论文"High-Resolution Image Synthesis with Latent Diffusion Models"[6]中所提到的，将 Stable Diffusion 与先前模型区分开来的最大特征是其"潜空间"。本章讲解了什么是潜空间，以及 Stable Diffusion 的训练和推理过程的原理。

为了全面理解 Stable Diffusion，我们将其分解成了以下几个模块：将初始图像编码为潜数据；将输入提示转换为令牌 ID，并使用 CLIP 文本模型将其嵌入到文本嵌入中；使用 Stable Diffusion 调度程序对推理的详细步骤进行采样；创建初始噪声潜数据；将初始噪声潜数据与初始图像潜向量连接起来；将所有组件组合在一起，构建自定义的文本到图像 Stable Diffusion 管道；以及扩展管道以实现文本引导的图像到图像 Stable Diffusion 管道。我们逐一介绍了这些模块，最后建立了两个 Stable Diffusion 管道：一个文本到图像管道和一个扩展的文本引导的图像到图像管道。

阅读完本章后，你不仅会对 Stable Diffusion 有一个大致的了解，还能灵活地构建自己的管道，以满足特定需求。

在第 6 章中，我们将学习加载 Stable Diffusion 模型的方法。

5.9 参考文献

1. Jonathan Ho, Ajay Jain, Pieter Abbeel, Denoising Diffusion Probabilistic Models: https://arxiv.org/abs/2006.11239
2. Robin et al, High-Resolution Image Synthesis with Latent Diffusion Models: https://arxiv.org/abs/2112.10752
3. Alec et al, Learning Transferable Visual Models From Natural Language Supervision: https://arxiv.org/abs/2103.00020
4. VAEs: https://en.wikipedia.org/wiki/Variational_autoencoder
5. UNet2DConditionModel document from Hugging Face: https://huggingface.co/docs/diffusers/api/models/unet2d-cond
6. Robin et al, High-Resolution Image Synthesis with Latent Diffusion Models: https://arxiv.org/abs/2112.10752

5.10 扩展阅读

Jonathan Ho, Tim Salimans, Classifier-Free Diffusion Guidance: https://arxiv.org/abs/2207.12598

Stable Diffusion with Diffusers: https://huggingface.co/blog/stable_diffusion

Olaf Ronneberger, Philipp Fischer, Thomas Brox, UNet: Convolutional Networks for Biomedical Image Segmentation: https://arxiv.org/abs/1505.04597

CHAPTER 6

第 6 章

使用 Stable Diffusion 模型

在开始使用 Stable Diffusion 模型时，我们会遇到各种类型的模型文件，我们需要知道如何将这些文件转换为所需的格式。

在本章中，我们将深入介绍 Stable Diffusion 模型文件，并讲解如何通过模型 ID 从 Hugging Face 仓库加载模型。我们还会提供示例代码，帮助你加载开源社区共享的 `safetensors` 和 `.ckpt` 模型文件。

在本章中，我们将涵盖以下几个主题：

- 加载 Diffusers 模型
- 从 safetensors 和 .ckpt 文件加载模型的检查点
- 将 .ckpt 和 safetensors 文件与 Diffusers 结合使用
- 模型安全检查器
- 将检查点模型文件转换为 Diffusers 格式
- 使用 Stable Diffusion XL

在本章结束时，你将掌握不同的 Stable Diffusion 模型文件类型，并了解如何将这些文件转换为可以用 Diffusers 加载的格式。

6.1 技术要求

在开始之前，请确认你已经安装了 `safetensors` 软件包：

```
pip install safetensors
```

safetensors 这个 Python 包可以让我们简单高效且安全地访问、存储和共享张量。

6.2 加载 Diffusers 模型

与其手动下载模型文件，不如使用 Hugging Face Diffusers 包[1]。它提供了一种更便捷的方法，通过字符串类型的模型 ID 来访问开源模型文件，如下所示：

```
import torch
from diffusers import StableDiffusionPipeline
pipe = StableDiffusionPipeline.from_pretrained(
    "runwayml/stable-diffusion-v1-5",
    torch_dtype = torch.float16
)
```

当上述代码运行时，如果 Diffusers 未能找到模型 ID 指定的模型文件，程序包会自动从 Hugging Face 库下载该模型并存储在缓存文件夹中，以便下次使用。

通常情况下，缓存文件会存放在以下位置：

Windows 系统：

C:\Users\user_name\.cache\huggingface\hub

Linux 系统：

\home\user_name\.cache\huggingface\hub

起初使用默认的缓存路径是可以的，但如果你的磁盘小于 512GB，你很快会发现这些模型文件会占用大量存储空间。为了避免存储空间不足，我们需要提前规划模型存储。Diffusers 提供了一个参数，可以让我们指定自定义路径来存储这些文件。

以下是前面的示例代码，添加了一个参数：cache_dir：

```
from diffusers import StableDiffusionPipeline
pipe = StableDiffusionPipeline.from_pretrained(
    "runwayml/stable-diffusion-v1-5",
    torch_dtype = torch.float16,
    cache_dir = r"D:\my_model_folder"
)
```

通过设置 cache_dir 参数，所有自动下载的模型和配置文件将存储在新的位置，从而避免占用系统磁盘空间。

你可能还会注意到，示例代码指定了一个 torch_dtytpe 参数，告诉 Diffusers 使用 torch.float16。默认情况下，PyTorch 使用 torch.float32 进行矩阵乘法。对于模型推理，或者换句话说，在使用 Stable Diffusion 生成图像的阶段，我们可以使用

`float16`类型，这样不仅可以将速度提高一倍，还可以节省 GPU 显存空间，而且图像效果的差别非常小。

通常，从 Hugging Face 获取并使用模型既简便又安全。Hugging Face 有一个安全检查器，可以确保上传的模型文件不会包含任何可能损害计算机的恶意代码[2]。

尽管如此，我们仍然可以手动下载模型文件并与 Diffusers 结合使用。接下来，我们将从本地磁盘加载各种模型文件。

6.3 从 safetensors 和 .ckpt 文件加载模型的检查点

完整的模型文件也称为检查点数据。如果你在文章或文档中看到下载检查点，那么它们指的就是一个 Stable Diffusion 模型文件。

检查点有多种类型，包括 `.ckpt` 文件、`safetensors` 文件和 `diffusers` 文件。

- `.ckpt` 是一种基本的文件格式，兼容大多数 Stable Diffusion 模型，但也最容易受到恶意攻击。
- `safetensors` 是一种更新的文件格式，设计得比 `.ckpt` 文件更安全。与 `.ckpt` 文件相比，`safetensors` 在安全性、速度和可用性方面更具优势，并具有多种防止代码执行的功能。
  - 受限的数据类型：可以存储特定的数据类型（如整数和张量），这避免了在保存数据时包含代码的可能性。
  - 哈希：每一块数据都会被哈希处理，哈希值与数据一起存储。任何对数据的修改都会改变哈希值，从而立即被检测到。
  - 隔离：将数据存储在独立环境中，避免与其他程序交互，保护系统免受潜在攻击。
- `diffusers` 文件是一种最新的文件格式，专为与 Diffusers 库无缝集成而设计。该格式具有非常好的安全特性，并确保与所有 Stable Diffusion 模型兼容。与传统的单文件压缩不同，Diffusers 格式采用文件夹形式，包含权重和配置文件。此外，这些文件夹中的模型文件采用 `safetensors` 格式。

当我们使用 Diffusers 的自动下载功能时，文件会被保存为 Diffusers 格式。

接下来，我们将加载一个 `.ckpt` 或 `safetensors` 格式的 Stable Diffusion 模型。

6.4 在 Diffusers 中使用 .ckpt 和 safetensors 文件

Diffusers 社区正在积极提升产品功能。截至本书撰写时，我们可以通过 Diffusers 包

轻松加载 `.ckpt` 或 `safetensors` 检查点文件。

以下代码可以加载并使用 `safetensors` 或 `.ckpt` 格式的检查点文件。

请用以下代码加载 `safetensors` 模型：

```
import torch
from diffusers import StableDiffusionPipeline
model_path = r"model/path/path/model_name.safetensors"
pipe = StableDiffusionPipeline.from_single_file(
    model_path,
    torch_dtype = torch.float16
)
```

请用以下代码加载 `.ckpt` 模型：

```
import torch
from diffusers import StableDiffusionPipeline
model_path = r"model/path/path/model_name.ckpt"
pipe = StableDiffusionPipeline.from_single_file(
    model_path,
    torch_dtype = torch.float16
)
```

你没有看错代码：我们可以用同一个函数（`from_single_file`）来加载 `safetensors` 和 `.ckpt` 模型文件。接下来，让我们看看安全检查器。

6.5 关闭模型安全检查器

默认情况下，Diffusers 管道会使用安全检查器模型来审核输出，确保生成内容不包含任何工作场合不适宜、暴力或不安全的元素。在某些情况下，安全检查器可能会有误报，生成空图像（完全黑色的图像）。关于安全检查器，有几个相关的 GitHub 讨论[11]。在测试阶段，我们可以临时关闭安全检查器。

要通过模型 ID 加载模型并关闭安全检查器，请运行以下代码：

```
import torch
from diffusers import StableDiffusionPipeline
pipe = StableDiffusionPipeline.from_pretrained(
    "runwayml/stable-diffusion-v1-5",
    torch_dtype     = torch.float16,
    safety_checker  = None # or load_safety_checker = False
)
```

请注意，当我们从 `safetensors` 或 `.ckpt` 文件加载模型时，关闭安全检查器的参数有所不同。我们应该用 `load_safety_checker` 替代 `safety_checker`，参见以下示例代码：

```
import torch
from diffusers import StableDiffusionPipeline
model_path = r"model/path/path/model_name.ckpt"
pipe = StableDiffusionPipeline.from_single_file(
    model_path,
    torch_dtype = torch.float16,
    load_safety_checker = False
)
```

你可以在 `from_pretrained` 函数中设置 `load_safety_checker = False` 来关闭安全检查器。

安全检查器是由慕尼黑大学计算机视觉与学习团队 CompVis 开发的开源机器学习模型（https://github.com/CompVis），基于 CLIP 构建[9][10]，被称为 Stable Diffusion 安全检查器[3]。

虽然我们可以将模型加载到单个文件中，但在某些情况下，我们需要将 .ckpt 或 safetensors 模型文件转换为 Diffusers 文件夹结构。接下来，我们来看看如何将模型文件转换为 Diffusers 格式。

6.6 将检查点模型文件转换为 Diffusers 格式

与 Diffusers 格式相比，从 .ckpt 或 safetensors 文件加载检查点模型数据较慢，因为每次加载这些文件时，Diffusers 都会解压并转换为 Diffusers 格式。为避免每次加载模型文件时都进行转换，可以将检查点文件预先转换为 Diffusers 格式。

我们可以用以下代码将 .ckpt 文件转换为 Diffusers 格式：

```
ckpt_checkpoint_path = r"D:\temp\anythingV3_fp16.ckpt"
target_part = r"D:\temp\anythingV3_fp16"
pipe = download_from_original_stable_diffusion_ckpt(
    ckpt_checkpoint_path,
    from_safetensors = False,
    device = "cuda:0"
)
pipe.save_pretrained(target_part)
```

要将 safetensors 文件转换为 Diffusers 格式，只需将 `from_safetensors` 参数设置为 True，参见以下示例代码：

```
from diffusers.pipelines.stable_diffusion.convert_from_ckpt import \
    download_from_original_stable_diffusion_ckpt

safetensors_checkpoint_path = \
    r"D:\temp\deliberate_v2.safetensors"
target_part = r"D:\temp\deliberate_v2"
pipe = download_from_original_stable_diffusion_ckpt(
    safetensors_checkpoint_path,
    from_safetensors   = True,
    device = "cuda:0"
)
pipe.save_pretrained(target_part)
```

如果你曾尝试在搜索引擎中寻找转换方法，可能会在某些网页的角落发现一个解决方案：使用名为 `convert_original_stable_diffusion_to_diffusers.py` 的脚本。这个脚本在 Diffusers 的 GitHub 仓库中可以找到：https://github.com/huggingface/diffusers/tree/main/scripts。这个脚本可以正常运行。如果查看该脚本的代码，会发现它使用了刚刚介绍的相同代码。

要使用转换后的模型文件，这次只需使用 `from_pretrained` 函数加载 `local` 文件夹，而不是模型 ID：

```
# load local diffusers model files using from_pretrained function
import torch
from diffusers import StableDiffusionPipeline
pipe = StableDiffusionPipeline.from_pretrained(
    r"D:\temp\deliberate_v2",
    torch_dtype = torch.float16,
    safety_checker = None
).to("cuda:0")
image = pipe("a cute puppy").images[0]
image
```

你应该会看到前面代码生成的一张可爱的小狗图片。接下来，让我们加载 Stable Diffusion XL 模型。

6.7 使用 Stable Diffusion XL

Stable Diffusion XL (SDXL) 是 Stability AI 推出的一个模型[5]。与之前的模型略有不同，Stable Diffusion XL 被设计成一个两阶段模型。如图 6.1 所示，我们首先需要基础模型来生成图像，然后利用第二个调优模型来优化图像。调优模型不是必需的。

图 6.1 显示，要通过 Stable Diffusion XL 模型生成质量最佳的图像，我们需要使用基

础模型生成原始图像,输出为 128×128 的潜向量,然后使用调优模型对其进行增强。

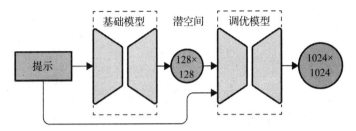

图 6.1　Stable Diffusion XL 的双模型管道

在使用 Stable Diffusion XL 模型之前,请确保你至少有 15GB 的显存,否则在调优模型输出图像之前,可能会出现 CUDA 显存不足的错误。你还可以利用第 5 章介绍的优化方法,创建自定义管道,在可能时将模型移出显存。

加载 Stable Diffusion XL 模型的步骤如下:

1. 下载基础模型的 `safetensors` 文件[6]。你无须下载模型库中的全部文件。在撰写本书时,检查点名称是 `sd_xl_base_1.0.safetensors`。

2. 下载调优模型的 `safetensors` 文件[7]。我们也可以通过提供模型 ID,让 Diffusers 管道自动下载 `safetensors` 文件。

3. 接下来,我们将从 `safetensors` 文件初始化基础模型和调优模型[8]:

```python
import torch
from diffusers import (
    StableDiffusionXLPipeline, StableDiffusionXLImg2ImgPipeline)

# load base model
base_model_checkpoint_path = \
    r"path/to/sd_xl_base_1.0.safetensors"
base_pipe = StableDiffusionXLPipeline.from_single_file(
    base_model_checkpoint_path,
    torch_dtype = torch.float16,
    use_safetensors = True
)

# load refiner model
refiner_model_checkpoint_path = \
    r"path/to/sd_xl_refiner_1.0.safetensors"
refiner_pipe = \
    StableDiffusionXLImg2ImgPipeline.from_single_file(
    refiner_model_checkpoint_path,
    torch_dtype = torch.float16,
    use_safetensors = True
)
```

或者，我们可以通过使用模型 ID 来初始化基础模型和调优模型：

```
import torch
from diffusers import (
    StableDiffusionXLPipeline,
    StableDiffusionXLImg2ImgPipeline
)

# load base model
base_model_id = "stabilityai/stable-diffusion-xl-base-1.0"
base_pipe = StableDiffusionXLPipeline.from_pretrained(
    base_model_id,
    torch_dtype = torch.float16
)

# load refiner model
refiner_model_id = "stabilityai/stable-diffusion-xl-refiner-1.0"
refiner_pipe = StableDiffusionXLImg2ImgPipeline.from_pretrained(
    refiner_model_id,
    torch_dtype = torch.float16
)
```

4. 接下来，我们将在潜空间中生成基础图像（$4 \times 128 \times 128$ 中间层潜变量）：

```
# move model to cuda and generate base image latent
from diffusers import EulerDiscreteScheduler

prompt = """
analog photograph of a cat in a spacesuit taken inside the
cockpit of a stealth fighter jet,
Fujifilm, Kodak Portra 400, vintage photography
"""

neg_prompt = """
paint, watermark, 3D render, illustration, drawing,worst
quality, low quality
"""

base_pipe.to("cuda")
base_pipe.scheduler = EulerDiscreteScheduler.from_config(
    base_pipe.scheduler.config)
with torch.no_grad():
    base_latents = base_pipe(
        prompt = prompt,
        negative_prompt = neg_prompt,
        output_type = "latent"
    ).images[0]
```

```
base_pipe.to("cpu")
torch.cuda.empty_cache()
```

请注意，在前面的代码末尾，我们通过 base_pipe.to("cpu") 和 torch.cuda.empty_cache() 将 base_pipe 从显存中移出。

5. 将调优模型加载到显存中，并利用潜空间中的基础图像生成最终图像：

```
# refine the image
refiner_pipe.to("cuda")
refiner_pipe.scheduler = EulerDiscreteScheduler.from_config(
    refiner_pipe.scheduler.config)
with torch.no_grad():
    image = refiner_pipe(
        prompt = prompt,
        negative_prompt = neg_prompt,
        image = [base_latents]
    ).images[0]

refiner_pipe.to("cpu")
torch.cuda.empty_cache()
image
```

最终效果将类似于图 6.2。

图 6.2 由 Stable Diffusion XL 生成的图像——一只穿着宇航服的猫

细节和质量远胜于 Stable Diffusion 1.5 生成的图像。尽管在撰写本书时这个模型还比较新，但不久的将来会有更多的混合检查点模型和低秩适配器（Low-Rank Adapter，LoRA）可用。

6.8 总结

本章主要讲解了 Stable Diffusion 模型的使用方法。我们可以通过模型 ID 从 Hugging Face 获取模型。此外，还可以在 CIVITAI[4] 等社区网站上找到许多开源模型资源并进行下载。这些模型文件通常是 `.ckpt` 或 `safetensors` 格式的。

本章讲解了这些模型文件与直接使用 Diffusers 包中检查点模型文件的区别。此外，还提供了一种将模型检查点文件转换为 Diffusers 格式的方法，以加快模型加载速度。

最后，本章还讲解了如何加载和使用 Stable Diffusion XL 的双模型管道。

6.9 参考文献

1. Hugging Face Load safetensors: `https://huggingface.co/docs/diffusers/using-diffusers/using_safetensors`
2. pickle — Python object serialization: `https://docs.python.org/3/library/pickle.html`
3. Stable Diffusion Safety Checker: `https://huggingface.co/CompVis/stable-diffusion-safety-checker`
4. civitai: `https://www.civitai.com`
5. stability.ai: `https://stability.ai/`
6. stable-diffusion-xl-base-1.0: `https://huggingface.co/stabilityai/stable-diffusion-xl-base-1.0`
7. stable-diffusion-xl-refiner-1.0: `https://huggingface.co/stabilityai/stable-diffusion-xl-refiner-1.0`
8. safetensors GitHub repository: `https://github.com/huggingface/safetensors`
9. Alec Radford et al, Learning Transferable Visual Models From Natural Language Supervision: `https://arxiv.org/abs/2103.00020`
10. OpenAI CLIP GitHub repository: `https://github.com/openai/CLIP`
11. Issues with safety checker: `https://github.com/huggingface/diffusers/issues/845`, `https://github.com/huggingface/diffusers/issues/3422`

PART 2
第二部分

通过自定义功能改进扩散模型

在本书的第一部分，我们深入探讨了扩散模型的基本概念和技术，为其在各个领域的应用打下了坚实的基础。现在，让我们提升理解层次，深入研究能够显著增强这些模型功能的高级自定义选项。

第二部分（第7～12章）旨在为你提供优化和扩展扩散模型的知识与技能，解锁更多创意表达和解决问题的新可能性。我们将探讨一系列主题：从优化性能和管理显存使用，到利用社区资源，以及探索诸如文本反转等创新技术，这些都将帮助你发挥扩散模型的无穷潜力。

在接下来的章节中，你将学会如何克服限制，利用社区的集体智慧，解锁新功能，提升你在扩散模型上的工作效果。无论你是想提高效率、探索新的艺术路径，还是希望走在创新的前沿，该部分介绍的自定义功能和技术都将为你提供所需的工具和灵感。

CHAPTER 7

第7章

优化性能和显存的使用

在之前的章节中,我们讲解了 Stable Diffusion 模型的理论,介绍了其数据格式,并探讨了数据转换和模型加载。尽管 Stable Diffusion 模型在潜在空间执行去噪,但默认情况下,模型的数据处理和运行仍需大量资源,且可能时不时出现 CUDA 显存不足的错误。

为了使用 Stable Diffusion 实现快速流畅的图像生成,我们可以借助一些技术来优化整个过程,不仅提升推理速度,还能减少显存的占用。在本章中,我们将展示以下优化方案,并探讨这些方案在实际应用中的效果:

- 使用 float16 或 bfloat16 数据类型
- 启用 VAE 平铺
- 启用 Xformers 或使用 PyTorch 2.0
- 启用顺序 CPU 卸载
- 启用模型 CPU 卸载
- 令牌合并(Token merging,ToMe)

通过采用以上的方案,你可以在只有 4GB 显存的 GPU 机器上流畅地运行 Stable Diffusion 模型[1]。请参阅第 2 章,了解运行 Stable Diffusion 模型所需的软件和硬件详细要求。

7.1 设置基线

在讨论优化方案之前,我们先来看看默认设置下的速度和显存使用情况,这样我们就能知道在应用优化方案后,显存使用量减少了多少或速度提升了多少。

让我们使用一个固定的数字 1 作为生成器种子,以排除随机生成种子的影响。测试是在配备 24GB 显存的 RTX 3090 显卡和 Windows 11 操作系统的计算机上进行的，另有一块 GPU 负责渲染所有其他窗口和用户界面，以确保 RTX 3090 专注于 Stable Diffusion 管道：

```
import torch
from diffusers import StableDiffusionPipeline

text2img_pipe = StableDiffusionPipeline.from_pretrained(
    "runwayml/stable-diffusion-v1-5"
).to("cuda:0")

# generate an image
prompt ="high resolution, a photograph of an astronaut riding a horse"
image = text2img_pipe(
    prompt = prompt,
    generator = torch.Generator("cuda:0").manual_seed(1)
).images[0]
image
```

默认情况下，PyTorch 对卷积操作启用 TensorFloat32 (TF32) 模式[4]，对矩阵乘法操作启用 float32 (FP32) 模式。上述代码生成了一张 512×512 的图像，使用 8.4GB 显存，生成速度为每秒 7.51 次迭代。接下来，我们将测量使用优化方案后显存使用情况和生成速度的提升效果。

7.2　优化方案 1：使用 float16 或 bfloat16 数据类型

在 PyTorch 中，默认情况下，浮点张量以 FP32 精度生成。TF32 数据格式是为 Nvidia Ampere 及后续的 CUDA 设备开发的。TF32 通过略微降低计算精度来加速矩阵乘法和卷积运算[5]。FP32 和 TF32 是历史遗留的设置，尽管训练时需要它们，但推理过程中很少需要如此高的数值精度。

与使用 TF32 和 FP32 数据类型相比，我们可以加载和运行 float16 或 bfloat16 精度的 Stable Diffusion 模型权重，从而减少显存使用量并提高速度。不过，float16 和 bfloat16 有什么不同呢？我们又应该选择哪一个呢？

float16 和 bfloat16 都是半精度浮点数据格式，但它们存在一些差异：
- ❑ **数值范围**：bfloat16 的正值范围比 float16 更大。bfloat16 的最大正值约为 3.39e38，而 float16 的最大正值约为 6.55e4。这使得 bfloat16 更适合需要大动态范围的模型。
- ❑ **精度**：bfloat16 和 float16 都具有 3 位指数和 10 位尾数（小数部分）。然而，bfloat16 的首位用作符号位，而 float16 的首位则是尾数的一部分。这意味着，bfloat16 的相对精度低于 float16，尤其是在处理很小的数时。

bfloat16 通常在深度神经网络中非常有用。它在范围、精度和内存使用之间实现了良好的平衡。许多现代 GPU 都支持 bfloat16，与单精度（FP32）相比，它能显著减少内存占用并提升训练速度。

在 Stable Diffusion 中，我们可以使用 bfloat16 或 float16 来加快推理速度，同时减少显存的使用量。以下是一些使用 bfloat16 加载 Stable Diffusion 模型的代码：

```python
import torch
from diffusers import StableDiffusionPipeline

text2img_pipe = StableDiffusionPipeline.from_pretrained(
    "runwayml/stable-diffusion-v1-5",
    torch_dtype = torch.bfloat16 # <- load float16 version weight
).to("cuda:0")
```

我们利用 `text2img_pipe` 管道对象生成图像，所需显存仅为 4.7GB，每秒可进行 19.1 次去噪迭代。

请注意，如果你使用的是 CPU，请勿使用 `torch.float16`，因为 CPU 不支持 float16。

7.3 优化方案 2：启用 VAE 平铺

Stable Diffusion VAE 平铺是一种生成大型图像的技术。它的工作原理是将图像分割成小块，然后分别生成每个小块。这种技术可以在不占用大量显存的情况下生成大型图像。

请注意，采用平铺编码和解码的方法与非平铺版本相比，会产生几乎难以察觉的微小差异。Diffusers 在实现 VAE 平铺时，采用重叠平铺技术来融合边缘，使输出更加平滑。

在进行推理前，你可以通过添加 `text2img_pipe.enable_vae_tiling()` 这行代码来启用 VAE 平铺功能：

```python
import torch
from diffusers import StableDiffusionPipeline

text2img_pipe = StableDiffusionPipeline.from_pretrained(
    "runwayml/stable-diffusion-v1-5",
    torch_dtype = torch.float16      # <- load float16 version weight
).to("cuda:0")

text2img_pipe.enable_vae_tiling()          # < Enable VAE Tiling
prompt ="high resolution, a photograph of an astronaut riding a horse"
image = text2img_pipe(
```

```
    prompt = prompt,
    generator = torch.Generator("cuda:0").manual_seed(1),
    width = 1024,
    height= 1024
).images[0]
image
```

开启或关闭 VAE 平铺对生成图像的效果影响不大。唯一的区别在于,不使用 VAE 平铺时,生成 1024×1024 的图像会占用 7.6GB 的显存;而开启 VAE 平铺后,显存使用量降至 5.1GB。

VAE 平铺在图像像素空间和潜在空间之间进行,对整个去噪循环的影响微乎其微。测试显示,当生成少于 4 张图像时,性能几乎不受影响,同时显存的使用量可以减少 20%～30%。因此,我建议始终开启 VAE 平铺。

7.4 优化方案 3:启用 Xformers 或使用 PyTorch 2.0

当我们输入文本或提示来生成图像时,编码后的文本嵌入会被传递到扩散 UNet 的 Transformer 多头注意力模块中。

在 Transformer 模块中,自注意力和交叉注意力头通过 QKV 操作计算注意力得分。这个过程计算量大,内存占用高。

来自 Meta Research 的开源软件包 Xformers[2] 旨在优化这个过程。简而言之,Xformers 与标准 Transformers 的主要区别如下:

- **分层注意力机制**:Xformers 使用分层注意力机制,它由两层注意力组成:粗粒度层和细粒度层。粗粒度层在高层次上关注输入序列,而细粒度层在低层次上关注输入序列。这使得 Xformers 能够学习输入序列中的长程依赖关系,同时也能够关注局部细节。
- **减少注意力头的数量**:Xformers 使用比标准 Transformers 更少的注意力头。注意力头是注意力机制中的一个计算单元。Xformers 使用 4 个头,而标准 Transformers 使用 12 个头。减少注意力头的数量使 Xformers 能够在保持性能的同时降低内存需求。

使用 `diffusers` 包启用 Xformers 非常简单。只需在以下代码中添加一行代码:

```
import torch
from diffusers import StableDiffusionPipeline

text2img_pipe = StableDiffusionPipeline.from_pretrained(
    "runwayml/stable-diffusion-v1-5",
```

```
        torch_dtype = torch.float16         # <- load float16 version weight
).to("cuda:0")

text2img_pipe.enable_xformers_memory_efficient_attention()   # < Enable
# xformers
prompt ="high resolution, a photograph of an astronaut riding a horse"
image = text2img_pipe(
    prompt = prompt,
    generator = torch.Generator("cuda:0").manual_seed(1)
).images[0]
image
```

如果你使用的是 PyTorch 2.0 或更高版本，那么可能不会注意到性能提升或显存使用量减少，因为 PyTorch 2.0 内置了类似于 Xformers 实现的原生注意力优化功能。如果你使用的是 PyTorch 2.0 之前的版本，那么启用 Xformers 可以显著提升推理速度并减少显存占用。

7.5　优化方案 4：启用顺序 CPU 卸载

正如我们在第 5 章中所讨论的，一个管道包含多个子模型：
- **文本嵌入模型**，用于将文本编码为嵌入向量。
- **图像潜在编码器 / 解码器**，用于对输入的引导图像进行编码，并将潜在空间编码为像素图像。
- **UNet**，用于循环推理去噪步骤。
- **安全检查器模型**，用于检查生成内容的安全性。

顺序 CPU 卸载的概念是指将已完成任务并处于空闲状态的子模型卸载到 CPU 的内存中。

以下是具体操作步骤示例：

1. 将 CLIP 文本模型加载到 GPU 的显存中，并将输入提示编码为嵌入向量。

2. 将 CLIP 文本模型卸载到 CPU 内存中。

3. 将 VAE 模型（图像到潜在空间的编码器和解码器）加载到 GPU 的显存中，并在处理图像到图像管道时对起始图像进行编码。

4. 将 VAE 卸载到 CPU 内存中。

5. 加载 UNet，以循环执行去噪步骤（同时加载和卸载未使用的子模块权重数据）。

6. 将 UNet 卸载到 CPU 内存中。

7. 将 VAE 模型从 CPU 内存加载到 GPU 显存中，以进行潜在空间到图像的解码。

在前面的步骤中，我们发现，通过所有的过程，只有一个子模型会保留在显存中，这样可以有效减少显存的使用。然而，加载和卸载操作会显著降低推理速度。

启用顺序 CPU 卸载仅需一行代码，示例如下：

```
import torch
from diffusers import StableDiffusionPipeline

text2img_pipe = StableDiffusionPipeline.from_pretrained(
    "runwayml/stable-diffusion-v1-5",
    torch_dtype = torch.float16
).to("cuda:0")

# generate an image
text2img_pipe.enable_sequential_cpu_offload() # <- Enable sequential
# CPU offload
prompt ="high resolution, a photograph of an astronaut riding a horse"
image = text2img_pipe(
    prompt = prompt,
    generator = torch.Generator("cuda:0").manual_seed(1)
).images[0]
image
```

想象一下，创建一个定制化的管道，可以高效地利用显存进行 UNet 去噪。通过策略性地将文本编码器/解码器、VAE 模型和安全检查模型在空闲期间转移到 CPU 内存，同时将 UNet 模型保留在显存中，可以实现显著的速度提升。这种方法的可行性在本书附带代码的自定义实现中得到了证明，该实现显著地将显存使用量降低到 3.2GB（即使是生成 512×512 的图像），同时保持了相当高的处理速度，并且性能没有明显的下降！

本章提供的自定义管道代码与 enable_sequential_cpu_offload() 几乎完全相同。唯一的不同是将 UNet 保留在显存中直到去噪结束。这就是推理速度依然快的原因。

通过合理管理模型的加载和卸载，我们可以将显存使用量从 4.7GB 降低至 3.2GB，同时保持与未卸载模型时相同的处理速度。

7.6 优化方案 5：启用模型 CPU 卸载

完整的模型卸载会将整个模型数据移入和移出 GPU，而不是仅移动权重。如果未启用此功能，则所有模型数据将在前向推理的前后保留在 GPU 中，清除 CUDA 缓存也不会释放显存。如果你正在加载其他模型（例如，用于进一步处理图像的放大模型），这可能会导致 CUDA 显存不足。将模型卸载到 CPU 可以有效缓解 CUDA 显存不足的问题。

根据这种方法的原理，模型在 CPU 内存和 GPU 显存之间的移动会额外耗时 1～2s。

要启用此方法，请去掉 pipe.to("cuda") 并添加 pipe.enable_model_cpu_offload()：

```python
import torch
from diffusers import StableDiffusionPipeline

text2img_pipe = StableDiffusionPipeline.from_pretrained(
    "runwayml/stable-diffusion-v1-5",
    torch_dtype = torch.float16
)                # .to("cuda") is removed here

# generate an image
text2img_pipe.enable_model_cpu_offload()    # <- enable model offload
prompt ="high resolution, a photograph of an astronaut riding a horse"
image = text2img_pipe(
    prompt = prompt,
    generator = torch.Generator("cuda:0").manual_seed(1)
).images[0]
image
```

卸载模型时，GPU 只处理一个管道组件，通常是文本编码器、UNet 或 VAE，而其余组件则闲置在 CPU 内存中。像 UNet 这种需要多次迭代的组件会一直留在 GPU 上，直到不再需要为止。

通过模型的 CPU 卸载方法，可以将显存使用量减少到 3.6GB，同时保持较高的推理速度。运行上述代码测试时，你会注意到推理速度开始时较慢，但随后逐步加快，达到正常的迭代速度。

在图像生成完成后，我们可以使用以下代码，将模型的权重数据从显存手动转移到 CPU 内存中：

```python
pipe.to("cpu")
torch.cuda.empty_cache()
```

运行上述代码后，你会发现 GPU 的显存使用量显著减少。

接下来，我们来看看令牌合并。

7.7 优化方案 6：令牌合并

令牌合并最早由 Daniel 等人提出[3]。这是一种能够加快 Stable Diffusion 模型推理时间的技术。令牌合并通过合并模型中的冗余令牌，使模型的工作量减少。这样能显著提升速度，同时不降低图像质量。

令牌合并的工作原理是首先识别出模型中的冗余令牌。这是通过检查令牌之间的相似性来实现的。如果两个令牌极为相似，那么它们很可能是冗余的。一旦检测到冗余的令牌，就会合并它们，这是通过平均两个令牌的值来实现的。

例如，如果一个模型包含 100 个令牌，其中 50 个是冗余的，那么合并这些冗余令牌可以将模型需要处理的令牌数量减少一半。

令牌合并可以应用于任何 Stable Diffusion 模型，不需要额外训练。要使用令牌合并，我们首先需要安装以下软件包：

```
pip install tomesd
```

接着，导入 ToMe 包来启用它：

```python
import torch
from diffusers import StableDiffusionPipeline
import tomesd

text2img_pipe = StableDiffusionPipeline.from_pretrained(
    "runwayml/stable-diffusion-v1-5",
    torch_dtype = torch.float16
).to("cuda:0")

tomesd.apply_patch(text2img_pipe, ratio=0.5)
# generate an image
prompt ="high resolution, a photograph of an astronaut riding a horse"
image = text2img_pipe(
    prompt = prompt,
    generator = torch.Generator("cuda:0").manual_seed(1)
).images[0]
image
```

性能提升取决于发现了多少冗余令牌。在前面的代码中，ToMe 包将迭代速度从每秒约 19 次提高到每秒 20 次。

值得注意的是，尽管 ToMe 包可能会生成略有不同的图像输出，但这种差异不会显著影响图像质量。这是因为合并了令牌，可能会影响条件嵌入。

7.8 总结

在本章中，我们介绍了 6 种提升 Stable Diffusion 性能并减少显存占用的方法。运行 Stable Diffusion 模型时，显存大小通常是最大的障碍，CUDA 显存不足是常见问题。我们讨论的这些技术能够在保持推理速度不变的情况下，大幅减少显存使用量。

启用 float16 数据类型可以将显存使用量减半，并几乎使推理速度翻倍。VAE 平铺能够在不占用大量显存的情况下生成大型图像。Xformers 通过智能双层注意机制，不仅能减少显存使用量，还能提升推理速度。PyTorch 2.0 提供了 Xformers 等内置功能，并自动启用它们。

顺序 CPU 卸载可以通过将子模型及其子模块卸载到 CPU 内存来显著减少显存使用量，但代价是推理速度较慢。然而，我们可以使用相同的概念来实现顺序卸载机制，以节省显存使用量，同时保持推理速度几乎不变。模型 CPU 卸载可以将整个模型卸载到 CPU，释放显存用于其他任务，并且仅在必要时将模型重新加载回显存。令牌合并可以减少冗余的令牌并提高推理速度。

通过应用这些解决方案，你可以运行一个性能优于其他模型的管道。人工智能领域在不断发展，当你阅读本书时，可能已经出现了新的解决方案。但是，了解内部工作原理使我们能够根据需求调整和优化图像生成过程。

在第 8 章中，我们将深入探讨一个最令人激动的话题：社区共享的 LoRA。

7.9　参考文献

1. Hugging Face, memory, and speed: https://huggingface.co/docs/diffusers/optimization/fp16
2. facebookresearch, xformers: https://github.com/facebookresearch/xformers
3. Daniel Bolya, Judy Hoffman; Token Merging for Fast Stable Diffusion: https://arxiv.org/abs/2303.17604
4. What Every User Should Know About Mixed Precision Training in PyTorch: https://pytorch.org/blog/what-every-user-should-know-about-mixed-precision-training-in-pytorch/#picking-the-right-approach
5. Accelerating AI Training with NVIDIA TF32 Tensor Cores: https://developer.nvidia.com/blog/accelerating-ai-training-with-tf32-tensor-cores/

CHAPTER 8

第 **8** 章

使用社区共享的 LoRA

为了满足特定需求并生成更高保真度的图像,我们可能需要对预训练的 Stable Diffusion 模型进行微调。但如果没有强大的 GPU,微调过程会非常缓慢。即使你拥有所有硬件或资源,微调后的模型依然很大,通常与原始模型文件大小相同。

幸运的是,大语言模型(LLM)社区的研究人员开发了一种高效的微调方法,名为低秩适应(LoRA,Low-Rank Adaptation——"Low"解释了为什么"o"是小写的)[1]。使用 LoRA,我们可以在不修改原始检查点的情况下将其冻结,而微调后的权重变化会存储在一个独立的文件中,这个文件通常称为 LoRA 文件。此外,在 CIVITAI[4] 和 HuggingFace 等网站上,还有无数社区共享的 LoRA 文件[5]。

在本章中,我们将深入探讨 LoRA 理论,并介绍如何使用 Python 将 LoRA 加载到 Stable Diffusion 模型中。我们还会解析 LoRA 模型的内部结构,并编写一个自定义函数,用于加载 Stable Diffusion v1.5 的 LoRA。

本章将探讨以下几个主题:
- LoRA 如何工作
- 使用 LoRA 与 Diffusers
- 在加载过程中应用 LoRA 权重
- 深入了解 LoRA
- 创建一个加载 LoRA 的函数
- 为什么 LoRA 有效

到本章结束时,我们将能够编程使用任何社区 LoRA,并理解 LoRA 在 Stable Diffusion 中的工作原理及其有效性。

8.1 技术要求

如果你的计算机上正在运行 Diffusers 软件包，你将能够执行本章中的所有代码，以及使用 Diffusers 加载 LoRA 模型的代码。

Diffusers 使用 PEFT（Parameter-Efficient Fine-Tuning，参数高效微调）[10]来管理 LoRA 的加载和卸载。PEFT 是由 Hugging Face 开发的一个库，它提供了参数高效的方法来使大型预训练模型适应特定的下游应用。PEFT 背后的关键思想是只微调模型参数的一小部分，而不是全部微调，从而在计算和内存使用方面节省大量资源。这使得即使在资源有限的消费级硬件上也可以微调非常大的模型。有关 LoRA 的更多信息，请参阅第 21 章。

为启用 Diffusers 的 PEFT LoRA 加载功能，我们需要安装 PEFT 软件包[3]：

```
pip install PEFT
```

如果你在运行代码时遇到其他错误，可以参考第 2 章的内容。

8.2 LoRA 技术的工作原理

LoRA 是一种快速微调扩散模型的技术，最初由微软研究人员在 Edward J. Hu 等人的论文[1]中提出。它的工作原理是创建一个小型低秩模型，该模型适用于特定概念。这个小模型可以与主检查点模型合并，以生成类似于用于训练 LoRA 的图像。

我们使用 W 表示原始 UNet 注意力权重，使用(Q,K,V)，ΔW 表示经过 LoRA 微调后的权重，而 W' 则表示合并后的权重。将 LoRA 添加到模型的过程可以表示如下：

$$W' = W + \Delta W$$

如果我们想要控制 LoRA 权重的规模，则可以使用 α。此时，将 LoRA 添加到模型中的过程可以表示如下：

$$W' = W + \alpha \Delta W$$

α 的取值范围在 0 ～ 1.0 之间[2]。如果将 α 的值设置得略大于 1.0，并不会影响结果。LoRA 之所以体积小，是因为 ΔW 可以用两个小矩阵 A 和 B 来表示，表达式如下：

$$\Delta W = AB^T$$

假设 $A \in \mathbb{R}^{n \times d}$ 为 $n \times d$ 矩阵，$B \in \mathbb{R}^{m \times d}$ 为 $m \times d$ 矩阵。则 B 的转置表示为 B^T，它是一个 $d \times m$

矩阵。

举个例子，如果ΔW是一个6×8的矩阵，那它包含48个权重值。现在，在LoRA文件中，6×8的矩阵可以用两个矩阵来表示：一个6×2的矩阵，共12个数值；一个2×8的矩阵，共16个数值。

权重总数从48减少到了28。这就是为什么LoRA文件能比checkpoint模型小得多的原因。

8.2.1 使用LoRA与Diffusers

借助开源社区的力量，用Python加载LoRA变得前所未有的简单。在本节中，我们将介绍如何使用Diffusers加载LoRA模型的方法。

在接下来的步骤中，我们会先加载Stable Diffusion v1.5基础模型，生成一张不含LoRA的图像。然后，我们将把名为MoXinV1的LoRA模型加载到基础模型中。我们可以清晰地看到使用LoRA模型和不使用LoRA模型之间的区别。

1. 准备Stable Diffusion管道：以下代码将加载Stable Diffusion管道，并将其实例放在显存中：

```
import torch
from diffusers import StableDiffusionPipeline

pipeline = StableDiffusionPipeline.from_pretrained(
    "runwayml/stable-diffusion-v1-5",
    torch_dtype = torch.float16
).to("cuda:0")
```

2. 生成不带LoRA的图像：现在，我们将生成一幅不加载LoRA的图像。在这里，我会使用Stable Diffusion默认的v1.5模型，生成一幅"传统中国水墨画"风格的"花枝"图像：

```
prompt = """
shukezouma, shuimobysim, a branch of flower, traditional chinese
ink painting
"""
image = pipeline(
    prompt = prompt,
    generator = torch.Generator("cuda:0").manual_seed(1)
).images[0]
display(image)
```

上述代码使用了默认种子为1的随机生成器。结果如图8.1所示。

80　第二部分　通过自定义功能改进扩散模型

图 8.1　未使用 LoRA 的花枝

说实话，前面的图像并不怎么样，"花"更像是一团黑色墨点。

3. 使用默认设置生成带有 LoRA 的图像：接下来，我们将 LoRA 模型加载到管道中，看看 MoXin LoRA 在图像生成方面的表现。加载 LoRA 模型只需一行代码：

```
# load LoRA to the pipeline
pipeline.load_lora_weights(
    "andrewzhu/MoXinV1",
    weight_name  = "MoXinV1.safetensors",
    adapter_name = "MoXinV1"
)
```

Diffusers 会在模型缓存中找不到该模型时，自动下载 LoRA 模型文件。

现在，使用以下代码再次运行推理（与步骤 2 中使用的代码相同）：

```
image = pipeline(
    prompt = prompt,
    generator = torch.Generator("cuda:0").manual_seed(1)
).images[0]
display(image)
```

我们将得到一幅新的图像，如图 8.2 所示，其中的"花"以更加精美的水墨画风格呈现。

图 8.2 使用默认设置的 LoRA 生成的花枝

这次，这朵"花"看起来更像真正的花，总体效果比未使用 LoRA 时更加出色。

然而，本节代码在加载 LoRA 时未应用"权重"。在 8.2.2 节中，我们将加载一个具有任意权重（或 α）的 LoRA 模型。

8.2.2 使用 LoRA 权重

在 8.2 节一开始，我们提到了用于定义添加到主模型的 LoRA 权重部分的 α 值。我们可以使用带有 PEFT[10] 的 Diffusers 轻松实现这一点。

PEFT 是什么？PEFT 是由 Hugging Face 开发的一个库，旨在高效地使预训练模型（如大语言模型和 Stable Diffusion 模型）适应新任务，而无须对整个模型进行微调。PEFT 是一个更广泛的概念，代表一系列高效微调 LLM 的方法。而 LoRA 则是 PEFT 中的一种具体技术[9]。

在集成 PEFT 之前，在 Diffusers 中加载和管理 LoRA 需要编写大量的自定义代码，并进行烦琐的调整。为了更轻松地管理多个带有权重加载和卸载的 LoRA，Diffusers 使用 PEFT 库来管理不同的推理适配器。在 PEFT 中，微调的参数被称为适配器，因此某些参数被命名为 adapters。LoRA 是主要的适配器技术之一；在本章中，你可以将 LoRA 和适配器视为同义词[7]。

加载带有权重的 LoRA 模型非常简单，如下代码所示：

```
pipeline.set_adapters(
    ["MoXinV1"],
    adapter_weights=[0.5]
)
image = pipeline(
    prompt = prompt,
    generator = torch.Generator("cuda:0").manual_seed(1)
).images[0]
display(image)
```

在前面的代码中，我们将 LoRA 权重设为 0.5，替代默认的 1.0。现在，你会看到生成的图像，参见图 8.3。

图 8.3　通过使用 0.5 的 LoRA 权重生成的花枝

从图 8.3 中，我们可以观察到把 LoRA 模型权重调整到 0.5 后的差异。

集成 PEFT 的扩散模型还可以通过使用加载第一个 LoRA 模型时所用的相同代码来加载另一个 LoRA 模型：

```
# load another LoRA to the pipeline
pipeline.load_lora_weights(
    "andrewzhu/civitai-light-shadow-lora",
```

```
    weight_name    = "light_and_shadow.safetensors",
    adapter_name   = "light_and_shadow"
)
```

然后，通过调用 set_adapters 函数来为第二个 LoRA 模型添加权重：

```
pipeline.set_adapters(
    ["MoXinV1", "light_and_shadow"],
    adapter_weights=[0.5,1.0]
)
prompt = """
shukezouma, shuimobysim ,a branch of flower, traditional chinese ink
painting,STRRY LIGHT,COLORFUL
"""
image = pipeline(
    prompt = prompt,
    generator = torch.Generator("cuda:0").manual_seed(1)
).images[0]
display(image)
```

我们将获得一幅融合了第二个 LoRA 模型风格的新图像，如图 8.4 所示。

图 8.4　融合了两种 LoRA 模型风格的花枝

我们也可以使用相同的代码来为 Stable Diffusion XL 管道加载 LoRA。

使用 PEFT 时，我们无须重新启动整个流程即可禁用 LoRA。只需一行代码即可禁用所有 LoRA：

```
pipeline.disable_lora()
```

请注意，LoRA 加载的实现方式与其他工具（如 A1111 Stable Diffusion WebUI）有所不同。即便使用相同的提示词、相同的设置和相同的 LoRA 权重，你可能会得到不同的结果。

请不用担心——在 8.3 节中，我们将深入探讨 LoRA 模型的内部结构，并实现一个使用 LoRA 的解决方案，该解决方案将使用诸如 A1111 Stable Diffusion WebUI 等工具，确保输出相同的结果。

8.3 深入探索 LoRA 的内部结构

理解 LoRA 的内部工作原理将有助于我们根据具体需求实现自定义的 LoRA 相关功能。在本节中，我们将深入探讨 LoRA 的结构及其权重模式，然后逐步将 LoRA 模型手动加载到 Stable Diffusion 模型中[6]。

正如我们在本章开头所讨论的，应用 LoRA 的过程如下，简单易行：

$$W' = W + \alpha \Delta W$$

并且 ΔW 可以分解为 A 和 B：

$$\Delta W = AB^\top$$

因此，将 LoRA 权重合并到检查点模型中的整体思路是这样的：

1. 从 LoRA 文件中提取 A 和 B 的权重矩阵。
2. 将 LoRA 模块层名称与检查点模块层名称进行匹配，以确定需要合并的矩阵。
3. 请生成 $\Delta W = AB^\top$。
4. 更新检查点的模型权重。

如果你有训练 LoRA 模型的经验，那么可能了解一个超参数 alpha 可以设置为大于 1 的值，例如 4。通常这会与将另一个参数 rank 设置为 4 一起使用。然而，在此情境中使用的 α 通常小于 1。α 的实际值通常通过以下公式计算：

$$\alpha = \frac{\text{alpha}}{\text{rank}}$$

在训练阶段，将 alpha 和 rank 都设置为 4 会得到 α 值为 1。如果没有正确理解，那么这一概念可能会显得令人困惑。

接下来，我们将逐步深入探讨 LoRA 模型的内部结构。

8.3.1 从 LoRA 文件中找到 A 和 B 权重矩阵

在开始深入探索 LoRA 结构之前,你需要先下载一个 LoRA 文件。你可以通过以下链接下载 MoXinV1.safetensors 文件:https://huggingface.co/andrewzhu/MoXinV1/resolve/main/MoXinV1.safetensors。

在完成 .safetensors 格式的 LoRA 文件设置后,使用以下代码加载它:

```
# load lora file
from safetensors.torch import load_file
lora_path = "MoXinV1.safetensors"
state_dict = load_file(lora_path)
for key in state_dict:
    print(key)
```

当把 LoRA 权重应用到文本编码器时,键的名称会以 `lora_te_` 开头:

```
...
lora_te_text_model_encoder_layers_7_mlp_fc1.alpha
lora_te_text_model_encoder_layers_7_mlp_fc1.lora_down.weight
lora_te_text_model_encoder_layers_7_mlp_fc1.lora_up.weight
...
```

当把 LoRA 权重应用到 UNet 上时,键的名称会以 `lora_unet_` 开头:

```
...
lora_unet_down_blocks_0_attentions_1_proj_in.alpha
lora_unet_down_blocks_0_attentions_1_proj_in.lora_down.weight
lora_unet_down_blocks_0_attentions_1_proj_in.lora_up.weight
...
```

输出为 string 类型以下是输出 LoRA 权重键中术语的含义:

- `lora_te_` 前缀意味着权重被应用到文本编码器上;`lora_unet_` 则表示这些权重用于更新 Stable Diffusion 的 unet 模块层。
- `down_blocks_0_attentions_1_proj_in` 是一个层名称,它也应该在检查点模型的 unet 模块中找到。
- `.alpha` 是训练好的权重集合,用于决定将多少 LoRA 权重应用到主检查点模型。它包含一个浮点值,在公式 $W' = W + \alpha \Delta W$ 中用 α 表示。由于该值将由用户输入,因此可以跳过。
- `lora_down.weight` 表示该层代表 A 的权重值。
- `lora_up.weight` 表示该层代表 B 的权重值。
- 请注意,`down_blocks` 中的 `down` 指的是 unet 模型的下侧(即 UNet 的左侧)。

以下的 Python 代码用于获取 LoRA 层信息,并包含模型对象处理程序:

```
# find the layer name
LORA_PREFIX_UNET = 'lora_unet'
LORA_PREFIX_TEXT_ENCODER = 'lora_te'
for key in state_dict:
    if 'text' in key:
        layer_infos = key.split('.')[0].split(
            LORA_PREFIX_TEXT_ENCODER+'_')[-1].split('_')
        curr_layer = pipeline.text_encoder
    else:
        layer_infos = key.split('.')[0].split(
            LORA_PREFIX_UNET+'_')[-1].split('_')
        curr_layer = pipeline.unet
```

key 包含了 LoRA 模块的层名称，而 layer_infos 则包含了从 LoRA 层中提取的检查点模型层名称。我们这样做是因为并非检查点模型中的所有层都有需要调整的 LoRA 权重，因此我们需要获取要更新的层列表。

8.3.2　找到相应的检查点模型层名称

输出检查点模型的 unet 结构：

```
unet = pipeline.unet
modules = unet.named_modules()
for child_name, child_module in modules:
    print("child_module:",child_module)
```

我们可以看到，这个模块是以如下的树状结构进行存储的：

```
...
(down_blocks): ModuleList(
    (0): CrossAttnDownBlock2D(
        (attentions): ModuleList(
            (0-1): 2 x Transformer2DModel(
                (norm): GroupNorm(32, 320, eps=1e-06, affine=True)
                (proj_in): Conv2d(320, 320, kernel_size=(1, 1), stride=(1, 1))
                (transformer_blocks): ModuleList(
                    (0): BasicTransformerBlock(
                        (norm1): LayerNorm((320,), eps=1e-05, elementwise_affine=True)
                        (attn1): Attention(
                            (to_q): Linear(in_features=320, out_features=320, bias=False)
                            (to_k): Linear(in_features=320, out_features=320, bias=False)
                            (to_v): Linear(in_features=320, out_features=320, bias=False)
```

```
                (to_out): ModuleList(
                    (0): Linear(in_features=320, out_features=320, bias=True)
                    (1): Dropout(p=0.0, inplace=False)
                )
...
```

每一行由一个模块名称（`down_blocks`）构成，这些模块可以是`ModuleList`或特定的神经网络层，比如`Conv2d`。这些是UNet的基本组成部分。目前，不必将LoRA用于特定的UNet模块。然而，理解UNet的内部结构是非常重要的：

```
# find the layer name
for key in state_dict:
    # find the LoRA layer name (the same code shown above)
    for key in state_dict:
    if 'text' in key:
        layer_infos = key.split('.')[0].split(
            "lora_unet_")[-1].split('_')
        curr_layer = pipeline.text_encoder
    else:
        layer_infos = key.split('.')[0].split(
            "lora_te_")[-1].split('_')
        curr_layer = pipeline.unet

    # loop through the layers to find the target layer
    temp_name = layer_infos.pop(0)
    while len(layer_infos) > -1:
        try:
            curr_layer = curr_layer.__getattr__(temp_name)
            # no exception means the layer is found
            if len(layer_infos) > 0:
                temp_name = layer_infos.pop(0)
            # all names are pop out, break out from the loop
            elif len(layer_infos) == 0:
                break
        except Exception:
            # no such layer exist, pop next name and try again
            if len(temp_name) > 0:
                temp_name += '_'+layer_infos.pop(0)
            else:
                # temp_name is empty
                temp_name = layer_infos.pop(0)
```

循环遍历部分有些难以理解。回顾检查点模型结构时，发现它是树状结构，不能单纯使用`for`循环遍历列表。相反，我们需要使用`while`循环来遍历树的每一个叶子节点。整个流程如下：

1. `layer_infos.pop(0)` 会返回列表中的第一个字符串，并将其从列表中移除，例如从 `layer_infos` 列表中移除 `'up'`——`['up', 'blocks', '3', 'attentions', '2', 'transformer', 'blocks', '0', 'ff', 'net', '2']`。

2. 使用 `curr_layer.__getattr__(temp_name)` 检查该层是否存在。如果不存在，则将抛出异常，程序会转到异常处理部分，继续从 `layer_infos` 列表中输出名称并再次检查。

3. 如果找到了该层，但 `layer_infos` 列表中仍有内容，那么它们会继续被输出。

4. 名称会不断输出，直到不再出现异常并满足 `len(layer_infos) == 0` 的条件，这表明该层已完全遍历。

此时，`curr_layer` 对象指向检查点模型的权重数据，可以在接下来的步骤中使用。

8.3.3 更新检查点模型权重

为了更方便地引用键值，我们创建了一个 `pair_keys = []` 列表，其中 `pair_keys[0]` 对应 A 矩阵，`pair_keys[1]` 对应 B 矩阵：

```python
# ensure the sequence of lora_up(A) then lora_down(B)
pair_keys = []
if 'lora_down' in key:
    pair_keys.append(key.replace('lora_down', 'lora_up'))
    pair_keys.append(key)
else:
    pair_keys.append(key)
    pair_keys.append(key.replace('lora_up', 'lora_down'))
```

然后，我们更新权重：

```python
alpha = 0.5
# update weight
if len(state_dict[pair_keys[0]].shape) == 4:
    # squeeze(3) and squeeze(2) remove dimensions of size 1
    #from the tensor to make the tensor more compact
    weight_up = state_dict[pair_keys[0]].squeeze(3).squeeze(2).\
        to(torch.float32)
    weight_down = state_dict[pair_keys[1]].squeeze(3).squeeze(2).\
        to(torch.float32)
    curr_layer.weight.data += alpha * torch.mm(weight_up,
        weight_down).unsqueeze(2).unsqueeze(3)
else:
    weight_up = state_dict[pair_keys[0]].to(torch.float32)
    weight_down = state_dict[pair_keys[1]].to(torch.float32)
    curr_layer.weight.data += alpha * torch.mm(weight_up, weight_down)
```

αAB^T 的核心代码是 alpha * torch.mm(weight_up, weight_down)。

这就是全部内容。现在，管道的文本编码器和 unet 模型权重已经通过 LoRA 更新。接下来，我们将所有部分整合起来，创建一个可以将 LoRA 模型加载到 Stable Diffusion 管道中的全功能函数。

8.4 创建一个加载 LoRA 的函数

让我们创建一个列表来存储已访问的键，并把之前所有的代码都放进一个名为 load_lora 的函数中：

```python
def load_lora(
    pipeline,
    lora_path,
    lora_weight = 0.5,
    device = 'cpu'
):
    state_dict = load_file(lora_path, device=device)
    LORA_PREFIX_UNET = 'lora_unet'
    LORA_PREFIX_TEXT_ENCODER = 'lora_te'

    alpha = lora_weight
    visited = []

    # directly update weight in diffusers model
    for key in state_dict:
        # as we have set the alpha beforehand, so just skip
        if '.alpha' in key or key in visited:
            continue

        if 'text' in key:
            layer_infos = key.split('.')[0].split(
                LORA_PREFIX_TEXT_ENCODER+'_')[-1].split('_')
            curr_layer = pipeline.text_encoder
        else:
            layer_infos = key.split('.')[0].split(
                LORA_PREFIX_UNET+'_')[-1].split('_')
            curr_layer = pipeline.unet

        # find the target layer
        # loop through the layers to find the target layer
        temp_name = layer_infos.pop(0)
        while len(layer_infos) > -1:
            try:
                curr_layer = curr_layer.__getattr__(temp_name)
```

```python
            # no exception means the layer is found
            if len(layer_infos) > 0:
                temp_name = layer_infos.pop(0)
            # layer found but length is 0,
            # break the loop and curr_layer keep point to the
            # current layer
            elif len(layer_infos) == 0:
                break
        except Exception:
            # no such layer exist, pop next name and try again
            if len(temp_name) > 0:
                temp_name += '_'+layer_infos.pop(0)
            else:
                # temp_name is empty
                temp_name = layer_infos.pop(0)

# org_forward(x) + lora_up(lora_down(x)) * multiplier
# ensure the sequence of lora_up(A) then lora_down(B)
pair_keys = []
if 'lora_down' in key:
    pair_keys.append(key.replace('lora_down', 'lora_up'))
    pair_keys.append(key)
else:
    pair_keys.append(key)
    pair_keys.append(key.replace('lora_up', 'lora_down'))

# update weight
if len(state_dict[pair_keys[0]].shape) == 4:
    # squeeze(3) and squeeze(2) remove dimensions of size 1
    # from the tensor to make the tensor more compact
    weight_up = state_dict[pair_keys[0]].squeeze(3).\
        squeeze(2).to(torch.float32)
    weight_down = state_dict[pair_keys[1]].squeeze(3).\
        squeeze(2).to(torch.float32)
    curr_layer.weight.data += alpha * torch.mm(weight_up,
        weight_down).unsqueeze(2).unsqueeze(3)
else:
    weight_up = state_dict[pair_keys[0]].to(torch.float32)
    weight_down = state_dict[pair_keys[1]].to(torch.float32)
    curr_layer.weight.data += alpha * torch.mm(weight_up,
        weight_down)

# update visited list, ensure no duplicated weight is
# processed.
for item in pair_keys:
    visited.append(item)
```

要使用这个函数非常简单：只需提供pipeline对象、LoRA路径lora_path和

LoRA 权重数 `lora_weight`，如下所示：

```
pipeline = StableDiffusionPipeline.from_pretrained(
    "runwayml/stable-diffusion-v1-5",
    torch_dtype = torch.bfloat16
).to("cuda:0")

lora_path = r"MoXinV1.safetensors"
load_lora(
    pipeline = pipeline,
    lora_path = lora_path,
    lora_weight = 0.5,
    device = "cuda:0"
)
```

现在，让我们试试看：

```
prompt = """
shukezouma, shuimobysim ,a branch of flower, traditional chinese ink painting
"""
image = pipeline(
    prompt = prompt,
    generator = torch.Generator("cuda:0").manual_seed(1)
).images[0]
display(image)
```

它运行良好，效果出色，请参见图 8.5 的结果。

图 8.5 使用定制 LoRA 加载器的花枝

你或许会好奇："为什么一个小小的 LoRA 文件能拥有如此强大的能力？"让我们深入探讨 LoRA 模型为何如此有效。

8.5 为什么 LoRA 有效

Armen 等人撰写的论文"Intrinsic Dimensionality Explains the Effectiveness of Language Model Fine-Tuning"[8]发现，预训练表征的本征维度远低于预期，他们是这样说的：

我们通过实验发现，在预训练表征的背景下，常见的 NLP 任务比完全参数化具有低几个数量级的本征维度。

矩阵的本征维度是一个用于确定表示该矩阵所包含重要信息所需的有效维度数量的概念。

假设我们有一个 5 行 3 列的矩阵 M，如下所示：

```
M =    1  2  3
       4  5  6
       7  8  9
      10 11 12
      13 14 15
```

矩阵的每一行都对应一个数据点，或者一个包含三个值的向量。我们可以把这些向量看作三维空间中的点。然而，如果我们将这些点进行可视化，我们可能会发现它们大致分布在一个二维平面上，而不是遍布整个三维空间。

在这种情况下，矩阵 M 的本征维度为 2，这意味着用两个维度就能有效捕捉数据的基本结构。第三个维度并未提供太多额外信息。

一个低本征维度矩阵可以用两个低秩矩阵表示，因为矩阵中的数据可以压缩成几个关键特征。这些特征可以用两个较小的矩阵表示，每个矩阵的秩等于原始矩阵的本征维度。

Edward J. Hu 等人撰写的论文"LoRA: Low-Rank Adaptation of Large Language Models"[1]更进一步引入了 LoRA 的概念来利用低本征维度特性，通过将增量权重分解为两个低秩部分 $\Delta W = AB^T$ 来提升微调过程。

LoRA 的有效性很快被发现不仅适用于大语言模型，对扩散模型也同样有显著效果。在 2023 年 7 月，Simo Ryu 发布了 LoRA[2]代码，并且是第一个将 LoRA 训练用于 Stable Diffusion 的人。现在在 https://www.civitai.com 上已有超过 40 000 个 LoRA 共享模型。

8.6 总结

在本章中，我们探讨了如何通过 LoRA 来增强 Stable Diffusion 模型，了解了 LoRA 的概念，并且明白了它在微调和推理中的优势。

然后，我们开始利用 Diffusers 包中的实验性功能来加载 LoRA，并通过自定义的实现提供 LoRA 权重。我们使用简单的代码快速了解 LoRA 的优势。

接着，我们详细探讨了 LoRA 模型的内部结构，深入讲解了提取 LoRA 权重的步骤，并学习了如何将这些权重合并到检查点模型中。

然后，我们在 Python 中开发了一个函数，可以加载 LoRA safetensors 文件并进行权重合并。

最后，基于研究人员最新的论文，我们简要探讨了 LoRA 的有效性。

在接下来的章节中，我们将深入探讨一种强大的技术——文本反转：通过教授模型新的"词汇"，然后使用这些预训练的"词汇"将新概念融入生成的图像中。

8.7 参考文献

1. Edward J. et al, LoRA: Low-Rank Adaptation of Large Language Models: `https://arxiv.org/abs/2106.09685`
2. Simo Ryu (cloneofsimo), `lora`: `https://github.com/cloneofsimo/lora`
3. `kohya_lora_loader`: `https://gist.github.com/takuma104/e38d683d72b1e448b8d9b3835f7cfa44`
4. CIVITAI: `https://www.civitai.com`
5. Rinon Gal et al, An Image is Worth One Word: Personalizing Text-to-Image Generation using Textual Inversion: `https://textual-inversion.github.io/`
6. Diffusers' `lora_state_dict` function: `https://github.com/huggingface/diffusers/blob/main/src/diffusers/models/modeling_utils.py`
7. Andrew Zhu, Improving Diffusers Package for High-Quality Image Generation: `https://towardsdatascience.com/improving-diffusers-package-for-high-quality-image-generation-a50fff04bdd4`
8. Armen et al, Intrinsic Dimensionality Explains the Effectiveness of Language Model Fine-Tuning: `https://arxiv.org/abs/2012.13255`
9. Hugging Face, LoRA: `https://huggingface.co/docs/diffusers/training/lora`
10. Hugging Face, PEFT: `https://huggingface.co/docs/peft/en/index`

CHAPTER 9

第 **9** 章

使用文本反转

文本反转（Textual Inversion，TI）是一种为预训练模型增添额外功能的方法[2]。与第 8 章讨论的 LoRA 不同，LoRA 是一种用于微调文本编码器和 UNet 注意力权重的技术，而文本反转则是基于训练数据添加新的嵌入空间的技术。

在 Stable Diffusion 中，文本嵌入是指将文本数据表示为高维空间中的数值向量，以便机器学习算法进行操作和处理。具体来说，Stable Diffusion 中的文本嵌入通常是通过对比语言图像预训练模型[6]创建的。

训练一个文本反转模型只需要 3～5 张图片，就能生成一个紧凑的 pt 或 bin 文件，通常只有几 KB 大小。这使得文本反转成为一种高效的方法，可以将新的元素、概念或风格融入你的预训练检查点模型中，同时保持出色的可移植性。

在本章中，我们首先使用 diffusers 包的文本反转加载器开始体验它，然后深入探讨它的核心机制，揭示其内部工作原理。最后，我们将构建一个自定义的文本反转加载器，然后把权重应用于图像生成。

我们接下来将要讨论以下主题：
❑ 使用文本反转进行 Diffusers 推理
❑ 文本反转的工作原理
❑ 构建一个自定义的文本反转加载器

到本章结束时，你将能够开始使用社区共享的各种类型的文本反转，并且可以构建应用程序来加载文本反转。

那就让我们开始运用 Stable Diffusion 文本反转的强大功能吧。

9.1 使用文本反转进行 Diffusers 推理

在深入了解文本反转的内部工作原理之前，让我们先看看如何使用 Diffusers 来操作文本反转。

在 Hugging Face 的 Stable Diffusion 概念库[3]和 CIVITAI[4]中，有无数预训练的文本反转供分享。例如，`sd-concepts-library/midjourney-style`[5]是 Stable Diffusion 概念库中下载次数最多的文本反转之一。我们只需在代码中引用这个名称即可开始使用它，Diffusers 会自动下载模型数据。

1. 让我们初始化一个 Stable Diffusion 管道：

```
# initialize model
from diffusers import StableDiffusionPipeline
import torch

model_id = "stablediffusionapi/deliberate-v2"
pipe = StableDiffusionPipeline.from_pretrained(
    model_id,
    torch_dtype=torch.float16
).to("cuda")
```

2. 生成不包含文本反转的图像：

```
# without using TI
prompt = "a high quality photo of a futuristic city in deep \
space, midjourney-style"

image = pipe(
    prompt,
    num_inference_steps = 50,
    generator = torch.Generator("cuda").manual_seed(1)
).images[0]
image
```

在提示中，我们使用了 `midjourney-style` 作为文本反转的名称。如果不使用这个名称，我们将会看到如图 9.1 所示的图像。

3. 使用文本反转生成图像。

现在，我们将文本反转加载到 Stable Diffusion 管道中，并将其命名为 `midjourney-style`，以表示新添加的嵌入：

```
pipe.load_textual_inversion(
    "sd-concepts-library/midjourney-style",
    token = "midjourney-style"
)
```

上述代码会自动下载文本反转并将其整合到管道模型中。再次执行相同的提示和管道，我们将得到一张全新的图片，如图9.2所示。

图9.1 不使用文本反转的情况下生成的"深空未来城市"

图9.2 使用文本反转的情况下生成的"深空未来城市"

当然，它看起来像是由 Midjourney 生成的图像，但实际上是由 Stable Diffusion 生成的。文本反转名称中的"反转"表明我们可以将任何新名称逆向映射到新的嵌入中。例如，如果我们给一个新令牌命名为 `colorful-magic-style`：

```
pipe.load_textual_inversion(
    "sd-concepts-library/midjourney-style",
    token = "colorful-magic-style"
)
```

由于我们使用了 `midjourney-style` 作为文本反转的名称，所以得到的图像会是相同的。这次，我们将 `colorful-magic-style` "反转"到新的嵌入中。然而，Diffusers 提供的 `load_textual_inversion` 函数并没有提供权重参数来加载文本反转。我们将在本章后面自定义的文本反转加载器中加入加权文本反转。

在此之前，让我们深入探讨一下文本反转的核心，看看它的工作原理。

9.2 文本反转的工作原理

简而言之，训练文本反转就是找到最能匹配目标图像风格、对象或面部特征的文本嵌入。关键在于找到一个当前文本编码器中未曾存在的新嵌入。图9.3所示的内容来自其原始论文[1]。

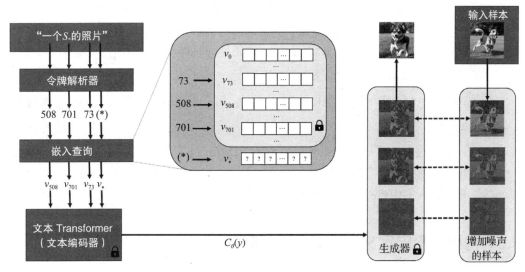

图 9.3 文本嵌入和反转过程概述

训练的唯一任务是找到一个由 v_* 表示的新嵌入，并使用 S_* 作为令牌字符串占位符；该字符串稍后可以用令牌解析器中不存在的任何字符串替换。一旦找到新的对应嵌入向量，训练就完成了。训练的输出通常是一个包含 768 个数字的向量。这就是文本反转文件很小的原因，它只有几 KB。

这就好比预训练的 UNet 是一堆神奇的矩阵盒子，一把钥匙（嵌入）可以解锁一个盒子，获得一种模式、一种风格或一个物体。盒子的数量远远多于文本编码器提供的有限的钥匙数量。训练一个文本反转的过程就是提供一把新的钥匙来解锁未知的神奇盒子。在整个训练和推理过程中，原始的检查点模型保持不变。

更准确地说，寻找新嵌入的过程可以定义如下：

$$v_* = \arg_v \min E_{z \sim E(x), y, \varepsilon \sim N(0,1), t} \left[\left\| \varepsilon - \varepsilon_\theta \left(z_t, t, c_\theta(y) \right) \right\|_2^2 \right]$$

让我们从左到右逐个解释公式中的每个部分：

- v_*：表示我们正在寻找的新嵌入。
- argmin：这种表示法在统计学和优化领域中经常使用，表示使函数最小化的值的集合。这是一种很有用的表示法，因为它允许我们在不必指定最小值的实际值的情况下，来讨论函数的最小值。
- E：表示损失期望。
- $z \sim E(x)$：表示输入图像将被编码到潜空间。
- y 是输入的文本提示。

- $\varepsilon \sim N(0,1)$：表示初始噪声潜在变量是一个均值为 0、方差为 1 的严格高斯分布。
- $c_\theta(y)$：表示一个文本编码器模型，它将输入的文本字符串 y 映射成嵌入向量。
- $\varepsilon_\theta(z_t, t, c_\theta(y))$：表示我们提供第 t 步的含噪声潜变量图像 z_t、时间步 t 本身以及文本嵌入 $c_\theta(y)$，然后从 UNet 模型生成噪声向量。
- $\|\cdot\|_2^2$ 中的第一个 2 表示欧几里得距离的平方。第二个 2 表示数据是二维的（表示 L2 范数）。

总而言之，这个公式展示了如何利用 Stable Diffusion 的训练过程来逼近一个新的嵌入 v_*，使得损失最小化。

接下来，让我们构建一个自定义的文本反转加载器函数。

9.3 构建一个自定义的文本反转加载器

在本节中，我们将通过将前面的理解实现为代码来构建一个文本反转加载器，并为加载器函数提供一个文本反转权重参数。

在编写函数代码之前，让我们首先看看文本反转的内部结构。在运行以下代码之前，你需要首先将文本反转文件下载到你的存储中：

9.3.1 文本反转的 pt 文件格式

加载文本反转文件（pt 格式）：

```
# load a pt TI
import torch
loaded_learned_embeds = torch.load("badhandsv5-neg.pt",
    map_location="cpu")
keys = list(loaded_learned_embeds.keys())
for key in keys:
    print(key,":",loaded_learned_embeds[key])
```

在文本反转文件中，我们可以清晰地看到关键值和配对值：

```
string_to_token : {'*': 265}
string_to_param : {'*': tensor([[ 0.0399,
-0.2473,  0.1252,  ...,  0.0455,  0.0845, -0.1463],
        [-0.1385, -0.0922, -0.0481,  ...,  0.1766, -0.1868,  0.3851]],
       requires_grad=True)}
name : bad-hands-5
step : 1364
sd_checkpoint : 7ab762a7
sd_checkpoint_name : blossom-extract
```

最重要的值是带有 `string_to_param` 的 `tensor` 对象。我们可以通过以下代码提取这个张量值：

```
string_to_token = loaded_learned_embeds['string_to_token']
string_to_param = loaded_learned_embeds['string_to_param']

# separate token and the embeds
trained_token = list(string_to_token.keys())[0]
embeds = string_to_param[trained_token]
```

9.3.2 文本反转的 bin 文件格式

大多数来自 Hugging Face 概念库的 TI 都是 `bin` 格式的。`bin` 结构比 `pt` 结构更为简单：

```
import torch
loaded_learned_embeds = torch.load("midjourney_style.bin",
    map_location="cpu")
keys = list(loaded_learned_embeds.keys())
for key in keys:
    print(key,":",loaded_learned_embeds[key])
```

我们会看到一个只包含键和值的字典：

```
<midjourney-style> : tensor([-5.9785e-02, -3.8523e-02,  5.1913e-02,  8.0925e-03, -6.2018e-02,
         1.3361e-01,  1.3679e-01,  8.2224e-02, -2.0598e-01,  1.8543e-02,
         1.9180e-01, -1.5537e-01, -1.5216e-01, -1.2607e-01, -1.9420e-01,
         1.0445e-01,  1.6942e-01,  4.2150e-02, -2.7406e-01,  1.8115e-01,
        ...
        ])
```

提取张量对象的操作非常简便，如下所示：

```
keys = list(loaded_learned_embeds.keys())
embeds =  loaded_learned_embeds[keys[0]] * weight
```

9.3.3 构建一个文本反转加载器的详细步骤

以下是加载带有权重的文本反转的详细步骤：

1.加载嵌入：我们将复用前两个条件中的代码，并增加一个条件，即某些文本反转使用 `emb_params` 这个键来保存嵌入张量。

使用以下函数在模型初始化阶段或图像生成阶段加载文本反转:

```python
def load_textual_inversion(
    learned_embeds_path,
    token,
    text_encoder,
    tokenizer,
    weight = 0.5,
    device = "cpu"
):
    loaded_learned_embeds = \
        torch.load(learned_embeds_path, map_location=device)
    if "string_to_token" in loaded_learned_embeds:
        string_to_token = \
            loaded_learned_embeds['string_to_token']
        string_to_param = \
            loaded_learned_embeds['string_to_param']

        # separate token and the embeds
        trained_token = list(string_to_token.keys())[0]
        embeds = string_to_param[trained_token]
        embeds = embeds[0] * weight
    elif "emb_params" in loaded_learned_embeds:
        embeds = loaded_learned_embeds["emb_params"][0] * weight
    else:
        keys = list(loaded_learned_embeds.keys())
        embeds =  loaded_learned_embeds[keys[0]] * weight
    # ...
```

让我们详细解析一下前面的代码:

- `torch.load(learned_embeds_path, map_location=device)` 使用 PyTorch 的 `torch.load` 函数从指定文件中加载学习到的嵌入内容。
- 如果 `loaded_learned_embeds` 中包含 `"string_to_token"`,则检查是否有特定的文件结构,在该文件结构中,嵌入信息存储在一个带有 `string_to_token` 和 `string_to_param` 关键字的字典中,并从该结构中提取令牌和嵌入信息。
- 如果 `loaded_learned_embeds` 中包含 `"emb_params"`,则处理不同的结构,嵌入信息直接存储在 `emb_params` 下。
- 否则,处理通用结构,假设嵌入存储在字典的第一个键下。

实质上,权重是嵌入向量每个元素的乘数,可以微调文本反转效果的强度。例如,权重值为 1.0 时,文本反转将全强度应用,而权重值为 0.5 时,文本反转将半强度应用。

2. 将数据转换为与 Stable Diffusion 文本编码器相同类型的数据：

```
dtype = text_encoder.get_input_embeddings().weight.dtype
embeds.to(dtype)
```

3. 将令牌添加到令牌解析器中：

```
token = token if token is not None else trained_token
num_added_tokens = tokenizer.add_tokens(token)
if num_added_tokens == 0:
    raise ValueError(
        f"""The tokenizer already contains the token {token}.
        Please pass a different `token` that is not already in
        the tokenizer."""
    )
```

如果令牌已经存在，代码将抛出异常，以避免覆盖现有的令牌。

4. 获取令牌 ID，并将新的嵌入添加到文本编码器中：

```
# resize the token embeddings
text_encoder.resize_token_embeddings(len(tokenizer))

# get the id for the token and assign the embeds
token_id = tokenizer.convert_tokens_to_ids(token)
text_encoder.get_input_embeddings().weight.data[token_id] = embeds
```

这就是加载 Hugging Face 和 Civitai 上大多数现有文本反转所需的全部代码。

9.3.4 将所有代码整合在一起

我们来把所有的代码块放进一个函数——load_textual_inversion 中：

```
def load_textual_inversion(
    learned_embeds_path,
    token,
    text_encoder,
    tokenizer,
    weight = 0.5,
    device = "cpu"
):
    loaded_learned_embeds = torch.load(learned_embeds_path,
        map_location=device)
    if "string_to_token" in loaded_learned_embeds:
        string_to_token = loaded_learned_embeds['string_to_token']
        string_to_param = loaded_learned_embeds['string_to_param']

        # separate token and the embeds
        trained_token = list(string_to_token.keys())[0]
```

```
            embeds = string_to_param[trained_token]
            embeds = embeds[0] * weight
        elif "emb_params" in loaded_learned_embeds:
            embeds = loaded_learned_embeds["emb_params"][0] * weight
        else:
            keys = list(loaded_learned_embeds.keys())
            embeds =  loaded_learned_embeds[keys[0]] * weight

        # cast to dtype of text_encoder
        dtype = text_encoder.get_input_embeddings().weight.dtype
        embeds.to(dtype)

        # add the token in tokenizer
        token = token if token is not None else trained_token
        num_added_tokens = tokenizer.add_tokens(token)
        if num_added_tokens == 0:
            raise ValueError(
                f"""The tokenizer already contains the token {token}.
                Please pass a different `token` that is not already in the
                tokenizer."""
            )

        # resize the token embeddings
        text_encoder.resize_token_embeddings(len(tokenizer))

        # get the id for the token and assign the embeds
        token_id = tokenizer.convert_tokens_to_ids(token)
        text_encoder.get_input_embeddings().weight.data[token_id] = embeds
        return (tokenizer,text_encoder)
```

要使用它，我们的模型管道对象需要有令牌解析器（`tokenizer`）和文本编码器（`text_encoder`）:

```
text_encoder = pipe.text_encoder
tokenizer = pipe.tokenizer
```

然后调用新创建的函数来加载它：

```
load_textual_inversion(
    learned_embeds_path = "learned_embeds.bin",
    token = "colorful-magic-style",
    text_encoder = text_encoder,
    tokenizer = tokenizer,
    weight = 0.5,
    device = "cuda"
)
```

现在，用同样的推理代码来生成图像吧。请注意，这次我们使用权重为 0.5 的文本反转，看看与原本权重为 1.0 的图像相比会有什么不同：

```
prompt = "a high quality photo of a futuristic city in deep space, 
colorful-magic-style"

image = pipe(
    prompt,
    num_inference_steps = 50,
    generator = torch.Generator("cuda").manual_seed(1)
).images[0]
image
```

效果看上去非常理想（见图 9.4）。

图 9.4　使用自定义函数加载的文本反转生成的"深空未来城市"

效果似乎比 Diffusers 使用一行代码加载的文本反转更好。自定义加载器的另一个优势是可以自由地为加载的模型赋予权重。

9.4　总结

本章中我们介绍了 Stable Diffusion 的文本反转，并探讨了它与 LoRA 的区别。然后，我们介绍了将任何文本反转加载到 Diffusers 的快速方法，以便在生成管道中应用新的模式、样式或对象。

接着，我们深入研究了文本反转的核心，了解了它的训练方式和工作原理。在理解这些之后，我们进一步实现了一个可以修改文本反转权重的加载器。

最后，我们提供了一段示例代码，展示如何调用自定义的文本反转加载器，并生成权重为 0.5 的图像。

在第 10 章中，我们将探讨如何最大限度地发挥提示词的力量，释放模型的全部潜能。

9.5 参考文献

1. Rinon et al., *An Image is Worth One Word: Personalizing Text-to-Image Generation using Textual Inversion*: https://arxiv.org/abs/2208.01618 and https://textual-inversion.github.io/
2. Hugging Face, *Textual Inversion*: https://huggingface.co/docs/diffusers/main/en/training/text_inversion#how-it-works
3. *Stable Diffusion concepts library*: https://huggingface.co/sd-concepts-library
4. Civitai: https://civitai.com
5. *Midjourney style on Stable Diffusion*: https://huggingface.co/sd-concepts-library/midjourney-style
6. OpenAI's CLIP: https://github.com/openai/CLIP

CHAPTER 10

第 10 章

破解 77 个令牌限制和启用提示权重

在第 5 章中,我们知道 Stable Diffusion 使用了 OpenAI 的 CLIP 模型作为文本编码器。根据源代码[6],CLIP 模型的分词实现有 77 个令牌的上下文长度的限制。

在 CLIP 模型中,这 77 个令牌的限制同样适用于 Hugging Face Diffusers,使得最大输入提示被限制为 77 个令牌。很遗憾,由于这个限制,如果不做一些调整,则无法在这些输入提示中分配关键词权重。

假设你提供了一个超过 77 个令牌的提示字符串,如下所示:

```
from diffusers import StableDiffusionPipeline
import torch

pipe = StableDiffusionPipeline.from_pretrained(
    "stablediffusionapi/deliberate-v2",
    torch_dtype=torch.float16).to("cuda")

prompt = "a photo of a cat and a dog driving an aircraft "*20
image = pipe(prompt = prompt).images[0]
image
```

扩散模型会显示如下警告信息:

```
The following part of your input was truncated because CLIP can only
handle sequences up to 77 tokens...
```

你无法通过提供权重来突出 cat,如下所示:

```
a photo (cat:1.5) and a dog driving an aircraft
```

默认情况下,Diffusers 软件包不包括去掉 77 个令牌限制或为单个令牌分配权重的功能,这在其文档中已有说明。这是因为 Diffusers 的目标是作为一个多功能工具箱,提供可用于各种项目的基本功能。

尽管如此,借助 Diffusers 的核心功能,我们能够开发一个定制的提示解析器。这个解析器可以帮助我们绕过 77 个令牌的限制,并为每个令牌分配权重。在本章中,我们将深入探讨文本嵌入的结构,并概述一种在分配每个令牌权重的同时突破 77 个令牌限制的方法。

在本章中,我们将探索以下内容:
- 理解 77 个令牌的限制
- 突破 77 个令牌的限制
- 启用带权重的长提示
- 使用社区管道突破 77 个令牌的限制

如果你想一开始就使用支持长提示权重的完整功能管道,请参阅 10.5 节。

在本章结束时,你将能够使用加权提示而不受限制,并了解如何通过 Python 实现它们。

10.1 理解 77 个令牌的限制

Stable Diffusion(v1.5)的文本编码器采用了 OpenAI 的 CLIP 编码器[2]。CLIP 文本编码器有 77 个令牌的限制,这个限制也被下游的 Stable Diffusion 继承。我们可以按照以下步骤复现 77 个令牌的限制:

1. 我们可以从 Stable Diffusion 中提取编码器并进行验证。假设我们有一个提示词:a photo of a cat and a dog driving an aircraft(一张猫和狗驾驶飞机的照片),然后将其重复 20 次,使提示词的令牌数超过 77 个:

```
prompt = "a photo of a cat and a dog driving an aircraft "*20
```

2. 复用我们在本章开头初始化的管道,并提取出 `tokenizer` 和 `text_encoder`:

```
tokenizer = pipe.tokenizer
text_encoder = pipe.text_encoder
```

3. 使用 `tokenizer` 从提示中获取令牌 ID:

```
tokens = tokenizer(
    prompt,
    truncation = False,
```

```
    return_tensors = 'pt'
)["input_ids"]
print(len(tokens[0]))
```

4. 由于我们将 truncation 设置为 False (truncation = False),因此令牌解析器能将任意长度的字符串转换成令牌 ID。上述代码会生成一个长度为 181 的令牌列表。return_tensors = 'pt' 将使函数返回一个维度为 [1,181] 的张量对象。

将令牌 ID 转换为嵌入 (embeddings):

```
embeddings = pipe.text_encoder(tokens.to("cuda"))[0]
```

此时我们会遇到运行时错误 (RuntimeError),报错的消息如下:

```
RuntimeError: The size of tensor a (181) must match the size of tensor b (77) at non-singleton dimension 1
```

通过前面的步骤,我们知道 CLIP 的文本编码器每次只能处理 77 个令牌。

5. 现在,我们来看看第一个和最后一个令牌。如果我们去掉 *20,只对提示词 a photo of a cat and a dog driving an aircraft 进行令牌解析,当我们输出令牌 ID 时,我们会看到 10 个令牌 ID,而不是 8 个:

```
tensor([49406,   320,  1125,  2368,   537,  1929,  4161,   550
,  7706, 49407])
```

6. 在前面的令牌 ID 中,第一个 (49406) 和最后一个 (49407) 是系统自动添加的。我们可以使用 tokenizer._convert_id_to_token 将令牌 ID 转换为字符串:

```
print(tokenizer._convert_id_to_token(49406))
print(tokenizer._convert_id_to_token(49407))
```

可以看出,提示中已经增加了两个额外的令牌:

```
<|startoftext|>
<|endoftext|>
```

为什么要检查这个?因为在连接令牌时需要去除自动添加的起始和结束令牌。接下来,让我们继续突破 77 令牌的限制。

10.2 突破 77 个令牌的限制

幸运的是,Stable Diffusion 的 UNet 并没有这个 77 令牌的限制。如果我们能批量获取嵌入,将这些分块的嵌入连接成一个张量,并将其提供给 UNet,就能突破 77 个令牌的限制。以下是这个过程的简要介绍：

1. 从 Stable Diffusion 管道中提取令牌解析器和文本编码器。
2. 对输入提示进行令牌化处理，无论其大小。
3. 去除额外添加的多余的起始和结束令牌。
4. 将前 77 个令牌弹出，并将其编码成嵌入。
5. 将嵌入叠加成一个大小为 [1, x, 768] 的张量。

现在，让我们用 Python 代码来实现这个过程：

1. 取出令牌解析器和文本编码器：

```
# step 1. take out the tokenizer and text encoder
tokenizer = pipe.tokenizer
text_encoder = pipe.text_encoder
```

我们可以重复利用 Stable Diffusion 管道中的令牌解析器和文本编码器。

2. 将任何大小的输入提示进行令牌解析：

```
# step 2. encode whatever size prompt to tokens by setting
# truncation = False.
tokens = tokenizer(
    prompt,
    truncation = False
)["input_ids"]
print("token length:", len(tokens))

# step 2.2. encode whatever size neg_prompt,
# padding it to the size of prompt.
negative_ids = pipe.tokenizer(
    neg_prompt,
    truncation    = False,
    padding       = "max_length",
    max_length    = len(tokens)
).input_ids
print("neg_token length:", len(negative_ids))
```

在之前的代码中，我们完成了以下步骤：

❑ 将 `truncation` 设置为 `False`，以允许在令牌化时超过默认的 77 个令牌限制。这确保了无论提示长度如何，整个提示都会被令牌化。

❑ 令牌返回的形式是一个 Python 列表，而不是 torch 张量。Python 的列表可以让我们更轻松地添加新元素。请注意，在将令牌列表提供给文本编码器之前，需要先将其转换为 torch 张量。

❑ 有两个额外的参数，分别是 `padding = "max_length"` 和 `max_length = len` （tokens）。我们使用这些参数来确保提示词和负提示词的长度一致。

3. 移除起始和结束令牌。

令牌解析器会自动添加两个附加令牌：起始令牌（49406）和结束令牌（49407）。

在接下来的步骤中，我们将对令牌序列进行分段，并将这些分段后的令牌输入文本编码器。每个分段都会有自己的起始令牌和结束令牌。但在此之前，我们需要先从原始的长令牌列表中排除它们：

```
tokens = tokens[1:-1]
negative_ids = negative_ids[1:-1]
```

然后将这些起始和结束令牌添加回分块后的令牌中，每个分块大小为 75。在第 4 步，我们将重新添加起始和结束令牌。

4. 将大小为 77 的分块令牌列表编码为嵌入：

```
# step 4. Pop out the head 77 tokens,
# and encode the 77 tokens to embeddings.
embeds,neg_embeds = [],[]
chunk_size = 75
bos = pipe.tokenizer.bos_token_id
eos = pipe.tokenizer.eos_token_id
for i in range(0, len(tokens), chunk_size):
# Add the beginning and end token to the 75 chunked tokens to
# make a 77-token list
    sub_tokens = [bos] + tokens[i:i + chunk_size] + [eos]

# text_encoder support torch.Size([1,x]) input tensor
# that is why use [sub_tokens],
# instead of simply give sub_tokens.
    tensor_tokens = torch.tensor(
        [sub_tokens],
        dtype = torch.long,
        device = pipe.device
    )
    chunk_embeds = text_encoder(tensor_tokens)[0]
    embeds.append(chunk_embeds)

# Add the begin and end token to the 75 chunked neg tokens to
# make a 77 token list
    sub_neg_tokens = [bos] + negative_ids[i:i + chunk_size] + \
        [eos]
    tensor_neg_tokens = torch.tensor(
        [sub_neg_tokens],
        dtype = torch.long,
        device = pipe.device
```

```
    )
    neg_chunk_embeds= text_encoder(tensor_neg_tokens)[0]
    neg_embeds.append(neg_chunk_embeds)
```

这段代码循环地从令牌列表中每次取出 75 个令牌。然后，在这 75 个令牌的列表前后分别添加起始令牌和结束令牌，从而创建一个包含 77 个令牌的列表。为什么是 77 个令牌？因为文本编码器可以一次性将 77 个令牌编码为嵌入。

在 `for` 循环中，第一部分处理提示嵌入，第二部分处理负提示嵌入。即使我们提供了一个空的负提示，为了启用无分类引导扩散，我们仍然需要一个与正提示嵌入相同大小的负提示嵌入列表。在去噪循环中，条件潜变量将减去无条件潜变量，而无条件潜变量是由负提示生成的。

5. 将嵌入表示为 `[1, x, 768]` 尺寸的 `torch` 张量。

在此步骤之前，`embeds` 列表中保存的数据是这样的：

```
[tensor1, tensor2...]
```

Stable Diffusion 管道的嵌入参数需要接受尺寸为 `torch.Size([1, x, 768])` 的张量。

我们仍然需要用下面这两行代码，把列表转换成三维张量：

```
# step 5. Stack the embeddings to a [1,x,768] size torch tensor.
prompt_embeds = torch.cat(embeds, dim = 1)
prompt_neg_embeds = torch.cat(neg_embeds, dim = 1)
```

以上代码包含了以下内容：

- `embeds` 和 `neg_embeds` 是 PyTorch 张量的列表。`torch.cat()` 函数用于在 `dim` 参数指定的维度上拼接这些张量。在这里，`dim=1`，这意味着这些张量沿它们的第二维度连接（因为 Python 列表的索引从 0 开始）。
- `prompt_embeds` 是一个张量，包含了所有拼接 `embeds` 得到的嵌入。同样地，`prompt_neg_embeds` 包含了所有拼接 `neg_embeds` 得到的嵌入。

现在，我们已经有了一个功能完善的文本编码器，能够将任意长度的提示词转换为嵌入，这些嵌入可以被 Stable Diffusion 管道使用。接下来，我们把所有代码整合到一起。

将所有代码整合到一个函数中

让我们更进一步，把之前所有的代码都整合到一个函数中：

```
def long_prompt_encoding(
    pipe:StableDiffusionPipeline,
```

```python
    prompt,
    neg_prompt = ""
):
    bos = pipe.tokenizer.bos_token_id
    eos = pipe.tokenizer.eos_token_id
    chunk_size = 75

    # step 1. take out the tokenizer and text encoder
    tokenizer = pipe.tokenizer
    text_encoder = pipe.text_encoder

    # step 2.1. encode whatever size prompt to tokens by setting
    # truncation = False.
    tokens = tokenizer(
        prompt,
        truncation = False,
        # return_tensors = 'pt'
    )["input_ids"]

    # step 2.2. encode whatever size neg_prompt,
    # padding it to the size of prompt.
    negative_ids = pipe.tokenizer(
        neg_prompt,
        truncation = False,
        # return_tensors = "pt",
        Padding = "max_length",
        max_length = len(tokens)
    ).input_ids

    # Step 3. remove begin and end tokens
    tokens = tokens[1:-1]
    negative_ids = negative_ids[1:-1]

    # step 4. Pop out the head 77 tokens,
    # and encode the 77 tokens to embeddings.
    embeds,neg_embeds = [],[]
    for i in range(0, len(tokens), chunk_size):
# Add the beginning and end tokens to the 75 chunked tokens to make a
# 77-token list
        sub_tokens = [bos] + tokens[i:i + chunk_size] + [eos]

# text_encoder support torch.Size([1,x]) input tensor
# that is why use [sub_tokens], instead of simply give sub_tokens.
        tensor_tokens = torch.tensor(
            [sub_tokens],
            dtype = torch.long,
            device = pipe.device
        )
```

```
        chunk_embeds = text_encoder(tensor_tokens)[0]
        embeds.append(chunk_embeds)

# Add beginning and end token to the 75 chunked neg tokens to make a
# 77-token list
        sub_neg_tokens = [bos] + negative_ids[i:i + chunk_size] + \
          [eos]
        tensor_neg_tokens = torch.tensor(
            [sub_neg_tokens],
            dtype = torch.long,
            device = pipe.device
        )
        neg_chunk_embeds = text_encoder(tensor_neg_tokens)[0]
        neg_embeds.append(neg_chunk_embeds)

# step 5. Stack the embeddings to a [1,x,768] size torch tensor.
    prompt_embeds = torch.cat(embeds, dim = 1)
    prompt_neg_embeds = torch.cat(neg_embeds, dim = 1)

    return prompt_embeds, prompt_neg_embeds
```

让我们创建一个长提示，测试前面的函数是否正常工作：

```
prompt = "photo, cute cat running on the grass" * 10 #<- long prompt
prompt_embeds, prompt_neg_embeds = long_prompt_encoding(
    pipe, prompt, neg_prompt="low resolution, bad anatomy"
)
print(prompt_embeds.shape)

image = pipe(
    prompt_embeds = prompt_embeds,
    negative_prompt_embeds = prompt_neg_embeds,
    generator = torch.Generator("cuda").manual_seed(1)
).images[0]
image
```

结果如图 10.1 所示。

如果我们的新函数能处理较长的提示词，生成的图像应该会反映这些附加的提示内容。让我们把提示词扩展为以下内容：

```
prompt = "photo, cute cat running on the grass" * 10
prompt = prompt + ",pure white cat" * 10
```

新的提示将生成如图 10.2 所示的图像。

如你所见，新的附加提示确实起作用了，猫身上增加了更多的白色元素；然而，仍然没有达到提示中要求的纯白色。我们将在接下来的章节中通过提示加权来解决这个问题。

图 10.1 使用长提示词生成的在草地上奔跑的猫　　图 10.2 添加了额外提示生成的在草地上奔跑的猫

10.3 启用带权重的长提示

我们刚刚为基于 Stable Diffusion 管道（v1.5 版）的项目构建了一个支持任意大小输入的文本编码器。这些步骤旨在利用加权文本编码器构建长提示。

加权的 Stable Diffusion 提示是指在使用 Stable Diffusion 算法生成图像时，为文本提示中的特定词语或短语赋予不同的权重。通过调整这些权重，我们可以控制某些概念对生成结果的影响，从而使生成的图像更加定制和精细[1]。

这个过程通常需要对提示中每个概念相关的文本嵌入向量进行放大或缩小。例如，如果你希望 Stable Diffusion 模型突出某个特定主题，同时淡化另一个主题，则可以增加前者的权重并减少后者的权重。加权提示能够更有效地引导图像生成，朝着我们期望的结果发展。

将权重添加到提示的核心就是向量乘法：

weighted_embeddings = [embedding1, embedding2, ⋯, embedding768] × 权重

在这之前，为了生成一个加权提示嵌入，我们还需要完成一些准备工作，如下所示：

1. 提示解析：解析提示字符串，从中提取权重数字。例如，将提示 a (white) cat 转换为如下列表：[["a", 1.0], ["white", 1.1], ["cat", 1.0]]。我们将采用在开源 Stable Diffusion WebUI[4] 中定义的 Automatic1111 Stable Diffusion WebUI 中的流行提示格式。

2. 令牌和权重提取：将令牌 ID 和对应的权重分别放入两个独立的列表中。

3. 提示和负提示填充：确保提示和负提示的令牌长度一致。如果提示比负提示长，

就将负提示填充至与提示相同的长度；反之亦然。

关于注意力和权重，我们将采用以下格式[4]：

```
a (word) - increase attention to word by a factor of 1.1
a ((word)) - increase attention to word by a factor of 1.21 (= 1.1 *
1.1)
a [word] - decrease attention to word by a factor of 1.1
a (word:1.5) - increase attention to word by a factor of 1.5
a (word:0.25) - decrease attention to word by a factor of 4 (= 1 /
0.25)
a \(word\) - use literal () characters in prompt
```

让我们一步一步详细讲解这些步骤：

1. 构建 parse_prompt_attention 函数。

为了确保提示格式与 Automatic1111 的 Stable Diffusion WebUI 完全兼容，我们将从开源的 parse_prompt_attention 函数中提取并复用该函数[3]：

```python
def parse_prompt_attention(text):
    import re
    re_attention = re.compile(
        r"""
            \\\(|\\\)|\\\[|\\\]|\\\\|\\|\(|\[|:([+-]?[.\d]+)\)|
            \)|]|[^\\()\[\]:]+|:
        """
        , re.X
    )

    re_break = re.compile(r"\s*\bBREAK\b\s*", re.S)

    res = []
    round_brackets = []
    square_brackets = []

    round_bracket_multiplier = 1.1
    square_bracket_multiplier = 1 / 1.1

    def multiply_range(start_position, multiplier):
        for p in range(start_position, len(res)):
            res[p][1] *= multiplier

    for m in re_attention.finditer(text):
        text = m.group(0)
        weight = m.group(1)

        if text.startswith('\\'):
            res.append([text[1:], 1.0])
        elif text == '(':
```

```python
            round_brackets.append(len(res))
        elif text == '[':
            square_brackets.append(len(res))
        elif weight is not None and len(round_brackets) > 0:
            multiply_range(round_brackets.pop(), float(weight))
        elif text == ')' and len(round_brackets) > 0:
            multiply_range(round_brackets.pop(), \
                round_bracket_multiplier)
        elif text == ']' and len(square_brackets) > 0:
            multiply_range(square_brackets.pop(), \
                square_bracket_multiplier)
        else:
            parts = re.split(re_break, text)
            for i, part in enumerate(parts):
                if i > 0:
                    res.append(["BREAK", -1])
                res.append([part, 1.0])

    for pos in round_brackets:
        multiply_range(pos, round_bracket_multiplier)

    for pos in square_brackets:
        multiply_range(pos, square_bracket_multiplier)

    if len(res) == 0:
        res = [["", 1.0]]

    # merge runs of identical weights
    i = 0
    while i + 1 < len(res):
        if res[i][1] == res[i + 1][1]:
            res[i][0] += res[i + 1][0]
            res.pop(i + 1)
        else:
            i += 1
    return res
```

使用以下命令调用之前创建的函数:

```
parse_prompt_attention("a (white) cat")
```

函数将返回以下内容:

```
[['a ', 1.0], ['white', 1.1], [' cat', 1.0]]
```

2. 获取带有权重的提示。

借助前面的函数,我们可以获取提示和权重对的列表。文本编码器只会对提示的令牌进行编码（我们不需要将权重作为输入提供给文本编码器）。我们需要将提示-权重对进一步处理成两个大小相同的独立列表，一个用于令牌ID，另一个用于权重，如下所示：

```
tokens: [1,2,3...]
weights: [1.0, 1.0, 1.0...]
```

这项任务可以通过以下函数实现：

```
# step 2. get prompts with weights
# this function works for both prompt and negative prompt
def get_prompts_tokens_with_weights(
    pipe: StableDiffusionPipeline,
    prompt: str
):
    texts_and_weights = parse_prompt_attention(prompt)
    text_tokens,text_weights = [],[]
    for word, weight in texts_and_weights:
        # tokenize and discard the starting and the ending token
        token = pipe.tokenizer(
            word,
            # so that tokenize whatever length prompt
            truncation = False
        ).input_ids[1:-1]
        # the returned token is a 1d list: [320, 1125, 539, 320]

        # use merge the new tokens to the all tokens holder:
        # text_tokens
        text_tokens = [*text_tokens,*token]

        # each token chunk will come with one weight, like ['red
        # cat', 2.0]
        # need to expand the weight for each token.
        chunk_weights = [weight] * len(token)

        # append the weight back to the weight holder: text_
        # weights
        text_weights = [*text_weights, *chunk_weights]
    return text_tokens,text_weights
```

上述函数需要两个参数：Stable Diffusion 管道和提示字符串。输入字符串可以是正提示，也可以是负提示。

在函数体内，我们首先调用 `parse_prompt_attention` 函数，将提示与最小粒度的权重关联起来（这些权重应用于单个令牌级别）。然后，我们遍历整个列表，对文本进行令牌化处理，并通过索引操作 `[1:-1]` 去除令牌解析器添加的起始和结束令牌ID。

将新的令牌ID整合到存储所有令牌ID的列表中。同时，将扩展后的权重值合并回保存所有权重值的列表中。

让我们再次使用 a (white) cat 的提示并调用这个函数：

```
prompt = "a (white) cat"
tokens, weights = get_prompts_tokens_with_weights(pipe, prompt)
print(tokens,weights)
```

前面的代码将返回以下结果：

```
[320, 1579, 2368] [1.0, 1.1, 1.0]
```

请注意，white 的第二个令牌 ID 的权重现在变为 1.1，而不是 1.0。

3. 填充令牌。

在这一步，我们将把令牌 ID 列表及其权重进一步转化为分块列表。假设我们有一个包含超过 77 个元素的令牌 ID 列表：

```
[1,2,3,...,100]
```

我们需要将它转换成一个包含多个块的列表，每个块最多包含 77 个令牌。

```
[[49406,1,2...75,49407],[49406,76,77,...,100,49407]]
```

这样一来，在下一步中我们可以遍历列表的外层，每次编码一个包含 77 个令牌的列表。

现在，你可能会好奇：为什么每次都需要给文本编码器提供最多 77 个令牌？为什么我们不直接遍历每个元素，然后一次编码一个令牌呢？好问题，但我们不能这样做，因为单独编码 white 和 cat 会得到与编码 white cat 时不同的嵌入结果。

我们可以通过快速测试来发现差异。首先，我们来对 white 进行编码：

```
# encode "white" only
white_token = 1579
white_token_tensor = torch.tensor(
    [[white_token]],
    dtype = torch.long,
    device = pipe.device
)
white_embed = pipe.text_encoder(white_token_tensor)[0]
print(white_embed[0][0])
```

然后，一起编码 white cat：

```
# encode "white cat"
white_token, cat_token = 1579, 2369
white_cat_token_tensor = torch.tensor(
    [[white_token, cat_token]],
```

```
        dtype = torch.long,
        device = pipe.device
)
white_cat_embeds = pipe.text_encoder(white_cat_token_tensor)[0]
print(white_cat_embeds[0][0])
```

试试上面的代码,你会发现相同的 white 会产生不同的嵌入。究竟是什么原因?令牌和嵌入之间不是一一对应的,嵌入是通过自注意力机制生成的[5]。单独的 white 可以指颜色或姓氏,而在 white cat 中,white 显然是指猫的颜色。

让我们回到填充工作。下面的代码会检查令牌列表的长度。如果令牌 ID 列表的长度超过 75,则取前 75 个令牌并循环操作,直到剩余令牌少于 75 为止,剩余部分将由另一逻辑处理:

```
# step 3. padding tokens
def pad_tokens_and_weights(
    token_ids: list,
    weights: list
):
    bos,eos = 49406,49407

    # this will be a 2d list
    new_token_ids = []
    new_weights   = []
    while len(token_ids) >= 75:
        # get the first 75 tokens
        head_75_tokens = [token_ids.pop(0) for _ in range(75)]
        head_75_weights = [weights.pop(0) for _ in range(75)]

        # extract token ids and weights
        temp_77_token_ids = [bos] + head_75_tokens + [eos]
        temp_77_weights   = [1.0] + head_75_weights + [1.0]

        # add 77 tokens and weights chunks to the holder list
        new_token_ids.append(temp_77_token_ids)
        new_weights.append(temp_77_weights)

    # padding the left
    if len(token_ids) > 0:
        padding_len = 75 - len(token_ids)
        padding_len = 0

        temp_77_token_ids = [bos] + token_ids + [eos] * \
            padding_len + [eos]
        new_token_ids.append(temp_77_token_ids)
```

```
            temp_77_weights = [1.0] + weights  + [1.0] * \
                padding_len + [1.0]
            new_weights.append(temp_77_weights)
            
    # return
    return new_token_ids, new_weights
```

接下来，使用以下函数：

```
t,w = pad_tokens_and_weights(tokens.copy(), weights.copy())
print(t)
print(w)
```

上面的函数使用以下先前生成的标记（`tokens`）和权重（`weights`）列表：

```
[320, 1579, 2368] [1.0, 1.1, 1.0]
```

将其转换为这样：

```
[[49406, 320, 1579, 2368, 49407]]
[[1.0, 1.0, 1.1, 1.0, 1.0]]
```

4. 获取加权嵌入。

接下来是最后一步，我们将得到与Automatic1111兼容的嵌入，并且不受令牌大小的限制：

```
def get_weighted_text_embeddings(
    pipe: StableDiffusionPipeline,
    prompt : str       = "",
    neg_prompt: str    = ""
):
    eos = pipe.tokenizer.eos_token_id
    prompt_tokens, prompt_weights = \
        get_prompts_tokens_with_weights(
        pipe, prompt
    )
    neg_prompt_tokens, neg_prompt_weights = \
        get_prompts_tokens_with_weights(pipe, neg_prompt)
    
    # padding the shorter one
    prompt_token_len        = len(prompt_tokens)
    neg_prompt_token_len    = len(neg_prompt_tokens)
    if prompt_token_len > neg_prompt_token_len:
        # padding the neg_prompt with eos token
        neg_prompt_tokens    = (
            neg_prompt_tokens   + \
```

```python
            [eos] * abs(prompt_token_len - neg_prompt_token_len)
        )
        neg_prompt_weights = (
            neg_prompt_weights +
            [1.0] * abs(prompt_token_len - neg_prompt_token_len)
        )
    else:
        # padding the prompt
        prompt_tokens       = (
            prompt_tokens \
            + [eos] * abs(prompt_token_len - \
            neg_prompt_token_len)
        )
        prompt_weights      = (
            prompt_weights \
            + [1.0] * abs(prompt_token_len - \
            neg_prompt_token_len)
        )

embeds = []
neg_embeds = []

prompt_token_groups ,prompt_weight_groups = \
    pad_tokens_and_weights(
        prompt_tokens.copy(),
        prompt_weights.copy()
)

neg_prompt_token_groups, neg_prompt_weight_groups = \
    pad_tokens_and_weights(
        neg_prompt_tokens.copy(),
        neg_prompt_weights.copy()
    )

# get prompt embeddings one by one is not working.
for i in range(len(prompt_token_groups)):
    # get positive prompt embeddings with weights
    token_tensor = torch.tensor(
        [prompt_token_groups[i]],
        dtype = torch.long, device = pipe.device
    )
    weight_tensor = torch.tensor(
        prompt_weight_groups[i],
        dtype    = torch.float16,
        device   = pipe.device
    )
    token_embedding = \
```

```
        pipe.text_encoder(token_tensor)[0].squeeze(0)
    for j in range(len(weight_tensor)):
        token_embedding[j] = token_embedding[j] * \
            weight_tensor[j]
    token_embedding = token_embedding.unsqueeze(0)
    embeds.append(token_embedding)

    # get negative prompt embeddings with weights
    neg_token_tensor = torch.tensor(
        [neg_prompt_token_groups[i]],
        dtype = torch.long, device = pipe.device
    )
    neg_weight_tensor = torch.tensor(
        neg_prompt_weight_groups[i],
        dtype   = torch.float16,
        device  = pipe.device
    )
    neg_token_embedding = \
        pipe.text_encoder(neg_token_tensor)[0].squeeze(0)
    for z in range(len(neg_weight_tensor)):
        neg_token_embedding[z] = (
            neg_token_embedding[z] * neg_weight_tensor[z]
        )
    neg_token_embedding = neg_token_embedding.unsqueeze(0)
    neg_embeds.append(neg_token_embedding)

prompt_embeds       = torch.cat(embeds, dim = 1)
neg_prompt_embeds   = torch.cat(neg_embeds, dim = 1)

return prompt_embeds, neg_prompt_embeds
```

函数看起来有点长,但逻辑很简单。让我逐段讲解一下:

- 在填充较短部分的过程中,该逻辑会用结束令牌(eos)来填补较短的提示语,使得提示语和负提示语令牌列表大小相同,这样生成的潜变量就可以进行减法运算。
- 我们调用 pad_tokens_and_weights 函数,将所有令牌和权重分成每个包含 77 个元素的块。
- 我们遍历块列表,并在一步中对 77 个令牌进行编码以便嵌入。
- 我们通过使用 token_embedding = pipe.text_encoder(token_tensor) [0].squeeze(0) 去除空维度,这样就可以将每个元素与其权重相乘。请注意,现在每个令牌都用一个 768 元素的向量表示。
- 最后,我们退出循环,并使用 prompt_embeds = torch.cat(embeds, dim=1) 将张量列表堆叠成更高维度的张量。

10.4 验证工作

在几行代码之后,我们终于完成了所有的逻辑准备。现在,让我们来测试这段代码吧。

在简化版的长提示编码器中,我们仍然得到了一只带有一些图案的猫,而不是提示中要求的纯白(pure white)猫。现在,让我们给 white 这个关键词增加权重,看看会有什么变化:

```
prompt = "photo, cute cat running on the grass" * 10
prompt = prompt + ",pure (white:1.5) cat" * 10

neg_prompt = "low resolution, bad anatomy"

prompt_embeds, prompt_neg_embeds = get_weighted_text_embeddings(
    pipe, prompt = prompt, neg_prompt = neg_prompt
)

image = pipe(
    prompt_embeds = prompt_embeds,
    negative_prompt_embeds = prompt_neg_embeds,
    generator = torch.Generator("cuda").manual_seed(1)
).images[0]
image
```

我们的新嵌入函数奇妙地生成了一只纯白猫(见图 10.3),因为我们将 white 关键词的权重设为 1.5。

图 10.3 可爱的纯白猫在草地上奔跑,其中 white 一词的权重为 1.5

就是这样!现在,我们可以复用或扩展这个函数,来创建任何我们想要的自定义提示解析器。但如果你不想自己编写函数来实现这些功能,有没有办法使用无令牌数限制的加权提示呢？有的，接下来我们将介绍由开源社区贡献并集成到 Diffusers 中的两种管道。

10.5 使用社区管道突破 77 个令牌的限制

从零开始创建支持长提示权重的管道可能非常具有挑战性。通常情况下，我们希望通过细致的提示使用 Diffusers 生成图像。幸运的是，开源社区已经成功实现了 Stable Diffusion v1.5 和 Stable Diffusion XL。Stable Diffusion XL 的实现最初由本书作者 Andrew Zhu 发起，并在社区的协助下进行了大量改进。

下面我将提供两个示例，展示如何使用社区管道在 Stable Diffusion v1.5 和 Stable Diffusion XL 中进行操作：

1. 这个例子中使用了 `lpw_stable_diffusion` 管道来运行 Stable Diffusion v1.5。使用以下代码启动一个带有长提示加权的管道：

```
from diffusers import DiffusionPipeline
import torch

model_id_or_path = "stablediffusionapi/deliberate-v2"
pipe = DiffusionPipeline.from_pretrained(
    model_id_or_path,
    torch_dtype = torch.float16,
    custom_pipeline = "lpw_stable_diffusion"
).to("cuda:0")
```

在之前的代码中，`custom_pipeline = "lpw_stable_diffusion"` 事实上会从 Hugging Face 服务器下载 `lpw_stable_diffusion` 文件，并在 `DiffusionPipeline` 管道中调用。

2. 让我们通过管道生成一张图片：

```
prompt = "photo, cute cat running on the grass" * 10
prompt = prompt + ",pure (white:1.5) cat" * 10

neg_prompt = "low resolution, bad anatomy"
image = pipe(
    prompt = prompt,
    negative_prompt = neg_prompt,
    generator = torch.Generator("cuda").manual_seed(1)
).images[0]
image
```

你将看到与图 10.3 相同的图像。

3. 现在让我们来看看使用 `lpw_stable_diffusion` 管道进行 Stable Diffusion XL

的一个示例。

我们的方法几乎与在 Stable Diffusion v1.5 中使用的方法相同。唯一的区别是我们加载了一个 Stable Diffusion XL 模型，并且使用了另一个自定义管道名称：lpw_stable_diffusion_xl。请看以下代码：

```
from diffusers import DiffusionPipeline
import torch

model_id_or_path = "stabilityai/stable-diffusion-xl-base-1.0"
pipe = DiffusionPipeline.from_pretrained(
    model_id_or_path,
    torch_dtype = torch.float16,
    custom_pipeline = "lpw_stable_diffusion_xl",
).to("cuda:0")
```

图像生成代码和我们用于 Stable Diffusion v1.5 的代码完全相同：

```
prompt = "photo, cute cat running on the grass" * 10
prompt = prompt + ",pure (white:1.5) cat" * 10

neg_prompt = "low resolution, bad anatomy"
image = pipe(
    prompt = prompt,
    negative_prompt = neg_prompt,
    generator = torch.Generator("cuda").manual_seed(7)
).images[0]
image
```

我们会看到图 10.4 所示的生成图像。

图 10.4　使用 lpw_stable_diffusion_xl 生成的可爱的纯白猫在草地上奔跑，词语 white 的权重为 1.5

从图像中，我们可以清晰地看到生成的图像中的纯白猫（pure (white:1.5) cat），这证明了该管道能够使用长加权提示生成图像。

10.6 总结

本章节旨在探讨一个被广泛讨论的话题：如何利用 Diffusers 包突破 77 个令牌的限制，并为 Stable Diffusion 管道添加提示权重。Automatic1111 的 Stable Diffusion WebUI 提供了一个功能丰富的用户界面，目前是最受欢迎的提示权重和注意力格式。然而，如果我们查看 Automatic1111 的代码，则很可能会很快迷失，因为它的代码冗长而且缺乏清晰的文档。

本章首先深入探讨了 77 个令牌限制的根本原因，然后分析了 Stable Diffusion 管道如何使用提示嵌入。我们编写了两个函数来破解 77 个令牌的限制。

为演示如何突破 77 个令牌的限制，我们实现了一个不需要权重的简易函数。同时，我们还设计了一个功能完整的函数，支持不限长度的长提示词使用，并实现了提示词权重。

通过理解和实现这两个功能，我们不仅可以利用 Diffuser 生成与使用 Automatic1111 的 WebUI 相同质量的高质量图像，还能进一步扩展，添加更强大的功能。至于添加哪些功能，现在由你来决定。在第 11 章，我们将开始另一个令人兴奋的话题：使用 Stable Diffusion 修复和放大图像。

10.7 参考文献

1. Hugging Face, weighted prompts: https://huggingface.co/docs/diffusers/main/en/using-diffusers/weighted_prompts
2. OpenAI CLIP, Connecting text and images: https://openai.com/research/clip
3. Automatic1111, Stable Diffusion WebUI prompt parser: https://github.com/AUTOMATIC1111/stable-diffusion-webui/blob/master/modules/prompt_parser.py#L345C19-L345C19
4. Automatic1111, Attention/emphasis: https://github.com/AUTOMATIC1111/stable-diffusion-webui/wiki/Features#attentionemphasis
5. Ashish et al., *Attention Is All You Need*: https://arxiv.org/abs/1706.03762
6. Source of the 77-token size limitation: https://github.com/openai/CLIP/blob/4d120f3ec35b30bd0f992f5d8af2d793aad98d2a/clip/clip.py#L206

CHAPTER 11

第 11 章

图像修复和超分辨率

尽管 Stable Diffusion v1.5 和 Stable Diffusion XL 都展现了生成图像的能力，但我们最初的作品可能还未达到最佳效果。本章将探讨图像修复、超分辨率以及为生成的视觉效果引入复杂细节的各种技术和策略。

本章主要探讨如何利用 Stable Diffusion 作为增强和放大图像的有效工具。此外，我们还将简要介绍一些与扩散过程不同的尖端人工智能方法，以提高图像分辨率。

在本章中，我们会探讨以下主题：
- 理解相关术语
- 使用图像到图像的扩散管道对图像进行放大
- 使用 ControlNet 分块对图像进行放大

让我们开始吧！

11.1 理解相关术语

在我们开始用 Stable Diffusion 提高图像质量之前，了解一些与此过程相关的常见术语是很有帮助的。你可能会在涉及 Stable Diffusion 的文章或书籍中遇到以下三个相关术语：图像插值（image interpolation）、图像放大（image upscale）和图像超分辨率（image super-resolution）。这些技术旨在提升图像分辨率，但方法和结果各异。熟悉这些术语将有助于你更好地理解 Stable Diffusion 及其他图像增强工具的工作原理：

- 图像插值是最简单且最常见的图像放大方法。其工作原理是基于图像中已有的像素值来推算新的像素值。各种插值方法各有优缺点，其中最常用的包括最近邻插值[6]、双线性插值[7]、双三次插值[8]和 Lanczos 重采样[9]。
- 图像放大是一个广义术语，涵盖了所有提高图像分辨率的技术，包括插值法和超分辨率等复杂方法。
- 图像超分辨率是一种专门的图像放大技术，旨在放大图像尺寸的同时提升分辨率和细节，最大限度减少质量损失并避免伪影。与依赖基本插值的传统图像放大方法相比，图像超分辨率利用了深度学习技术的先进算法。这些算法通过从高分辨率图像的数据集中学习高频模式和细节，随后将这些学习到的模式用于放大低分辨率图像，产生高质量的结果。

前述任务（图像插值、图像放大和图像超分辨率）的解决方案通常称为"放大器"或"高分辨率修复器"。本章中，我们将使用"放大器"这个术语。

在基于深度学习的超分辨率解决方案中，有多种放大器。超分辨率解决方案可分为三类：
- 基于对抗生成网络的解决方案，例如 ESRGAN[10]
- 基于 Swin Transformer 的解决方案，例如 SwinIR[11]
- 基于 Stable Diffusion 的解决方案

在本章中，我们将主要关注 Stable Diffusion 放大器。选择它不仅是因为本书重点介绍了扩散模型，还因为 Stable Diffusion 具有提供增强放大效果和卓越控制灵活性的潜力。例如，它允许我们使用提示来指导超分辨率过程并填充额外的细节。我们将在本章的后半部分使用 Python 代码来实现这一点。

你可能迫不及待地想使用 Diffusers 提供的 Latent Upscaler 和 Stable Diffusion Upscale 管道[1]。然而，目前的 Latent Upscaler 和 Upscale pipeline 还不够理想。它们高度依赖特定的预训练模型，消耗大量的显存，且运行速度较慢。

本章将展示两种基于 Stable Diffusion 方法的替代解决方案。
- 使用图像到图像管道的图像超分辨率：这种方法可以使用任何基于 Stable Diffusion（v1.5 和 XL）的模型，甚至可以集成 LoRA 来辅助图像放大。此外，这一方案是基于 `StableDiffusionPipeline` 类构建的。它还支持长提示，并结合了前几章介绍的文本反转技术。
- 基于 ControlNet 分块的图像超分辨率：该方案兼容任意预训练模型。通过添加额外的 `ControlNet` 模型，可实现图像超分辨率，并显著提升细节。

有了以上背景信息，让我们深入探讨这两种超分辨率方法的细节吧。

11.2 使用图像到图像的扩散技术进行图像放大

正如我们在第 5 章中讨论过的，Stable Diffusion 不仅依赖文本进行初始指导，还可以利用图像作为起点。我们设计了一个自定义流程，以图像作为生成新图像的基础。

将去噪强度降低到某个阈值，比如 0.3，初始图像的特征和风格会在最终生成的图像中得以保留。这一特性使得我们可以将 Stable Diffusion 用作图像放大器，实现图像超分辨率。让我们一步步探讨这个过程。

我们将先介绍一步超分辨率的概念，接着探讨多步超分辨率。

11.2.1 一步超分辨率

在本节中，我们将介绍如何通过一次图像到图像扩散技术来实现图像放大。以下是具体步骤：

1. 让我们用 Stable Diffusion 生成一个 256×256 的初始图像。与其从网上下载或使用外部图像作为输入，不如直接利用 Stable Diffusion 来生成。毕竟，这是 Stable Diffusion 的强项所在：

```
import torch
from diffusers import StableDiffusionPipeline

text2img_pipe = StableDiffusionPipeline.from_pretrained(
    "stablediffusionapi/deliberate-v2",
    torch_dtype = torch.float16
).to("cuda:0")

prompt = "a realistic photo of beautiful woman face"
neg_prompt = "NSFW, bad anatomy"

raw_image = text2img_pipe(
    prompt = prompt,
    negative_prompt = neg_prompt,
    height = 256,
    width = 256,
    generator = torch.Generator("cuda").manual_seed(3)
).images[0]
display(raw_image)
```

运行上述代码后，将生成如图 11.1 所示的图像。

如果你在纸质书籍等印刷品上查看图像，可能看不到其中的噪点和模糊。然而，如果你运行上述代码并放大图像，会很容易注意到生成图像中的模糊和噪声。

图 11.1　由 Stable Diffusion 生成的 256×256 像素的女性面部照片

让我们保存图像以便进一步处理：

```
image_name = "woman_face"
file_name_256x256 =f"input_images/{image_name}_256x256.png"
raw_image.save(file_name_256x256)
```

2. 调整图像至目标尺寸。首先，我们需要创建一个图像调整函数，以确保图像的宽度和高度都能被 8 整除：

```
def get_width_height(width, height):
    width = (width//8)*8
    height = (height//8)*8
    return width,height
```

接下来，通过图像插值将其调整到目标尺寸：

```
from diffusers.utils import load_image
from PIL import Image

def resize_img(img_path,upscale_times):
    img             = load_image(img_path)
    if upscale_times <=0:
        return img
    width,height = img.size
    width = width * upscale_times
    height = height * upscale_times
    width,height = get_width_height(int(width),int(height))
    img = img.resize(
        (width,height),
```

```
            resample = Image.LANCZOS if upscale_times > 1 \
                else Image.AREA
    )
    return img
```

PIL（即Pillow[12]）的图像resize功能可以将像素放大到所需尺寸。在前面的代码示例中，我们采用了Image.LANCZOS插值方法。

以下代码通过调用resize_img函数将图像放大三倍：

```
resized_raw_image = resize_img(file_name_256x256, 3.0)
```

你可以输入任何大于1.0的浮点数。

3. 创建一个图像到图像管道作为放大器。要实现引导图像的超分辨率，我们需要提供如下所示的提示：

```
sr_prompt = """8k, best quality, masterpiece, realistic, photo-
realistic, ultra detailed, sharp focus, raw photo, """
prompt = """
a realistic photo of beautiful woman face
"""
prompt = f"{sr_prompt}{prompt}"
neg_prompt = "worst quality, low quality, lowres, bad anatomy"
```

sr_prompt指的是超分辨率提示词，可以在任何超分辨率任务中不做修改地重复使用。接下来，运行管道对图像进行放大：

```
prompt = f"{sr_prompt}{prompt}"

neg_prompt = "worst quality, low quality, lowres, bad anatomy"

img2image_3x = img2img_pipe(
    image = resized_raw_image,
    prompt = prompt,
    negative_prompt = neg_prompt,
    strength = 0.3,
    num_inference_steps = 80,
    guidance_scale = 8,
    generator = torch.Generator("cuda").manual_seed(1)
).images[0]
img2image_3x
```

请注意，将强度（strength）参数设置为0.3，意味着每一步去噪过程中都会向潜变量添加30%的高斯噪声。在使用纯文本到图像管道时，默认强度设置为1.0。提高这里的强度值会使初始图像融入更多新元素。根据我的测试，0.3似乎达到了一个平衡点。当然，你可以灵活地将其调整为0.25，或提高到0.4。

对于来自 Diffusers 的图像到图像管道，实际的去噪步骤是 `num_inference_steps` 乘以 `strength` 的结果。总去噪步骤为 $80 \times 0.3 = 24$。这不是 Stable Diffusion 的硬性规定，而是源自 Diffusers 的 Stable Diffusion 管道实现。

`guidance_scale` 参数如第 3 章所述，决定了结果与提供的提示词和负面提示词的匹配程度。在实际操作中，较高的 `guidance_scale` 会生成更清晰的图像，但可能会改变更多的图像元素；而较低的 `guidance_scale` 会生成较模糊的图像，同时保留更多原始图像元素。如果不确定选择哪个值，则可以考虑 7 到 8 之间的数值。

一旦运行上述代码，你将发现原始图像的尺寸被放大到 768×768，同时图像质量也有显著提升。

然而，这还没完，我们可以再次重复之前的步骤，以进一步提升图像的分辨率和质量。

让我们保存图像以备后用：

```
file_name_768x768 = f"input_images/{image_name}_768x768.png"
img2image_3x.save(file_name_768x768)
```

接下来，让我们通过多次图像到图像的步骤来放大图片。

11.2.2 多步超分辨率

通过一步分辨率操作，代码将图像从 256×256 放大到 768×768。本节中，我们将进一步推进，将图像尺寸扩大到目前的两倍。

请注意，在提升图像分辨率之前，你需要注意显存的使用量可能会超过 8GB。

我们会复用单步超分辨率过程中的代码。

1. 放大图像到原来的两倍：

```
resized_raw_image = resize_img(file_name_768x768, 2.0)
display(resized_raw_image)
```

2. 接下来的图像超分辨率代码可以将图像分辨率提升至六倍（从 256×256 提升到 1536×1536），显著增强图像的清晰度和细节：

```
sr_prompt = "8k, best quality, masterpiece, realistic, photo-realistic, ultra detailed, sharp focus, raw photo,"

prompt = """
a realistic photo of beautiful woman face
"""
prompt = f"{sr_prompt}{prompt}"
```

```
neg_prompt = "worst quality, low quality, lowres, bad anatomy"

img2image_6x = img2img_pipe(
    image = resized_raw_image,
    prompt = prompt,
    negative_prompt = neg_prompt,
    strength = 0.3,
    num_inference_steps = 80,
    guidance_scale = 7.5,
    generator = torch.Generator("cuda").manual_seed(1)
).images[0]
img2image_6x
```

前面的代码会生成一张原始图像六倍超分辨率的图像,大幅提升其质量。

11.2.3 超分辨率结果比较

现在,让我们来看看经过六倍超分辨率处理的图像,并将其与原始图像进行比较,看看图像质量有了多大的提升。

图 11.2 展示了原始图像与六倍超分辨率处理后的图像的对比。

图 11.2 左图为原始图像,右图为经过六倍超分辨率处理后的图像

请查看电子书版本,以便更轻松地辨别精细的增强效果。图 11.3 清晰地展示了嘴部区域的改进。

图 11.4 展示了眼睛的改进。

Stable Diffusion 技术显著地提升了图像的各个方面——无论是眉毛、睫毛,还是瞳孔——处理后的图像相较于原始图像都有了明显的改进。

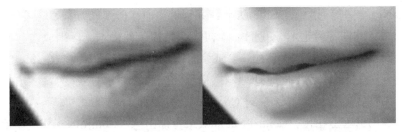

图 11.3　左图为原始图像中的嘴部，右图为经过六倍超分辨率处理后的嘴部

图 11.4　上方为原始图像中的眼睛，下方为经过六倍超分辨率处理后的眼睛

11.2.4　图像到图像限制

`deliberate-v2` Stable Diffusion 模型基于 Stable Diffusion v1.5 检查点，并使用 512×512 像素图像进行训练。因此，图像到图像管道继承了该模型的所有局限性。在将图像从 1024×1024 放大到更高分辨率时，该模型的效率可能不如处理低分辨率图像时高。

然而，生成高质量图像并不仅限于使用图像到图像这一种解决方案。接下来，我们将探讨另一种能够以更高细节放大图像的技术。

11.3　ControlNet 分块图像放大

Stable Diffusion ControlNet 是一种神经网络架构，通过附加条件来增强扩散模型。这个模型的概念源于 Lvmin Zhang 和 Maneesh Agrawala 在 2023 年撰写的论文"Adding Conditional Control to Text-to-Image Diffusion Models"[3]。更多关于 ControlNet 的详细信息，请参考本书的第 13 章。

ControlNet 与图像到图像 Stable Diffusion 管道类似,但其能力显著增强[2]。

当使用图像到图像管道时,我们输入初始图像和条件文本,以生成与起始图像相似的图像。相比之下,ControlNet 使用一个或多个附加的 UNet 模型,与 Stable Diffusion 模型协同工作。这些 UNet 模型同时处理输入提示和图像,并在 UNet 的每一步上升阶段中合并结果。我们会在第 13 章详细探讨 ControlNet 的原理。

与图像到图像管道相比,ControlNet 的效果更加出色。ControlNet 分块模型因其能够通过向原始图像添加大量细节信息来放大图像而脱颖而出。

在下面的代码中,我们将采用最新的 ControlNet v1.1 版本。论文和模型的作者们确认,他们将在 ControlNet v1.5 之前保持该架构的一致性。你阅读本书时,ControlNet 的最新版本可能已经高于 v1.1。你应该可以将本代码直接用于后续的 ControlNet 版本。

11.3.1 使用 ControlNet 分块放大图像的步骤

接下来,让我们借助 ControlNet 分块,一步步放大图像[4]:

1. 初始化 ControlNet 分块模型。以下代码将创建一个 ControlNet v1.1 模型的实例。请注意,从 v1.1 版本开始,ControlNet 的子类型通过 `subfolder = 'control_v11f1e_sd15_tile'` 来指定[5]:

```
import torch
from diffusers import ControlNetModel

controlnet = ControlNetModel.from_pretrained(
    'takuma104/control_v11',
    subfolder = 'control_v11f1e_sd15_tile',
    torch_dtype = torch.float16
)
```

我们无法单独使用 ControlNet,我们需要启动一个 Stable Diffusion v1.5 管道,与 ControlNet 模型配合使用。

2. 初始化一个 Stable Diffusion v1.5 模型管道。使用 ControlNet 的主要优势在于它能够与任何基于 Stable Diffusion 基础模型微调的检查点模型兼容。我们将继续使用 Stable Diffusion v1.5 模型,因为它质量优异且对显存的需求较低。鉴于这些特性,Stable Diffusion v1.5 预计将在相当长的时间内都保持其技术优势:

```
# load controlnet tile
from diffusers import StableDiffusionControlNetImg2ImgPipeline

# load checkpoint model with controlnet
pipeline = StableDiffusionControlNetImg2ImgPipeline. \
from_pretrained(
```

```
    "stablediffusionapi/deliberate-v2",
    torch_dtype   = torch.float16,
    controlnet    = controlnet
)
```

在以上代码中，我们将第 1 步初始化的 controlnet 作为 StableDiffusionControlNetImg2ImgPipeline 的一个参数。此外，这段代码与标准的 Stable Diffusion 管道非常相似。

3. 调整图像尺寸。这一步与我们在图像处理流程中的步骤相同，需要将图像放大到目标尺寸：

```
image_name = "woman_face"
file_name_256x256 = f"input_images/{image_name}_256x256.png"
resized_raw_image = resize_img(file_name_256x256, 3.0)
resized_raw_image
```

之前的代码使用 LANCZOS 插值将图像放大了三倍：

```
Image super-resolution using ControlNet Tile
# upscale
sr_prompt = "8k, best quality, masterpiece, realistic, photo-
realistic, ultra detailed, sharp focus, raw photo,"

prompt = """
a realistic photo of beautiful woman face
"""

prompt = f"{sr_prompt}{prompt}"

neg_prompt = "worst quality, low quality, lowres, bad anatomy"

pipeline.to("cuda")
cn_tile_upscale_img = pipeline(
    image = resized_raw_image,
    control_image = resized_raw_image,
    prompt = prompt,
    negative_prompt = neg_prompt,
    strength = 0.8,
    guidance_scale = 7,
    generator = torch.Generator("cuda"),
    num_inference_steps = 50
).images[0]

cn_tile_upscale_img
```

我们再次利用了图像到图像放大器中的正提示和负提示。区别如下：

- 我们将放大的图像同时赋予初始扩散模型（表示为 image = resized_raw_image）和初始 ControlNet 模型（表示为 control_image = resized_raw_image）。
- 强度配置为 0.8，是为了利用 ControlNet 对去噪的影响来增强生成过程。

请注意，我们可以降低强度参数，以最大限度地保留原始图像。

11.3.2　ControlNet 分块放大结果

通过一次三倍超分辨率处理，我们可以大幅提升图像质量，并增加许多复杂的细节，如图 11.5 所示。

图 11.5　左图为原始图像，右图为经过 ControlNet 分块三倍放大的超分辨率图像（1）

与图像到图像放大器相比，ControlNet 分块整合了更多细节。放大图像时，你会发现增加了单根发丝，从而整体提升了图像质量。

为了达到相同的效果，图像到图像方法需要经过多个步骤将图像放大六倍。而 ControlNet 分块只需一次三倍放大即可。

此外，与图像到图像解决方案相比，ControlNet 分块的优点在于其显存的使用量也相对较低。

11.3.3　更多 ControlNet 分块放大示例

ControlNet 分块超分辨率方法可以显著提升各种照片和图像的效果。以下是一些通过几行代码生成、调整尺寸和放大图像，并捕捉复杂细节的示例：

- 男性面孔：以下是用于生成、调整尺寸和放大图像的代码：

```
# step 1. generate an image
```

```python
prompt = """
Raw, analog a portrait of an 43 y.o. man ,
beautiful photo with highly detailed face by greg rutkowski and
magali villanueve
"""

neg_prompt = "NSFW, bad anatomy"

text2img_pipe.to("cuda")
raw_image = text2img_pipe(
    prompt = prompt,
    negative_prompt = neg_prompt,
    height = 256,
    width = 256,
    generator = torch.Generator("cuda").manual_seed(3)
).images[0]
display(raw_image)

image_name = "man"
file_name_256x256 = f"input_images/{image_name}_256x256.png"
raw_image.save(file_name_256x256)

# step 2. resize image
resized_raw_image = resize_img(file_name_256x256, 3.0)
display(resized_raw_image)

# step 3. upscale image
sr_prompt = "8k, best quality, masterpiece, realistic, photo-
realistic, ultra detailed, sharp focus, raw photo,"

prompt = f"{sr_prompt}{prompt}"

neg_prompt = "worst quality, low quality, lowres, bad anatomy"

pipeline.to("cuda")
cn_tile_upscale_img = pipeline(
    image = resized_raw_image,
    control_image = resized_raw_image,
    prompt = prompt,
    negative_prompt = neg_prompt,
    strength = 0.8,
    guidance_scale = 7,
    generator = torch.Generator("cuda"),
    num_inference_steps = 50,
    # controlnet_conditioning_scale = 0.8
).images[0]

display(cn_tile_upscale_img)
```

结果如图 11.6 所示。

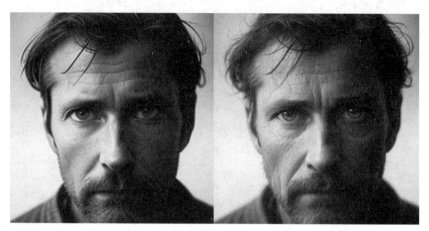

图 11.6　左图为原始图像，右图为经过 ControlNet 分块三倍放大的超分辨率图像（2）

❏ 老人：以下是用于生成、调整尺寸和放大图像的代码：

```
# step 1. generate an image
prompt = """
A realistic photo of an old man, standing in the garden, flower
and green trees around, face view
"""

neg_prompt = "NSFW, bad anatomy"

text2img_pipe.to("cuda")
raw_image = text2img_pipe(
    prompt = prompt,
    negative_prompt = neg_prompt,
    height = 256,
    width = 256,
    generator = torch.Generator("cuda").manual_seed(3)
).images[0]
display(raw_image)

image_name = "man"
file_name_256x256 = f"input_images/{image_name}_256x256.png"
raw_image.save(file_name_256x256)

# step 2. resize image
resized_raw_image = resize_img(file_name_256x256, 4.0)
display(resized_raw_image)

# step 3. upscale image
```

```
sr_prompt = "8k, best quality, masterpiece, realistic, photo-
realistic, ultra detailed, sharp focus, raw photo,"

prompt = f"{sr_prompt}{prompt}"

neg_prompt = "worst quality, low quality, lowres, bad anatomy"

pipeline.to("cuda")
cn_tile_upscale_img = pipeline(
    image = resized_raw_image,
    control_image = resized_raw_image,
    prompt = prompt,
    negative_prompt = neg_prompt,
    strength = 0.8,
    guidance_scale = 7,
    generator = torch.Generator("cuda"),
    num_inference_steps = 50,
    # controlnet_conditioning_scale = 0.8
).images[0]

display(cn_tile_upscale_img)
```

结果如图 11.7 所示。

图 11.7　左图为老人原始的未经处理的图像，右图为经过 ControlNet 分块四倍放大的超分辨率图像

❑ 皇家女性：以下是用于生成、调整尺寸和放大图像的代码：

```
# step 1. generate an image
prompt = """
upper body photo of royal female, elegant, pretty face, majestic dress,
sitting on a majestic chair, in a grand fantasy castle hall,
```

```python
shallow depth of field, cinematic lighting, Nikon D850,
film still, HDR, 8k
"""

neg_prompt = "NSFW, bad anatomy"

text2img_pipe.to("cuda")
raw_image = text2img_pipe(
    prompt = prompt,
    negative_prompt = neg_prompt,
    height = 256,
    width = 256,
    generator = torch.Generator("cuda").manual_seed(7)
).images[0]
display(raw_image)

image_name = "man"
file_name_256x256 = f"input_images/{image_name}_256x256.png"
raw_image.save(file_name_256x256)

# step 2. resize image
resized_raw_image = resize_img(file_name_256x256, 4.0)
display(resized_raw_image)

# step 3. upscale image
sr_prompt = "8k, best quality, masterpiece, realistic, photo-
realistic, ultra detailed, sharp focus, raw photo,"

prompt = f"{sr_prompt}{prompt}"

neg_prompt = "worst quality, low quality, lowres, bad anatomy"

pipeline.to("cuda")
cn_tile_upscale_img = pipeline(
    image = resized_raw_image,
    control_image = resized_raw_image,
    prompt = prompt,
    negative_prompt = neg_prompt,
    strength = 0.8,
    guidance_scale = 7,
    generator = torch.Generator("cuda"),
    num_inference_steps = 50,
    # controlnet_conditioning_scale = 0.8
).images[0]

display(cn_tile_upscale_img)
```

结果如图 11.8 所示。

图 11.8　左图为原始的皇家女性画像，右图为经过 ControlNet 分块四倍放大的超分辨率图像

11.4　总结

本章概述了现代图像放大与超分辨率技术，强调了其独特特性。本章主要介绍了两种利用 Stable Diffusion 技术实现超分辨率的方法。

❑ 使用 Stable Diffusion 图像到图像管道
❑ 实现 ControlNet 分块在放大图像的同时增强细节

此外，我们还展示了若干应用 ControlNet 分块超分辨率技术的实例。

如果你希望在放大过程中尽可能保留原始图像的各个细节，我们建议使用图像到图像管道。相反，如果你更青睐由人工智能驱动的方法来生成丰富细节，那么 ControlNet 分块将是更好的选择。

在第 12 章，我们将创建一个计划提示解析器，使我们能够更精确地掌控图像生成过程。

11.5　参考文献

1. Hugging Face – Super-Resolution: https://huggingface.co/docs/diffusers/v0.13.0/en/api/pipelines/stable_diffusion/upscale
2. Hugging Face – Ultra-fast ControlNet with Diffusers: https://huggingface.co/blog/controlnet
3. Lvmin Zhang, Maneesh Agrawala, Adding Conditional Control to Text-to-Image Diffusion Models: https://arxiv.org/abs/2302.05543

4. Lvmin Zhang, ControlNet original implementation code: `https://github.com/lllyasviel`
5. Lvmin Zhang, ControlNet 1.1 Tile: `https://github.com/lllyasviel/ControlNet-v1-1-nightly#controlnet-11-tile`
6. Nearest-neighbor interpolation: `https://en.wikipedia.org/wiki/Nearest-neighbor_interpolation`
7. Bilinear interpolation: `https://en.wikipedia.org/wiki/Bilinear_interpolation`
8. Bicubic interpolation: `https://en.wikipedia.org/wiki/Bicubic_interpolation`
9. Lanczos resampling: `https://en.wikipedia.org/wiki/Lanczos_resampling`
10. ESRGAN: Enhanced Super-Resolution Generative Adversarial Networks: `https://arxiv.org/abs/1809.00219`
11. SwinIR: Image Restoration Using Swin Transformer: `https://arxiv.org/abs/2108.10257`
12. Python Pillow package: `https://github.com/python-pillow/Pillow`

CHAPTER12

第 12 章

计划提示解析

在第 10 章中，我们讨论了如何突破 77 个令牌的提示限制以及实现提示权重的解决方案，为本章铺平了道路。利用第 10 章的知识，我们可以通过自然语言和加权格式生成各种图像。但是，开箱即用的 Hugging Face Diffusers 包也存在一些固有的限制。

例如，我们无法编写一个提示，让 Stable Diffusion 在前五步生成一只猫，然后在接下来的五步生成一只狗。同样，我们也无法编写一个提示，要求 Stable Diffusion 通过交替去噪这两个概念来融合它们。

在本章中，我们将深入探讨以下两种解决方案：
- 使用 Compel 包
- 构建一个自定义的计划提示管道

12.1 技术要求

要运行本章的代码，你需要安装用于运行 Stable Diffusion 的必要软件包。具体的安装步骤，请参考第 2 章。

除了 Stable Diffusion 所需的包之外，你还需要安装 Compel 包来使用 Compel 的功能，以及安装 lark 包来构建自定义计划提示管道。

在每一节中，我都会详细介绍这些软件包的安装和使用步骤。

12.2 使用 Compel 包

Compel[1]是由 Damian Stewart 开发和维护的一个开源文本提示加权与融合库。它是 Diffusers 中实现融合提示的最简单方法之一。这个包还能对提示进行加权，方式类似于我们在第 10 章中实现的方案，但使用了不同的加权语法。在本章中，我会介绍融合功能，它可以帮助我们编写提示语，生成一幅融合了两个或多个概念的图像。

想象一下，我们想要制作一张半猫半狗的照片。我们该如何通过提示来实现呢？假设我们只给 Stable Diffusion 提供以下提示：

```
A photo with half cat and half dog
```

以下是这些未使用 Compel 的 Python 代码：

```python
import torch
from diffusers import StableDiffusionPipeline
pipeline = StableDiffusionPipeline.from_pretrained(
    "stablediffusionapi/deliberate-v2",
    torch_dtype = torch.float16,
    safety_checker = None
).to("cuda:0")
image = pipeline(
    prompt = "A photo with half cat and half dog",
    generator = torch.Generator("cuda:0").manual_seed(3)
).images[0]
image
```

你会看到图 12.1 中的结果。

图 12.1 半猫半狗的照片生成结果

半（half）字应直接应用于动物本身，而非整张图像。在这种情况下，我们可以使用 Compel 来生成一个将猫和狗融合在一起的文本嵌入。

在我们使用 Compel 包之前，首先需要安装它：

```
pip install compel
```

请注意，Compel 包能与 Diffusers 搭配使用，是因为它使用了来自 Stable Diffusion 模型文件的 tokenizer（类型：transformers.models.clip.tokenization_clip.CLIPTokenizer）和 text_encoder（类型：transformers.models.clip.modeling_clip.CLIPTextModel）来生成文本嵌入。在初始化 Compel 对象时，我们也要特别注意这一点：

```
from comp
compel = Compel(
    tokenizer = pipeline.tokenizer,
    text_encoder = pipeline.text_encoder
)
```

这个管道（类型：StableDiffusionPipeline）就是我们刚刚创建的 Stable Diffusion 管道。接下来，请使用以下格式生成一个融合提示：

```
prompt = '("A photo of cat", "A photo of dog").blend(0.5, 0.5)'
prompt_embeds = compel(prompt)
```

然后，通过 prompt_embeds 参数将文本嵌入添加到 Stable Diffusion 管道中：

```
image = pipeline(
    prompt_embeds = prompt_embeds,
    generator = torch.Generator("cuda:0").manual_seed(1)
).images[0]
image
```

我们会看到一种既像猫又像狗的宠物（如图 12.2 所示）。

我们可以调整融合中各个概念的比例，以便增加猫或狗的权重。我们把提示改成这样：

```
prompt = '("A photo of cat", "A photo of dog").blend(0.7, 0.3)'
```

我们会得到一张更像猫的照片，如图 12.3 所示。

Compel 不仅能进行提示词融合，还能在连接提示词时加不同权重。更多用法示例和功能详见 Syntax Features [2] 文档。

图 12.2　使用 Compel 创建的半猫半狗的融合照片　　　图 12.3　使用 Compel 创建的半猫半狗的融合照片——70% 是猫，30% 是狗

尽管我们在前面的例子中看到，使用 Compel 来融合提示是很简单的，但以下所示的融合提示在日常使用中显得奇怪且不直观：

```
prompt = '("A photo of cat", "A photo of dog").blend(0.7, 0.3)'
```

在我第一次阅读 Compel 代码库的示例代码时，这行代码引起了我的兴趣：("A photo of cat","A photo of dog").blend(0.7, 0.3)。这一字符串引发了几个问题，比如 blend() 函数是如何被调用的？然而，很显然，blend() 是提示字符串的一部分，而不是 Python 代码中可调用的函数。

相比之下，Stable Diffusion WebUI[3] 的提示融合功能更加用户友好。我们可以通过以下提示语法实现相同的融合效果：

```
[A photo of cat:A photo of dog:0.5]
```

在 Stable Diffusion WebUI 中，这个预设提示会在前 50% 的步骤渲染猫的照片，而在后 50% 的步骤渲染狗的照片。

另一种写法是这样的，你可以使用 | 操作符来替换提示：

```
[A photo of cat|A photo of dog]
```

前面的提示会让模型轮流渲染猫和狗的照片。换句话说，它会先渲染一张猫的照片，再渲染一张狗的照片，按照这个模式循环，直到整个渲染过程完成。

这两个调度功能同样可以通过 Diffusers 来实现。接下来，我们将探讨如何为 Diffusers 实现这两种高级提示调度功能。

12.3 构建自定义的计划提示管道

正如我们在第 5 章中讨论的那样，生成过程在每一步中利用输入提示嵌入对图像进行去噪。默认情况下，每个去噪步骤都会使用相同的嵌入。然而，为了更精确地控制生成过程，我们可以修改管道代码，为每个去噪步骤提供不同的嵌入。

以如下提示为例：

```
[A photo of cat:A photo of dog:0.5]
```

在整个 10 步的去噪过程中，我们希望在前 5 步中能显现出一张猫的照片，而在后 5 步中显现出一张狗的照片。为此，我们需要实现以下几个组件：

- 一个能够从提示中提取步骤编号的提示解析器
- 一种给提示词生成嵌入的方法，并创建一个与步骤编号相匹配的提示嵌入列表
- 一个从 Diffusers 管道衍生的新管道（`pipeline`）类，让我们能够在保留 Diffusers 管道所有现有功能的同时，将新功能加入该管道

接下来，让我们实现一个格式化提示解析器。

12.3.1 计划提示解析器

开源项目 Stable Diffusion WebUI 的源代码使用了 `lark`[4]——一个用于 Python 的解析工具包。我们也会用 `lark` 包来构建我们自定义的提示解析器。

请运行以下命令安装 `lark`：

```
pip install -U lark
```

以下代码中定义了与 Stable Diffusion WebUI 兼容提示格式：

```
import lark
schedule_parser = lark.Lark(r"""
!start: (prompt | /[][():]/+)*
prompt: (emphasized | scheduled | alternate | plain | WHITESPACE)*
!emphasized: "(" prompt ")"
        | "(" prompt ":" prompt ")"
        | "[" prompt "]"
scheduled: "[" [prompt ":"] prompt ":" [WHITESPACE] NUMBER "]"
alternate: "[" prompt ("|" prompt)+ "]"
WHITESPACE: /\s+/
plain: /([^\\\[\]():|]|\\.)+/
%import common.SIGNED_NUMBER -> NUMBER
""")
```

如果你打算深入研究语法，并且全面理解定义的每一个细节，请参考 `lark` 的官方

文档[5]。

接下来，我们会用到 Stable Diffusion WebUI 代码库中的 Python 函数。该函数使用 Lark schedule_parser 语法定义来解析输入提示：

```python
def get_learned_conditioning_prompt_schedules(prompts, steps):
    def collect_steps(steps, tree):
        l = [steps]
        class CollectSteps(lark.Visitor):
            def scheduled(self, tree):
                tree.children[-1] = float(tree.children[-1])
                if tree.children[-1] < 1:
                    tree.children[-1] *= steps
                tree.children[-1] = min(steps, int(tree.children[-1]))
                l.append(tree.children[-1])
            def alternate(self, tree):
                l.extend(range(1, steps+1))
        CollectSteps().visit(tree)
        return sorted(set(l))

    def at_step(step, tree):
        class AtStep(lark.Transformer):
            def scheduled(self, args):
                before, after, _, when = args
                yield before or () if step <= when else after
            def alternate(self, args):
                yield next(args[(step - 1)%len(args)])
            def start(self, args):
                def flatten(x):
                    if type(x) == str:
                        yield x
                    else:
                        for gen in x:
                            yield from flatten(gen)
                return ''.join(flatten(args))
            def plain(self, args):
                yield args[0].value
            def __default__(self, data, children, meta):
                for child in children:
                    yield child
        return AtStep().transform(tree)

    def get_schedule(prompt):
        try:
            tree = schedule_parser.parse(prompt)
        except lark.exceptions.LarkError as e:
            if 0:
                import traceback
```

```
            traceback.print_exc()
            return [[steps, prompt]]
    return [[t, at_step(t, tree)] for t in collect_steps(steps,
        tree)]

promptdict = {prompt: get_schedule(prompt) for prompt in
    set(prompts)}
return [promptdict[prompt] for prompt in prompts]
```

将总去噪步骤设为 10，并将该函数命名为 g：

```
steps = 10
g = lambda p: get_learned_conditioning_prompt_schedules([p], steps)[0]
```

现在，我们为这个函数提供一些提示，看看它的解析结果如何。

❏ 测试 #1：cat：

```
g("cat")
```

上面的代码会将"cat"这个输入文本解析成以下字符串：

```
[[10, 'cat']]
```

结果表明，全部 10 个步骤都会生成与猫相关的图像。

❏ 测试 #2：[cat:dog:0.5]。

将提示更改为 [cat:dog:0.5]：

```
g('[cat:dog:0.5]')
```

这个函数会生成如下结果：

```
[[5, 'cat'], [10, 'dog']]
```

结果是：前五步是 cat，后五步是 dog。

❏ 测试 #3：[cat|dog]。

这个函数还支持其他的输入语法。将提示更改为 [cat | dog]，在两个名称中间使用 | 操作符：

```
g('[cat|dog]')
```

提示解析器会生成以下结果：

```
[[1, 'cat'],
 [2, 'dog'],
 [3, 'cat'],
```

```
[4, 'dog'],
[5, 'cat'],
[6, 'dog'],
[7, 'cat'],
[8, 'dog'],
[9, 'cat'],
[10, 'dog']]
```

换句话说，cat 和 dog 会在每一步去噪的过程中交替使用提示。

到目前为止，它在解析提示方面可以正常工作。但是，在将其使用在管道之前，还需要进行一些额外的处理。

12.3.2 补充缺失的提示

在测试 #2 中，生成的结果仅包含两个元素。我们需要扩展结果列表，将每个步骤的提示都输出到结果中：

```
def parse_scheduled_prompts(text, steps=10):
    text = text.strip()
    parse_result = None
    try:
        parse_result = get_learned_conditioning_prompt_schedules(
            [text],
            steps = steps
        )[0]
    except Exception as e:
        print(e)

    if len(parse_result) == 1:
        return parse_result

    prompts_list = []

    for i in range(steps):
        current_prompt_step, current_prompt_content = \
            parse_result[0][0],parse_result[0][1]
        step = i + 1
        if step < current_prompt_step:
            prompts_list.append(current_prompt_content)
            continue

        if step == current_prompt_step:
            prompts_list.append(current_prompt_content)
            parse_result.pop(0)

    return prompts_list
```

Python 函数 parse_scheduled_prompts 接收两个参数：text 和 steps（默认为 10）。该函数处理给定的提示模板，根据条件生成一个完整的提示列表。

下面是对该函数每段代码的解释：

1. 用 try-except 块调用 get_learned_conditioning_prompt_schedules 函数，传入处理后的文本和指定的步数，结果保存在 parse_result 中。如果出现异常——例如语法错误，则会被捕获并输出。

2. 如果 parse_result 的长度为 1，则将 parse_result 作为最终输出返回。

3. 根据步数，循环执行以下操作：

Ⅰ. 从 parse_result 中获取当前提示的步骤和内容。

Ⅱ. 将循环计数器 i 增加 1，并将其存储在变量 step 中。

Ⅲ. 如果 step 小于当前提示的总步数，则将当前提示内容添加到 prompts_list，并进行下一次迭代。

Ⅳ. 如果 step 等于当前提示的总步数，则将当前提示内容添加到 prompts_list 中，并删除 parse_result 的第一个元素。

4. 将 prompts_list 作为最终输出返回。

该函数可以根据提示模板生成一个提示列表，并根据总步数将提示列表补全。

我们来调用这个函数做个测试：

```
prompt_list = parse_scheduled_prompts("[cat:dog:0.5]")
prompt_list
```

我们将得到如下提示列表：

```
['cat',
 'cat',
 'cat',
 'cat',
 'cat',
 'dog',
 'dog',
 'dog',
 'dog',
 'dog']
```

五个猫的提示和五个狗的提示——每一步去噪过程都会采用其中一个提示。

12.3.3　支持计划提示的 Stable Diffusion 管道

到目前为止，所有提示仍然是纯文本形式。我们需要使用自定义嵌入代码将无令牌数限制和加权的提示转换为嵌入，或者可以直接使用 Diffusers 的默认编码器生成嵌入，但有 77 个令牌的限制。

为了更清晰简洁地理解逻辑，本节我们将使用默认的文本编码器。一旦了解了其工作原理，我们就能轻松将其替换为第 10 章中构建的更强大的编码器。

我们要对原始 Diffusers 管道进行一个小改造，以支持这个嵌入列表，这次改造包括创建一个继承自 Diffusers 管道的新管道类。我们可以通过以下代码直接复用已初始化管道中的令牌解析器和文本编码器：

```
...
prompt_embeds = self._encode_prompt(
    prompt,
    device,
    num_images_per_prompt,
    do_classifier_free_guidance,
    negative_prompt,
    negative_prompt_embeds=negative_prompt_embeds,
)
...
```

下面将详细解释这段代码。我们在 scheduler_call 这个函数中实现了完整的逻辑（类似于 StableDiffusionPipeline 的 __call__ 函数）：

```
from typing import List, Callable, Dict, Any
from torch import Generator,FloatTensor
from diffusers.pipelines.stable_diffusion import (
    StableDiffusionPipelineOutput)
from diffusers import (
    StableDiffusionPipeline,EulerDiscreteScheduler)

class StableDiffusionPipeline_EXT(StableDiffusionPipeline):
    @torch.no_grad()
    def scheduler_call(
        self,
        prompt: str | List[str] = None,
        height: int | None = 512,
        width: int | None = 512,
        num_inference_steps: int = 50,
        guidance_scale: float = 7.5,
        negative_prompt: str | List[str] | None = None,
        num_images_per_prompt: int | None = 1,
        eta: float = 0,
        generator: Generator | List[Generator] | None = None,
        latents: FloatTensor | None = None,
        prompt_embeds: FloatTensor | None = None,
        negative_prompt_embeds: FloatTensor | None = None,
        output_type: str | None = "pil",
```

```python
    callback: Callable[[int, int, FloatTensor], None] | None = None,
    callback_steps: int = 1,
    cross_attention_kwargs: Dict[str, Any] | None = None,
):
    ...



    # 6. Prepare extra step kwargs. TODO: Logic should ideally
    # just be moved out of the pipeline
    extra_step_kwargs = self.prepare_extra_step_kwargs(
        generator, eta)

    # 7. Denoising loop
    num_warmup_steps = len(timesteps) - num_inference_steps * \
        self.scheduler.order
    with self.progress_bar(total=num_inference_steps) as \
        progress_bar:
        for i, t in enumerate(timesteps):
            # AZ code to enable Prompt Scheduling,
            # will only function when
            # when there is a prompt_embeds_l provided.
            prompt_embeds_l_len = len(embedding_list)
            if prompt_embeds_l_len > 0:
                # ensure no None prompt will be used
                pe_index = (i)%prompt_embeds_l_len
                prompt_embeds = embedding_list[pe_index]

            # expand the latents if we are doing classifier
            #free guidance
            latent_model_input = torch.cat([latents] * 2) \
                if do_classifier_free_guidance else latents
            latent_model_input = self.scheduler. \
                scale_model_input(latent_model_input, t)

            # predict the noise residual
            noise_pred = self.unet(
                latent_model_input,
                t,
                encoder_hidden_states=prompt_embeds,
                cross_attention_kwargs=cross_attention_kwargs,
            ).sample

            # perform guidance
            if do_classifier_free_guidance:
                noise_pred_uncond, noise_pred_text = \
                    noise_pred.chunk(2)
                noise_pred = noise_pred_uncond + guidance_scale * \
                    (noise_pred_text - noise_pred_uncond)
```

```
            # compute the previous noisy sample x_t -> x_t-1
            latents = self.scheduler.step(noise_pred, t, latents,
                **extra_step_kwargs).prev_sample

            # call the callback, if provided
            if i == len(timesteps) - 1 or ((i + 1) > \
            num_warmup_steps and (i + 1) % \
            self.scheduler.order == 0):
                progress_bar.update()
                if callback is not None and i % callback_steps== 0:
                    callback(i, t, latents)

    if output_type == "latent":
        image = latents
    elif output_type == "pil":
        # 8. Post-processing
        image = self.decode_latents(latents)
        image = self.numpy_to_pil(image)
    else:
        # 8. Post-processing
        image = self.decode_latents(latents)

    if hasattr(self, "final_offload_hook") and \
        self.final_offload_hook is not None:
        self.final_offload_hook.offload()

    return StableDiffusionPipelineOutput(images=image)
```

scheduler_call 这个 Python 函数是 StableDiffusionPipeline_EXT 类的方法，而这个类是 StableDiffusionPipeline 的子类。

下面是实现这个逻辑的步骤：

1. 为了获得更好的生成效果，我们先将默认计划器设置为 EulerDiscreteScheduler：

```
if self.scheduler._class_name == "PNDMScheduler":
    self.scheduler = EulerDiscreteScheduler.from_config(
        self.scheduler.config
    )
```

2. 准备 device 和 do_classifier_free_guidance 两个参数：

```
device = self._execution_device
do_classifier_free_guidance = guidance_scale > 1.0
```

3. 调用 parse_scheduled_prompts 函数来获取提示列表 prompt_list。这是我们在 12.3.2 节构建的函数：

```
prompt_list = parse_scheduled_prompts(prompt)
```

4. 如果未找到计划提示，则使用普通的提示逻辑：

```
embedding_list = []
if len(prompt_list) == 1:
    prompt_embeds = self._encode_prompt(
        prompt,
        device,
        num_images_per_prompt,
        do_classifier_free_guidance,
        negative_prompt,
        negative_prompt_embeds=negative_prompt_embeds,
    )
else:
    for prompt in prompt_list:
        prompt_embeds = self._encode_prompt(
            prompt,
            device,
            num_images_per_prompt,
            do_classifier_free_guidance,
            negative_prompt,
            negative_prompt_embeds=negative_prompt_embeds,
        )
        embedding_list.append(prompt_embeds)
```

在步骤 4 中，代码对输入的提示进行处理，然后生成提示嵌入。输入的提示可以是一个字符串或一个字符串列表。首先将输入的提示解析成一个名为 `prompt_list` 的列表。如果列表中只有一个提示，则函数会直接使用 `_encode_prompt` 方法对其进行嵌入编码，并将结果存储在 `prompt_embeds` 中。如果有多个提示，则函数会遍历 `prompt_list`，并分别使用 `_encode_prompt` 方法对每个提示进行嵌入编码。生成的嵌入结果会存储在 `embedding_list` 这个列表中。

5. 准备扩散过程中的时间步长：

```
self.scheduler.set_timesteps(num_inference_steps, device=device)
timesteps = self.scheduler.timesteps
```

6. 准备潜变量以初始化 `latents` 张量（这是一个 PyTorch 张量）：

```
num_channels_latents = self.unet.in_channels
batch_size = 1
latents = self.prepare_latents(
    batch_size * num_images_per_prompt,
    num_channels_latents,
    height,
```

```
        width,
        prompt_embeds.dtype,
        device,
        generator,
        latents,
    )
```

7. 实现去噪的循环：

```
num_warmup_steps = len(timesteps) - num_inference_steps * \
    self.scheduler.order
with self.progress_bar(total=num_inference_steps) as \
    progress_bar:
    for i, t in enumerate(timesteps):
        # custom code to enable Prompt Scheduling,
        # will only function when
        # when there is a prompt_embeds_l provided.
        prompt_embeds_l_len = len(embedding_list)
        if prompt_embeds_l_len > 0:
            # ensure no None prompt will be used
            pe_index = (i)%prompt_embeds_l_len
            prompt_embeds = embedding_list[pe_index]

        # expand the latents if we are doing
        # classifier free guidance
        latent_model_input = torch.cat([latents] * 2) \
            if do_classifier_free_guidance else latents
        latent_model_input = \
            self.scheduler.scale_model_input(
                latent_model_input, t)

        # predict the noise residual
        noise_pred = self.unet(
            latent_model_input,
            t,
            encoder_hidden_states=prompt_embeds,
            cross_attention_kwargs=cross_attention_kwargs,
        ).sample

        # perform guidance
        if do_classifier_free_guidance:
            noise_pred_uncond, noise_pred_text = \
                noise_pred.chunk(2)
            noise_pred = noise_pred_uncond + guidance_scale * \
                (noise_pred_text - noise_pred_uncond)

        # compute the previous noisy sample x_t -> x_t-1
        latents = self.scheduler.step(noise_pred, t,
```

```
            latents).prev_sample

        # call the callback, if provided
        if i == len(timesteps) - 1 or ((i + 1) >
            num_warmup_steps and (i + 1) %
            self.scheduler.order == 0):
            progress_bar.update()
            if callback is not None and i % callback_steps == 0:
                callback(i, t, latents)
```

在步骤 7 中，去噪循环会逐步遍历扩散过程的每个时间步。如果启用了计划提示（即 embedding_list 中有多个提示嵌入），则函数会在当前时间步选择对应的提示嵌入。embedding_list 的长度存储在 prompt_embeds_1_len 中。如果 prompt_embeds_1_len 大于 0，则说明计划提示已被启用。函数使用取模运算符（%）来计算当前时间步 i 对应的 pe_index 索引。这确保索引根据 embedding_list 的长度进行循环，并在每个时间步选择对应的提示嵌入。选定提示嵌入后，将其放到 prompt_embeds。

8. 最后是降噪的后处理步骤。

```
image = self.decode_latents(latents)
image = self.numpy_to_pil(image)
return StableDiffusionPipelineOutput(images=image,
    nsfw_content_detected=None)
```

在最后一步，我们使用 decode_latents() 函数将图像数据从潜空间转换为像素空间。使用 StableDiffusionPipelineOutput 类是为了确保从管道返回的输出具有一致的结构。我们在这里使用它是为了让我们的管道能够与 Diffusers 管道兼容。你也可以在本章相关的代码文件中找到完整的代码。

现在让我们运行它，看看结果吧：

```
pipeline = StableDiffusionPipeline_EXT.from_pretrained(
    "stablediffusionapi/deliberate-v2",
    torch_dtype = torch.float16,
    safety_checker = None
).to("cuda:0")
prompt = "high quality, 4k, details, A realistic photo of cute \
[cat:dog:0.6]"
neg_prompt = "paint, oil paint, animation, blur, low quality, \
bad glasses"
image = pipeline.scheduler_call(
    prompt = prompt,
    negative_prompt = neg_prompt,
    generator = torch.Generator("cuda").manual_seed(1)
```

```
).images[0]
image
```

我们应当看到如图 12.4 所示的图像。

以下是另一个提示 [cat|dog] 的示例:

```
prompt = "high quality, 4k, details, A realistic photo of white \
[cat|dog]"
neg_prompt = "paint, oil paint, animation, blur, low quality, bad \
glasses"
image = pipeline.scheduler_call(
    prompt = prompt,
    negative_prompt = neg_prompt,
    generator = torch.Generator("cuda").manual_seed(3)
).images[0]
image
```

我们使用提示 [cat|dog] 生成的图像和图 12.5 类似。

图 12.4　使用自定义计划提示管道生成的 60% 猫和 40% 狗的融合照片

图 12.5　使用 [cat|dog] 作为提示,通过自定义计划提示管道生成的一张猫狗融合照片

如果你看到了如图 12.4 和图 12.5 所示的半猫半狗图像,那么你已经成功构建了自定义的计划提示。

12.4　总结

在本章中,我们介绍了两种计划提示生成图像的解决方案。第一个解决方案是使用现有的 Compel 包,这是最简单的使用方式。只需安装这个包,就可以使用其提示融合功能,将两个或多个概念融合在一个提示中。

第二种解决方案是一个自定义管道：它首先解析提示字符串，然后为每个去噪步骤准备提示列表。自定义管道循环遍历提示列表，生成嵌入列表。最后，`scheduler_call` 函数利用嵌入列表中的提示嵌入，精准控制了的图像的生成。

如果你成功地实现了自定义计划管道，就能更精准地掌控生成过程。说到控制，我们将在第 13 章探索另一种图像生成控制方法——ControlNet。

12.5 参考文献

1. Compel: https://github.com/damian0815/compel
2. Compel Syntax Features: https://github.com/damian0815/compel/blob/main/doc/syntax.md
3. Stable Diffusion WebUI Prompt Editing: https://github.com/AUTOMATIC1111/stable-diffusion-webui/wiki/Features#prompt-editing
4. Lark – a parsing toolkit for Python: https://github.com/lark-parser/lark
5. Lark usage document: https://lark-parser.readthedocs.io/en/stable/

PART 3

第三部分

高级主题

在第一部分和第二部分中,我们介绍了 Stable Diffusion 的基本原理、自定义选项和优化技术。现在,是时候进入更高级的领域了,我们将探索尖端应用、创新模型和专家级策略,以生成更出色的视觉内容。

本部分(第 13 ~ 17 章)将带你踏上激动人心的旅程,探索 Stable Diffusion 的最新发展。你将学习如何使用 ControlNet 生成具有前所未有控制力的图像,使用 AnimateDiff 制作迷人的视频,以及使用强大的视觉语言模型(如 BLIP-2 和 LLaVA)从图像中提取有意义的描述。此外,你还将了解 Stable Diffusion XL,这是 Stable Diffusion 模型的更新、更强大的版本。

最重要的是,我们将深入研究为 Stable Diffusion 编写优化提示的艺术,包括编写有效提示和利用大型语言模型自动化该过程的技术。在本部分结束时,你将拥有处理复杂项目、突破 Stable Diffusion 的界限和开启新的创作可能性的专业知识。准备好释放你的全部潜力并产生惊人的成果吧!

CHAPTER13

第 13 章

使用 ControlNet 生成图像

Stable Diffusion 的 ControlNet 是一个神经网络插件，通过添加额外条件来控制扩散模型。它首次出现在 Lvmin Zhang 和 Maneesh Agrawala 于 2023 年发表的论文"Adding Conditional Control to Text-to-Image Diffusion Models"中。

本章将探讨以下主题：
- 什么是 ControlNet？它有哪些独特之处？
- 如何使用 ControlNet
- 在管道中使用多个 ControlNet
- ControlNet 的工作原理
- ControlNet 的更多用法

在本章结束时，你将熟悉 ControlNet 的工作原理，并学会使用 Stable Diffusion v1.5 和 Stable Diffusion XL 的 ControlNet 模型。

13.1 什么是 ControlNet，它有哪些独特之处

在"控制"方面，你可能还记得文本嵌入、LoRA 和图像到图像的扩散管道。但是，ControlNet 为何与众不同且如此有用呢？

与其他解决方案不同，ControlNet 是一种直接作用于 UNet 扩散过程的模型。在表 13.1 中，我们对这些解决方案进行了比较。

表 13.1 文本嵌入、LoRA、图像到图像和 ControlNet 的比较

控制方法	作用阶段	使用场景
文本嵌入	文本编码器	添加新风格、新概念或新面孔
LoRA	将 LoRA 权重合并到 UNet 模型（以及 CLIP 文本编码器，可选）	添加一组风格、概念，并生成内容
图像到图像	提供初始潜在图像	修复图像，或向图像添加风格和概念
ControlNet	ControlNet 参与去噪，以及检查点模型 UNet	控制形状、姿势、内容细节

在很多方面，ControlNet 与我们在第 11 章讨论的图像到图像管道非常相似。它们都可以用于图像增强。

然而，ControlNet 可以更加精准地"控制"图像。试想一下，你希望生成一幅图像，其中采用另一幅图像中的特定姿势，或者你想将场景中的物体精确对齐到某个特定的参考点。这种精确度是 Stable Diffusion 的开箱即用模型无法达到的。ControlNet 是实现这些目标的利器。

此外，ControlNet 模型可以与所有其他开源检查点模型配合使用，而不像某些解决方案，只能与其作者提供的单一基础模型兼容。创建 ControlNet 的团队不仅开源了模型，还开源了训练新模型的代码。换句话说，我们可以训练一个 ControlNet 模型，并使其与任何其他模型配合使用。正如原始论文中所提到的[1]：

由于 Stable Diffusion 是一种典型的 UNet 结构，因此这种 ControlNet 架构很可能适用于其他模型。

请注意，ControlNet 模型只能与使用相同基础模型的模型一起工作。Stable Diffusion v1.5 的 ControlNet 模型可以与所有其他 Stable Diffusion v1.5 模型一起使用。对于 Stable Diffusion XL 模型，我们需要使用 Stable Diffusion XL 训练的 ControlNet。这是因为 Stable Diffusion XL 模型使用了不同的架构（比 Stable Diffusion XL v1.5 更大的 UNet）。如果不做额外的调整，则 ControlNet 模型只能和它在训练阶段使用的模型架构相同的模型一起工作。

我之所以说"如果不做额外的调整"，是因为在 2023 年 12 月，为了弥合这一差距，Lingmin Ran 等人发表了一篇名为"X-Adapter: Adding Universal Compatibility of Plugins for Upgraded Diffusion Model"的论文[8]。这篇论文详细介绍了一种适配器，使我们能够在新的 Stable Diffusion XL 模型中使用 Stable Diffusion v1.5 的 LoRA 和 ControlNet。

接下来，让我们开始把 ControlNet 与 Stable Diffusion 模型结合起来使用吧。

13.2 如何使用 ControlNet

在深入探讨 ControlNet 背后的原理之前,本节将首先教大家如何使用 ControlNet 来协助控制图像生成。

在下面的例子中,我们会先用 Stable Diffusion 生成一张图像,提取其中对象的 Canny 边缘,再用 ControlNet 和提取到的 Canny 边缘生成一张新图像。

> **注意**
> Canny 图像指的是经过 Canny 边缘检测处理的图像。这个非常流行的边缘检测算法是由 John F. Canny 在 1986 年提出的[7]。

我们先用 Stable Diffusion 生成一张图像,代码如下。

1. 使用 Stable Diffusion 生成示例图像:

```python
import torch
from diffusers import StableDiffusionPipeline

# load model
text2img_pipe = StableDiffusionPipeline.from_pretrained(
    "stablediffusionapi/deliberate-v2",
    torch_dtype = torch.float16
).to("cuda:0")

# generate sample image
prompt = """
high resolution photo,best quality, masterpiece, 8k
A cute cat stand on the tree branch, depth of field, detailed body
"""

neg_prompt = """
paintings,ketches, worst quality, low quality, normal quality,
lowres,
monochrome, grayscale
"""

image = text2img_pipe(
    prompt = prompt,
    negative_prompt = neg_prompt,
    generator = torch.Generator("cuda").manual_seed(7)
).images[0]
image
```

我们将看到一张猫的图像，如图 13.1 所示。

图 13.1　由 Stable Diffusion 生成的一只猫

2. 接下来，我们将获取示例图像的 Canny 边缘。

我们需要安装 controlnet_aux 软件包，来完成从图像生成 Canny 图像的过程。运行以下两行 pip 命令即可安装 controlnet_aux：

```
pip install opencv-contrib-python
pip install controlnet_aux
```

我们只需三行代码就能提取图像的 Canny 边缘：

```
from controlnet_aux import CannyDetector
canny = CannyDetector()
image_canny = canny(image, 30, 100)
```

以下是代码的详细说明。

- `from controlnet_aux import CannyDetector`：从 controlnet_aux 模块中导入 CannyDetector 类。除此之外，还有许多其他检测器可供选择。
- `image_canny = canny(image, 30, 100)`：这一行代码调用了 CannyDetector 类（该类被实现为一个可调用对象）的 __call__ 方法，并传入以下参数：
  - `image`：这是 Canny 边缘检测算法的输入图像。
  - `30`：这是边缘的阈值。任何梯度低于该值的边缘都会被舍弃。
  - `100`：这是强边缘的阈值。任何梯度超过该值的边缘都会被视为强边缘。

前面的代码将生成如图 13.2 所示的 Canny 图像。

图 13.2　猫的 Canny 图像

3. 接下来，我们将使用 ControlNet 模型，基于这张 Canny 图像生成一幅新图像。首先，我们加载 ControlNet 模型：

```
from diffusers import ControlNetModel
canny_controlnet = ControlNetModel.from_pretrained(
    'takuma104/control_v11',
    subfolder='control_v11p_sd15_canny',
    torch_dtype=torch.float16
)
```

该代码将在你第一次运行时，自动从 Hugging Face 下载 ControlNet 模型。如果你已经有存储中的 ControlNet safetensors 模型并希望使用自己的模型，则可以先将文件转换为 diffuser 格式。转换代码见第 6 章。然后，将 takuma104/control_v11 替换为你本地的 ControlNet 模型的路径。

4. 初始化一个 ControlNet 管道：

```
from diffusers import StableDiffusionControlNetImg2ImgPipeline
cn_pipe = \
    StableDiffusionControlNetImg2ImgPipeline.from_pretrained(
    "stablediffusionapi/deliberate-v2",
    torch_dtype = torch.float16,
    controlnet = canny_controlnet
)
```

请注意，你可以将 stablediffusionapi/deliberate-v2 替换为社区中的任何其他 Stable Diffusion v1.5 模型。

5. 利用 ControlNet 管道生成新图像。在以下示例中，我们将猫换成了狗：

```
prompt = """
high resolution photo,best quality, masterpiece, 8k
A cute dog stand on the tree branch, depth of field, detailed
body
"""

neg_prompt = """
paintings,ketches, worst quality, low quality, normal quality,
lowres,
monochrome, grayscale
"""
image_from_canny = single_cn_pipe(
    prompt = prompt,
    negative_prompt = neg_prompt,
    image = canny_image,
    generator = torch.Generator("cuda").manual_seed(2),
    num_inference_steps = 30,
    guidance_scale = 6.0
).images[0]
image_from_canny
```

这些代码会根据 Canny 边缘生成一张新图像，但图中的小猫现在变成了一只狗，如图 13.3 所示。

猫的身体结构和形状得以保留。你可以随意更改提示和设置，探索这个模型的惊人能力。需要注意的是，如果你没有向 ControlNet 管道提供提示，那么管道仍然会输出有意义的图像，也许是另一种风格的猫，这是因为 ControlNet 模型学习了某个 Canny 边缘的潜在含义。

在这个例子中，我们仅使用了一个 ControlNet 模型，我们也可以在同一管道中添加多个 ControlNet 模型。

图 13.3　使用猫的 Canny 图像和 ControlNet 生成的一只狗

13.3　在管道中使用多个 ControlNet

在本节中，我们将初始化另一个名字叫 NormalBAE 的 ControlNet，然后将 Canny 和 NormalBAE ControlNet 模型一起输入，形成一个管道。

作为对照图像，让我们额外生成一个 NormalBAE 图像。NormalBAE 是一种通过 Bae 等人提出的法线不确定性方法[4]来估计法线图（也叫法线贴图）的模型：

```
from controlnet_aux import NormalBaeDetector
normal_bae = \
    NormalBaeDetector.from_pretrained("lllyasviel/Annotators")
image_canny = normal_bae(image)
image_canny
```

这段代码会生成原始图像的 NormalBAE 图，如图 13.4 所示。

图 13.4　使用 NormalBAE 生成的猫的图像

现在，我们为一个管道初始化两个 ControlNet 模型：一个是 Canny ControlNet 模型，另一个是 NormalBAE ControlNet 模型：

```
from diffusers import ControlNetModel
canny_controlnet = ControlNetModel.from_pretrained(
    'takuma104/control_v11',
    subfolder='control_v11p_sd15_canny',
    torch_dtype=torch.float16
)
bae_controlnet = ControlNetModel.from_pretrained(
    'takuma104/control_v11',
    subfolder='control_v11p_sd15_normalbae',
    torch_dtype=torch.float16
)
controlnets = [canny_controlnet, bae_controlnet]
```

从代码中我们不难看出，所有 ControlNet 模型都具有相同的结构。要加载不同的 ControlNet 模型，我们只需更改模型名称。此外，请注意这两个 ControlNet 模型都保存在

controlnets list 中。我们可以直接将这些 ControlNet 模型提供给管道，如下所示：

```
from diffusers import StableDiffusionControlNetPipeline
two_cn_pipe = StableDiffusionControlNetPipeline.from_pretrained(
    "stablediffusionapi/deliberate-v2",
    torch_dtype = torch.float16,
    controlnet = controlnets
).to("cuda")
```

在推理阶段，通过使用一个额外的参数 controlnet_conditioning_scale 来调节每个 ControlNet 的影响范围：

```
prompt = """
high resolution photo,best quality, masterpiece, 8k
A cute dog on the tree branch, depth of field, detailed body,
"""

neg_prompt = """
paintings,ketches, worst quality, low quality, normal quality, lowres,
monochrome, grayscale
"""
image_from_2cn = two_cn_pipe(
    prompt = prompt,
    image = [canny_image,bae_image],
    controlnet_conditioning_scale = [0.5,0.5],
    generator = torch.Generator("cuda").manual_seed(2),
    num_inference_steps = 30,
    guidance_scale = 5.5
).images[0]
image_from_2cn
```

此代码将生成另一张图像，如图 13.5 所示。

通过代码 controlnet_conditioning_scale = [0.5, 0.5]，我为每个 ControlNet 模型都设置了 0.5 的比例值。这两个比例值相加等于 1.0。我们应确保权重总和不超过 2。设定过高的值会导致图像效果不佳。例如，如果为每个 ControlNet 模型分别设置 1.2 和 1.3 的权重，如 controlnet_conditioning_scale = [1.2, 1.3]，则可能会生成不理想的图像。

如果我们使用 ControlNet 模型成功生成了图像，那么我们就共同见证了 ControlNet 的强大功能。接下来我们将讨论 ControlNet 的工作原理。

图 13.5 使用 Canny ControlNet 和 NormalBAE ControlNet 生成的一只狗

13.4 ControlNet 的工作原理

在本节中,我们将深入剖析 ControlNet 的架构,并探究其内部运作机制。

ControlNet 的工作原理是将额外的条件注入神经网络的块中。如图 13.6 所示,可训练副本是 ControlNet 块,它向原始 Stable Diffusion UNet 块中添加额外的引导。

在训练阶段,我们将目标层块复制一份作为 ControlNet 块。在图 13.6 中,它被表示为一个可训练副本。与典型的神经网络初始化(所有参数都使用高斯分布)不同,ControlNet 利用 Stable Diffusion 基础模型的预训练权重。这些基础模型的大部分参数都是固定不变的(可以之后做解冻),只有额外的 ControlNet 组件从头开始训练。

在训练和推理阶段,输入 x 通常是一个三维向量,表示为 $x \in \mathbb{R}^{h \times w \times c}$,其中 h 代表高度,w 代表宽度,c 代表通道数。c 是一个条件向量,我们会将其传递给 Stable Diffusion UNet 和 ControlNet 模型网络。

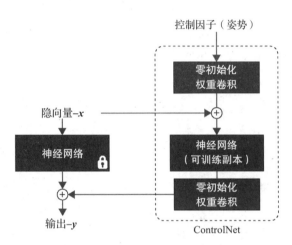

图 13.6 添加 ControlNet 组件

零卷积在这个过程中起着关键作用。零卷积是指权重和偏差初始化为零的一维卷积。零卷积的优势在于,即使没有经过任何训练步骤,从 ControlNet 注入的值也不会对图像的生成有任何影响。这确保了侧网络在任何阶段都不会对图像生成产生负面影响。

你可能会想:如果一个卷积层的权重为零,那么它的梯度不也为零吗,这样网络不就无法学习了吗?然而,正如论文作者所解释的[5],实际情况更加微妙。

让我们考虑一个简单的案例:

$$y=wx+b$$

我们有以下推导:

$$\partial y / \partial w = x, \partial y / \partial x = w, \partial y / \partial b = 1$$

如果 $w=0$ 且 $x \neq 0$,那么有以下情况:

$$\partial y / \partial w \neq 0, \partial y / \partial x = 0, \partial y / \partial b \neq 0$$

这意味着,只要 $x \neq 0$,一次梯度下降迭代将使 w 非零。接下来,我们有:

$$\partial y / \partial x \neq 0$$

所以，零卷积会逐渐转变为具有非零权重的普通卷积层。这真是个天才的设计！

Stable Diffusion UNet 仅在编码器和中间块处连接 ControlNet。为了构建 ControlNet，增加了可训练的蓝色模块和白色的零卷积层。这种方法既简单又高效。

在 Lvmin Zhang 等人撰写的原始论文"Adding Conditional Control to Text-to-Image Diffusion Models"[1]中，作者进行了消融研究，并探讨了多种情况，例如将零卷积层与传统卷积层进行交换，并比较其差异。这是一篇优秀的论文，读起来也非常有趣。

13.5 ControlNet 的更多用法

在本节中，我们将介绍更多关于 ControlNet 的使用方法，涵盖 Stable Diffusion v1.5 和 Stable Diffusion XL。

13.5.1 更多 Stable Diffusion 与 ControlNet 结合的例子

截至我撰写本章时，ControlNet-v1-1-nightly[3]的作者列出了所有当前可用于 Stable Diffusion 的 V1.1 ControlNet 模型。列表如下：

```
control_v11p_sd15_canny
control_v11p_sd15_mlsd
control_v11f1p_sd15_depth
control_v11p_sd15_normalbae
control_v11p_sd15_seg
control_v11p_sd15_inpaint
control_v11p_sd15_lineart
control_v11p_sd15s2_lineart_anime
control_v11p_sd15_openpose
control_v11p_sd15_scribble
control_v11p_sd15_softedge
control_v11e_sd15_shuffle
control_v11e_sd15_ip2p
control_v11f1e_sd15_tile
```

你可以简单地将 ControlNet 模型的名称替换为列表中的任意一个。使用开源的 ControlNet 辅助模型中的某个注释器生成控制图像[6]。

鉴于人工智能领域的发展迅速，当你阅读本书时，版本可能已经更新到 v1.1+。但是它们的底层原理是一致的。

13.5.2 Stable Diffusion XL 的 ControlNet

在我撰写本章时，Stable Diffusion XL 刚刚发布。这款新模型能够用比以往更短的提示词生成出色的图像。Hugging Face Diffusers 团队为 XL 模型训练并提供了多种 ControlNet 模型。它的使用方式与之前的版本几乎一致。这里我们使用针对 Stable Diffusion XL 的 `controlnet-openpose-sdxl-1.0` 模型。

请注意，运行以下示例时，你需要一块显存超过 15GB 的专用 GPU。

让我们用下面的代码来初始化一个 Stable Diffusion XL 管道：

```
import torch
from diffusers import StableDiffusionXLPipeline
sdxl_pipe = StableDiffusionXLPipeline.from_pretrained(
    "RunDiffusion/RunDiffusion-XL-Beta",
    torch_dtype = torch.float16,
    load_safety_checker = False
)
sdxl_pipe.watermark = None
```

然后，生成一张有男性人物的图像：

```
from diffusers import EulerDiscreteScheduler
prompt = """
full body photo of young man, arms spread
white blank background,
glamour photography,
upper body wears shirt,
wears suit pants,
wears leather shoes
"""
neg_prompt = """
worst quality,low quality, paint, cg, spots, bad hands,
three hands, noise, blur, bad anatomy, low resolution, blur face, bad
face
"""
sdxl_pipe.to("cuda")

sdxl_pipe.scheduler = EulerDiscreteScheduler.from_config(
    sdxl_pipe.scheduler.config)
image = sdxl_pipe(
    prompt = prompt,
    negative_prompt = neg_prompt,
    width = 832,
    height = 1216
).images[0]
sdxl_pipe.to("cpu")
torch.cuda.empty_cache()
image
```

这段代码会生成如图 13.7 所示的图像。

图 13.7　由 Stable Diffusion XL 生成的穿西装的男子

我们可以借助 controlnet_aux[6] 中的 OpenposeDetector 来提取姿态：

```
from controlnet_aux import OpenposeDetector
open_pose = \
    OpenposeDetector.from_pretrained("lllyasviel/Annotators")
pose = open_pose(image)
pose
```

我们将得到如图 13.8 所示的姿态图像。

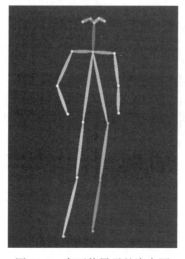

图 13.8　穿西装男子的姿态图

现在，我们用controlnet-openpose-sdxl-1.0模型启动一个Stable Diffusion XL管道：

```
from diffusers import StableDiffusionXLControlNetPipeline
from diffusers import ControlNetModel
sdxl_pose_controlnet = ControlNetModel.from_pretrained(
    "thibaud/controlnet-openpose-sdxl-1.0",
    torch_dtype=torch.float16,
)

sdxl_cn_pipe = StableDiffusionXLControlNetPipeline.from_pretrained(
    "RunDiffusion/RunDiffusion-XL-Beta",
    torch_dtype = torch.float16,
    load_safety_checker = False,
    add_watermarker = False,
    controlnet = sdxl_pose_controlnet
)
sdxl_cn_pipe.watermark = None
```

现在我们可以通过新的ControlNet管道，从姿态图生成风格一致的新图像。我们将重复使用提示词，但将男性替换为女性。我们的目标是生成一张女性穿着西装的新图像，其姿态与之前的男性图像相同：

```
from diffusers import EulerDiscreteScheduler
prompt = """
full body photo of young woman, arms spread
white blank background,
glamour photography,
wear sunglass,
upper body wears shirt,
wears suit pants,
wears leather shoes
"""
neg_prompt = """
worst quality,low quality, paint, cg, spots, bad hands,
three hands, noise, blur, bad anatomy, low resolution,
blur face, bad face
"""
sdxl_cn_pipe.to("cuda")

sdxl_cn_pipe.scheduler = EulerDiscreteScheduler.from_config(
    sdxl_cn_pipe.scheduler.config)
generator = torch.Generator("cuda").manual_seed(2)

image = sdxl_cn_pipe(
    prompt = prompt,
```

```
    negative_prompt = neg_prompt,
    width = 832,
    height = 1216,
    image = pose,
    generator = generator,
    controlnet_conditioning_scale = 0.5,
    num_inference_steps = 30,
    guidance_scale = 6.0
).images[0]
sdxl_cn_pipe.to("cpu")
torch.cuda.empty_cache()
image
```

我们的代码创建了一张新图像，完全符合预期，如图 13.9 所示。

图 13.9　由 Stable Diffusion XL ControlNet 生成的穿西装的女子

我们将在第 16 章深入探讨 Stable Diffusion XL。

13.6　总结

在本章中，我们介绍了一种使用 Stable Diffusion ControlNet 精确控制图像生成的方法。通过详细的示例，你已经学会利用一个或多个集成了 Stable Diffusion v1.5 或 Stable Diffusion XL 的 ControlNet 模型进行图像生成。

我们又深入分析了 ControlNet 的内部构造，并简要阐述了其运行原理。

我们可以在各种应用中使用 ControlNet，包括为图像添加风格、调整图像形状、合并两幅图像，或通过姿态图像生成人像。它在各个方面都非常强大且实用。唯一的限制是我们的想象力。

不过，当你将生成的图像拼接成视频的时候，很难对齐使用不同种子生成的两个图像的背景和整体上下文。你或许会考虑用 ControlNet 从源视频中提取帧来生成视频，但效果仍然不理想。

在第 14 章中，我们将探讨使用 Stable Diffusion 生成视频和动画的解决方案。

13.7 参考文献

1. Adding conditional control to text-to-image diffusion models: `https://arxiv.org/abs/2302.05543`
2. ControlNet v1.0 GitHub repository: `https://github.com/lllyasviel/ControlNet`
3. ControlNet v1.1 GitHub repository: `https://github.com/lllyasviel/ControlNet-v1-1-nightly`
4. `surface_normal_uncertainty`: `https://github.com/baegwangbin/surface_normal_uncertainty`
5. Zero convolution FAQ: `https://github.com/lllyasviel/ControlNet/blob/main/docs/faq.md`
6. ControlNet AUX: `https://github.com/patrickvonplaten/controlnet_aux`
7. Canny edge detector: `https://en.wikipedia.org/wiki/Canny_edge_detector`
8. X-Adapter: Adding Universal Compatibility of Plugins for Upgraded Diffusion Model: `https://showlab.github.io/X-Adapter/`

CHAPTER14

第14章

使用 Stable Diffusion 生成视频

借助 Stable Diffusion 模型的强大功能，我们能够通过 LoRA、文本嵌入和 ControlNet 等技术生成高质量图像。从静态图像到动态内容（即视频）是一个自然的发展过程。我们能否利用 Stable Diffusion 模型生成一致的视频？

尽管 Stable Diffusion 模型的 UNet 架构在处理单张图像时效果显著，但在处理多张图像时缺乏上下文意识。因此，即使使用相同的提示和参数，不同的种子也会使生成一致或相关的图像变得困难。由于模型自身的随机性，生成的图像在颜色、形状或风格上可能会有很大差异。

有人可能会考虑使用图像到图像管道或 ControlNet 方法，将视频片段分割成单个图像，并依次处理每个图像。然而，在整个序列中保持一致性仍然是一个难题，特别是在进行重大变化时（例如将真实视频转换成卡通）。即使姿势对齐，输出的视频仍可能会出现明显的闪烁。

突破性的进展来自 Yuwei Gao 及其同事发布的论文"AnimateDiff: Animating Your Personalized Text-to-Image Diffusion Models without Specific Tuning"[1]。这项工作为从文本生成一致的图像奠定了基础，使短视频制作成为可能。

在本章中，我们将深入探讨以下内容：
- 文本到视频生成的原理
- AnimateDiff 的实际应用
- 使用 Motion LoRA 控制动画运动

在本章结束时，你将掌握视频生成的理论知识，深入了解 AnimateDiff 的工作机制，以及这种方法在创建一致连贯图像方面的有效性。利用我们提供的示例代码，你可以生成一个 16 帧的视频。然后，你可以使用 Motion LoRA 来控制动画的动作。

请注意，本章的成果无法在纸质或电子书等静态格式中完全展现。为获得最佳体验，我们鼓励你亲自运行相关的示例代码，并观看生成的视频。

14.1 技术要求

在本章中，我们将使用 Diffusers 库中的 `AnimateDiffPipeline` 来生成视频。你无须安装任何额外的工具或软件包，因为从 Diffusers 0.23.0 版本起，它已经包含了所有必要的组件和类。在整章内容中，我会一步步指导你如何使用这些功能。

要将结果导出为 MP4 视频格式，你需要安装名为 `opencv-python` 的软件包。

```
pip install opencv-python
```

另外请注意，使用 `AnimateDiffPipeline` 生成一个 16 帧、分辨率为 256×256 的视频剪辑时，至少需要 8GB 的显存。

14.2 文本到视频生成的原理

虽然 Stable Diffusion UNet 在生成单张图像时效果显著，但由于缺乏上下文意识，它在生成一致图像方面表现欠佳。研究人员提出了一些解决方法，比如从前一帧或前两帧中引入时间信息。然而，这种方法仍无法保证像素级别的一致性，导致连续图像之间存在显著差异，并在生成的视频中产生闪烁效果。

为了解决这个不一致的问题，AnimateDiff 的作者训练了一个独立的运动模型——零初始化的卷积辅助模型——其工作原理类似于 ControlNet 模型。此外，运动模型不是用于控制单个图像，而是用于处理一系列连续的帧，如图 14.1 所示。

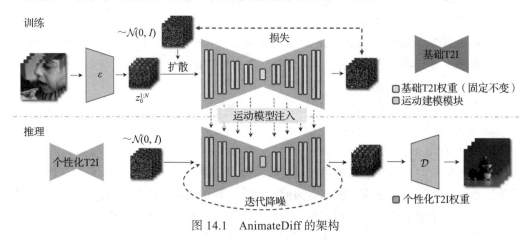

图 14.1 AnimateDiff 的架构

这个过程包括在视频数据集中训练一个运动建模模块，以提取运动先验，同时保持基础的 Stable Diffusion 模型固定不变。运动先验是指关于运动的预先知识，用来指导或定制视频的生成。在训练阶段，Stable Diffusion UNet 中加入了一个称为 Motion UNet 的运动模块。类似于常规的 Stable Diffusion v1.5 UNet 训练，这个 Motion UNet 将会同时处理所有帧，我们可以将它们视为同一视频片段中的一组图像。

例如，如果我们输入一个包含 16 帧的视频，带有注意力头的运动模块将被训练以考虑所有 16 帧。检查方法实现的源码可以发现，`TransformerTemporalModel`[4] 是 `MotionModules`[3] 的核心组件。

在推理过程中，如果我们想生成视频，就会加载运动模块，并将其权重与 Stable Diffusion UNet 合并。当我们希望生成 16 帧视频时，管道首先会用高斯噪声 $\mathcal{N}(0,1)$ 初始化 16 个随机潜变量。如果没有运动模块，则 Stable Diffusion UNet 会去除噪声并生成 16 个独立的图像。然而，借助内置 Transformer 注意力头的运动模块，运动 UNet 会尝试生成 16 个相关的帧。你可能会问：为什么这些图像有关联呢？那是因为训练视频中的帧彼此关联。在去噪阶段完成后，VAE 的解码器 $\mathcal{D}$ 会将这 16 个潜变量转化为像素图像。

Motion UNet 负责在生成视频时引入连续帧之间的关联性。这就像一幅图像中不同区域之间的联系。由于注意力头会关注图像的不同部分，模型在训练过程中学到了这些知识。同样，在视频生成过程中，模型在训练阶段学会了帧与帧之间的关联性。

从本质上讲，这种方法设计了一个在连续图像序列上运行的注意力机制。通过学习帧之间的关系，AnimateDiff 能够从文本生成更一致和连贯的图像。此外，由于基础的 Stable Diffusion 模型保持不变，各种 Stable Diffusion 扩展技术，如 LoRA、文本嵌入、ControlNet 和图像到图像生成，都可以应用于 AnimateDiff。

理论上，任何适用于标准 Stable Diffusion 的方法同样适用于 AnimateDiff。

请注意：AnimateDiff 模型生成一个 16 帧、256 × 256 的视频片段至少需要 12GB 的显存。为了真正掌握这个概念，强烈推荐编写代码来使用 AnimateDiff。现在，让我们使用 AnimateDiff 生成一个简短的视频（GIF 和 MP4 格式）。

14.3　AnimateDiff 的实际应用

最初的 AnimateDiff 代码和模型是作为独立的 GitHub 仓库发布的[2]。虽然作者提供了示例代码和 Google Colab 来演示结果，但用户仍然需要手动提取代码并下载模型文件才能使用，同时还要注意软件包的版本。

2023 年 11 月，Dhruv Nair[5] 将 AnimateDiff Pipeline 合并进了 Diffusers，使用户在不离开 Diffusers 包的情况下就能使用 AnimateDiff 预训练模型生成视频片段。以下是在

Diffusers 中使用 AnimateDiff Pipeline 的方法：

1. 安装集成了 AnimateDiff 代码的特定版本 Diffusers：

```
pip install diffusers==0.23.0
```

撰写本章时，包含最新 AnimateDiff 代码的 Diffusers 版本是 0.23.0。指定此版本号可以确保示例代码顺畅且无错误地运行，因为代码已在该版本上经过测试[6]。

你也可以试着安装最新版的 Diffusers，因为在你读到本章时，它可能已经在管道中增加了更多功能：

```
pip install -U diffusers
```

2. 载入运动适配器。我们将使用原论文作者提供的预训练运动适配器模型[7]：

```
from diffusers import MotionAdapter
adapter = MotionAdapter.from_pretrained(
    "guoyww/animatediff-motion-adapter-v1-5-2"
)
```

3. 从基于 Stable Diffusion v1.5 的检查点模型中加载一个 AnimateDiff 管道：

```
from diffusers import AnimateDiffPipeline
pipe = AnimateDiffPipeline.from_pretrained(
    "digiplay/majicMIX_realistic_v6",
    motion_adapter    = adapterm,
    safety_checker    = None
)
```

4. 使用合适的计划器。计划器在生成连贯图像的过程中起着重要作用。论文作者进行的一项比较研究表明，不同的计划器会导致不同的结果。实验表明，使用以下配置的 `EulerAncestralDiscreteScheduler` 计划器可以产生相对较好的结果：

```
from diffusers import EulerAncestralDiscreteScheduler
scheduler = EulerAncestralDiscreteScheduler.from_pretrained(
    model_path,
    subfolder         = "scheduler",
    clip_sample       = False,
    timestep_spacing  = "linspace",
    steps_offset      = 1
)
pipe.scheduler = scheduler
pipe.enable_vae_slicing()
pipe.enable_model_cpu_offload()
```

为了更高效地利用显存，可以采取两种策略。首先，你可以使用 `pipe.enable_`

`vae_slicing()` 配置 VAE 使其每次只解码一帧，从而减少内存消耗。其次，还可以使用 `pipe.enable_model_cpu_offload()` 将不活跃的子模型卸载到 CPU，以进一步减少显存的使用。

5. 生成连贯图像：

```python
import torch
from diffusers.utils import export_to_gif, export_to_video

prompt = """photorealistic, 1girl, dramatic lighting"""

neg_prompt = """worst quality, low quality, normal quality,
lowres, bad anatomy, bad hands, monochrome, grayscale watermark,
moles"""
#pipe.to("cuda:0")

output = pipe(
    prompt = prompt,
    negative_prompt = neg_prompt,
    height = 256,
    width = 256,
    num_frames = 16,
    num_inference_steps = 30,
    guidance_scale= 8.5,
    generator = torch.Generator("cuda").manual_seed(7)
)
frames = output.frames[0]
torch.cuda.empty_cache()

export_to_gif(frames, "animation_origin_256_wo_lora.gif")
export_to_video(frames, "animation_origin_256_wo_lora.mp4")
```

现在，你应该可以看到如何通过 AnimateDiff 制作的 16 帧 GIF 文件。这个 GIF 由 16 张 256×256 的图像组成。你可以使用第 11 章介绍的图像超分辨率技术，将图像放大并制作一个 512×512 的 GIF。本章内我将不再重复图像放大的代码。建议充分运用第 11 章中掌握的技能，以进一步提升视频生成的质量。

14.4 使用 Motion LoRA 控制动画运动

除了运动适配器模型，论文作者还引入了 Motion LoRA 来调节运动风格。Motion LoRA 就是我们在第 8 章提到的同款 LoRA 适配器。如前所述，AnimateDiff 管道兼容所有社区共享的 LoRA。你可以在作者的 Hugging Face 仓库中找到这些 Motion LoRA[8]。

这些 Motion LoRA 可以用来操控摄像机视角。在这里，我们将以 zoom-in LoRA——

guoyww/animatediff-motion-lora-zoom-in——为示例进行说明。zoom-in 操作将引导模型生成包含缩放动作的视频。

只需添加一行代码：

```
pipe.load_lora_weights("guoyww/animatediff-motion-lora-zoom-in",
    adapter_name="zoom-in")
```

以下是完整的生成代码。我们会沿用 14.3 节中的大部分代码：

```
import torch
from diffusers.utils import export_to_gif, export_to_video

prompt = """
photorealistic, 1girl, dramatic lighting
"""
neg_prompt = """
worst quality, low quality, normal quality, lowres, bad anatomy, bad hands
, monochrome, grayscale watermark, moles
"""
pipe.to("cuda:0")

pipe.load_lora_weights("guoyww/animatediff-motion-lora-zoom-in",
adapter_name="zoom-in")

output = pipe(
    prompt = prompt,
    negative_prompt = neg_prompt,
    height = 256,
    width = 256,
    num_frames = 16,
    num_inference_steps = 40,
    guidance_scale = 8.5,
    generator = torch.Generator("cuda").manual_seed(123)
)
frames = output.frames[0]

pipe.to("cpu")
torch.cuda.empty_cache()

export_to_gif(frames, "animation_origin_256_w_lora_zoom_in.gif")
export_to_video(frames, "animation_origin_256_w_lora_zoom_in.mp4")
```

你会看到同一文件夹中生成了一个名为 animation_origin_256_w_lora_zoom_in.gif 的放大 GIF 剪辑，以及一个名为 animation_origin_256_w_lora_zoom_in.mp4 的 MP4 视频剪辑。

14.5 总结

社交网络上流传的文本到视频样本的质量和时长每天都在提升。当你阅读本章时，本章提到的技术功能可能已经超越了这里所描述的内容。然而，一个不变的概念是训练模型将注意力机制应用于图像序列。

撰写本书时，OpenAI 刚刚发布了 Sora[9]。这项技术利用 Transformer Diffusion 架构生成高质量视频，类似于 AnimateDiff 中结合 Transformer 和扩散模型的方法。

AnimateDiff 的独特之处在于其开放性和灵活性。它可以应用于任何使用相同基础检查点版本的社区模型，这是目前其他解决方案所无法提供的功能。此外，论文的作者已完全开源了代码和模型。

本章主要探讨了文本生成图像的挑战，并介绍了 AnimateDiff，解释了它的工作原理和原因。我们还提供了一个示例代码，使用 Diffusers 包中的 AnimateDiff 管道，在你的 GPU 上生成由 16 个连贯图像组成的 GIF。

在第 15 章中，我们将讨论从图像生成文本描述的解决方案。

14.6 参考文献

1. Yuwei Guo, Ceyuan Yang, Anyi Rao, Yaohui Wang, Yu Qiao, Dahua Lin, and Bo Dai, *AnimateDiff: Animate Your Personalized Text-to-Image Diffusion Models without Specific Tuning*: https://arxiv.org/abs/2307.04725
2. Original AnimateDiff code repository: https://github.com/guoyww/AnimateDiff
3. Diffusers Motion modules implementation: https://github.com/huggingface/diffusers/blob/3dd4168d4c96c429d2b74c2baaee0678c57578da/src/diffusers/models/unets/unet_motion_model.py#L50
4. Hugging Face Diffusers TransformerTemporalModel implementation: https://github.com/huggingface/diffusers/blob/3dd4168d4c96c429d2b74c2baae-e0678c57578da/src/diffusers/models/transformers/transformer_temporal.py#L41
5. [4] Dhruv Nair, https://github.com/DN6
6. AnimateDiff proposal pull request: https://github.com/huggingface/diffusers/pull/5413
7. animatediff-motion-adapter-v1-5-2: https://huggingface.co/guoyww/animatediff-motion-adapter-v1-5-2
8. Yuwei Guo's Hugging Face repository: https://huggingface.co/guoyww
9. Video generation models as world simulators: https://openai.com/research/video-generation-models-as-world-simulators

CHAPTER 15

第 15 章

使用 BLIP-2 和 LLaVA 生成图像描述

想象一下，你手头有一张图片，需要放大它或根据它生成新的图片，但你没有与之相关的提示或描述。你可能会说："好吧，我可以为它写一个新的提示。"对于一张图片来说，这样做是可以接受的，但如果有成千上万甚至上百万张图片没有描述呢？不可能全部手动编写。

幸运的是，我们可以借助人工智能来生成描述。有许多预训练模型可以实现这一目标，而且数量还在不断增加。在本章中，我将介绍两种全自动的人工智能解决方案，用于生成图像的标题、描述或提示。

- BLIP-2：使用固定图像编码器和大语言模型引导语言 – 图像预训练[1]
- LLaVA：大规模语言与视觉助手[3]

BLIP-2[1]速度快，硬件要求较低；而 LLaVA[3]（`llava-v1.5-13b`模型）是截至撰写本书时最新最强大的模型。

到本章结束时，你将掌握以下技能：

- 了解 BLIP-2 和 LLaVA 的工作原理
- 编写 Python 代码，使用 BLIP-2 和 LLaVA 从图像生成描述

15.1 技术要求

在我们深入研究 BLIP-2 和 LLaVA 之前，先用 Stable Diffusion 生成一张测试图像吧。首先，加载一个 `deliberate-v2` 模型，但请不要将其传输到 CUDA：

```
import torch
from diffusers import StableDiffusionPipeline
text2img_pipe = StableDiffusionPipeline.from_pretrained(
    "stablediffusionapi/deliberate-v2",
    torch_dtype = torch.float16
)
```

接下来,在下面的代码中,我们先将模型发送到 CUDA 并生成图像,接着将模型卸载到 CPU 内存,并从 CUDA 中清除模型:

```
text2img_pipe.to("cuda:0")
prompt ="high resolution, a photograph of an astronaut riding a horse"
input_image = text2img_pipe(
    prompt = prompt,
    generator = torch.Generator("cuda:0").manual_seed(100),
    height = 512,
    width = 768
).images[0]
text2img_pipe.to("cpu")
torch.cuda.empty_cache()
input_image
```

前面的代码将生成类似于图 15.1 的图像,该图像将在后续部分使用。

图 15.1　Stable Diffusion v1.5 生成的宇航员骑马的图片

现在,让我们开始这一章的学习吧。

15.2 BLIP-2——启动语言 – 图像预训练

在"BLIP: Bootstrapping Language-Image Pre-training for Unified Vision-Language Understanding and Generation paper"这篇论文[4]中，Junnan Li 等人提出了一种解决方案，以弥合自然语言和视觉模式之间的差距。值得注意的是，BLIP 模型在生成高质量图像描述方面表现出色，发表时已超越了现有的技术。

之所以能取得如此优异的成绩，是因为 Junnan Li 等人采用了一种创新技术，在其首个预训练模型的基础上，独辟蹊径地构建了两种模型：

- 滤波模型
- 生成模型（字幕模型）

滤波模型如同一位精明的"质检员"，能够剔除质量不佳的图文配对，净化训练数据；而生成模型则是一位才华横溢的"诗人"，可以为图像生成简洁优美的描述。通过这两个模型的协同工作，论文作者不仅提升了训练数据的质量，还自动扩充了数据规模。随后，他们使用这些"精兵强将"再次训练 BLIP 模型，最终取得了令人瞩目的成果。但这已经是 2022 年的故事了。

在 2023 年 6 月，Salesforce 的同一团队推出了全新的 BLIP-2。

15.2.1 BLIP-2 的工作原理

彼时，BLIP 的表现已足够惊艳，但其语言部分仍略显逊色。OpenAI 的 GPT 和 Meta 的 LLaMA 等大语言模型虽能力超群，但训练成本却也高昂得令人望而却步。于是，BLIP 团队将挑战聚焦于一个问题：能否将现成的、预训练好的固定图像编码器和固定 LLM 直接用于视觉语言预训练，同时又能保留它们各自习得的表征能力？

答案是肯定的。BLIP-2 通过引入一个 Query Transformer 来解决这个问题，该 Transformer 生成与文本标题相对应的视觉表示，然后将其传递给固定的 LLM 以解码文本描述。

Query Transformer，通常称为 Q-Former[2]，是 BLIP-2 模型中的重要组成部分。它在固定图像编码器与固定的 LLM 之间起到了桥梁作用。Q-Former 的主要功能是将一组"查询令牌"映射为查询嵌入。这些查询嵌入有助于从图像编码器中提取与给定文本指令最相关的视觉特征。

在 BLIP-2 模型训练过程中，图像编码器和 LLM 的权重保持固定，而 Q-Former 则接受训练，根据任务需求进行调整和优化。通过使用可学习的查询向量，Q-Former 能够有效提取图像编码器中的重要信息，使 LLM 生成准确且符合上下文的视觉内容响应。

类似的概念同样在 LLaVA 中得到了应用，我们会在后面进一步讨论。BLIP 的核心理念是重复使用高效的视觉和语言组件，仅需训练一个中间模型将它们连接起来。

接下来,让我们开始使用 BLIP-2。

15.2.2 使用 BLIP-2 生成描述

使用 BLIP-2 非常简单,这得益于 Hugging Face Transformers[5]软件包的支持。如果你还未安装该软件包,只需运行以下命令来安装或更新到最新版本:

```
pip install -U transformer
```

接下来,使用如下代码加载 BLIP-2 模型数据:

```
from transformers import AutoProcessor, Blip2ForConditionalGeneration
import torch

processor = AutoProcessor.from_pretrained("Salesforce/blip2-opt-2.7b")
# by default `from_pretrained` loads the weights in float32
# we load in float16 instead to save memory
device = "cuda" if torch.cuda.is_available() else "cpu"
model = Blip2ForConditionalGeneration.from_pretrained(
    "Salesforce/blip2-opt-2.7b",
    torch_dtype=torch.float16
).to(device)
```

第一次运行时,系统会自动从 Hugging Face 模型库下载模型权重数据。这可能需要一些时间,请耐心等待。下载完成后,运行以下代码,让 BLIP-2 解释我们提供的图像:

```
prompt = "describe the content of the image:"
inputs = processor(
    input_image,
    text=prompt,
    return_tensors="pt"
).to(device, torch.float16)

generated_ids = model.generate(**inputs, max_new_tokens=768)
generated_text = processor.batch_decode(
    generated_ids,
    skip_special_tokens=True
)[0].strip()
print(generated_text)
```

这段代码返回了"宇航员在太空中骑马"的描述,这个结果既精彩又准确。如果我们问:背景中有几颗行星呢?我们将提示词改为"背景中有多少颗行星"。然后它返回"宇宙比你想象的要大",这次表现不尽如人意。

BLIP-2 能快速生成图像的简短描述。但是为了生成更详细的描述,甚至与图像互动,我们可以利用 LLaVA 的强大功能。

15.3 LLaVA——大型语言与视觉助手

正如其名称 LLaVA[3] 所示，该模型与 LLaMA 非常接近，不仅在名称上如此，在内部结构上也是如此。LLaVA 使用 LLaMA 作为其语言部分，因此可以根据需要更换语言模型。Stable Diffusion 的主要特点之一就是其对模型交换和微调的开放性。与 Stable Diffusion 类似，LLaVA 也是为了利用开源的 LLM 模型而设计的。

接下来，我们来看看 LLaVA 的工作原理。

15.3.1 LLaVA 的工作原理

LLaVA 的作者 Haotian Liu 等人[3]展示了一个精美、精确的图表，清晰呈现了该模型如何在其架构中利用预训练的 CLIP 和 LLaMA 模型，如图 15.2 所示。

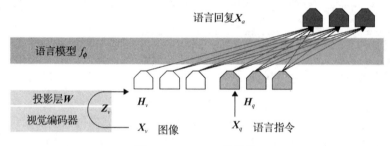

图 15.2　LLaVA 的架构

让我们从下往上读图。在推理过程中，我们提供一幅图像（记作 X_v）和一条语言指令（记作 X_q）。视觉编码器是 CLIP 的 ViT-L/14 编码器[6]。Stable Diffusion v1.5 也使用了相同的 CLIP 作为其文本编码器。

CLIP 模型将图像编码为 Z_v，投影层 W 是 LLaVA 提供的模型数据。编码后的图像嵌入 Z_v 被投影到 H_v，具体如下：

$$H_v = W \cdot Z_v$$

在图的另一边，语言指令会被编码进 CLIP 的 512 维嵌入向量中。图像嵌入和语言嵌入拥有相同的维度。

通过这种方式，语言模型 f_ϕ 能够同时理解图像和语言！这种方法类似于 Stable Diffusion 中的文本反转技术，轻便且强大。

接下来，让我们编写一些代码来让 LLaVA 与图像进行交互。

15.3.2 安装 LLaVA

为了获得最佳体验，强烈推荐在 Linux 机器上运行 LLaVA。在 Windows 系统上使用时，可能会遇到组件意外缺失的问题。此外，建议为 LLaVA 创建一个 Python 虚拟环境。第 2 章中详细介绍了设置 Python 虚拟环境的步骤和命令。

将 LLaVA 仓库复制到你的本地文件夹中[7]：

```
git clone https://github.com/haotian-liu/LLaVA.git
cd LLaVA
```

然后运行以下命令即可轻松安装 LLaVA：

```
pip install -U .
```

接下来，你需要从 Hugging Face 模型库中下载模型文件：

```
# Make sure you have git-lfs installed (https://git-lfs.com)
git lfs install
git clone https://huggingface.co/liuhaotian/llava-v1.5-7b
```

请注意，模型文件较大，下载可能需要一些时间。在编写本章时，你还可以通过将前述代码片段中的 URL 中的 7 改为 13 来下载 13B LLaVA 模型。

设置完成。现在，我们继续写代码吧。

15.3.3 使用 LLaVA 生成图像描述

在安装了 LLaVA 后，我们可以参考以下相关模块：

```
from llava.constants import (
    IMAGE_TOKEN_INDEX,
    DEFAULT_IMAGE_TOKEN,
    DEFAULT_IM_START_TOKEN,
    DEFAULT_IM_END_TOKEN
)
from llava.conversation import (
    conv_templates, SeparatorStyle
)
from llava.model.builder import load_pretrained_model
from llava.mm_utils import (
    process_images,
    tokenizer_image_token,
    get_model_name_from_path,
    KeywordsStoppingCriteria
)
```

加载令牌解析器（tokenizer）、图像处理器（image_processor）和模型（model）组件。令牌解析器将文本转换为令牌 ID，图像处理器将图像转换为张量，而模型是我们用于生成输出的管道：

```
# load up tokenizer, model, image_processor
model_path = "/path/to/llava-v1.5-7b"
model_name = get_model_name_from_path(model_path)
conv_mode = "llava_v1"
tokenizer, model, image_processor, _ = load_pretrained_model(
    model_path = model_path,
    model_base = None,
    model_name = model_name,
    load_4bit = True,
    device = "cuda",
    device_map = {'':torch.cuda.current_device()}
)
```

以下是前述代码的详细解析：

- `model_path`：指向存储预训练模型的目录。
- `model_base`：这个值设为 `None`，表示没有指定具体的父架构。
- `model_name`：预训练模型的名称为 `llava-v1.5`。
- `load_4bit`：若设置为 `True`，将在推理过程中启用 4-bit 量化。这样可以减少内存使用并提升速度，但可能会稍微影响结果的质量。
- `device`：这指定了计算将在 CUDA 设备上进行。
- `device_map`：用于将 GPU 设备映射到模型的不同部分，以分配多个 GPU 的工作负载。由于这里只映射了一个设备，这意味着是单 GPU 执行。

现在，我们来编写图像描述。

1. 创建一个 `conv` 对象，用于保存对话历史：

```
# start a new conversation
user_input = """Analyze the image in a comprehensive and
detailed manner"""
conv = conv_templates[conv_mode].copy()
```

2. 将图像转换为张量：

```
# process image to tensor
image_tensor = process_images(
    [input_image],
    image_processor,
    {"image_aspect_ratio":"pad"}
).to(model.device, dtype=torch.float16)
```

3. 在对话中添加一个图像占位符：

```
if model.config.mm_use_im_start_end:
    inp = DEFAULT_IM_START_TOKEN + DEFAULT_IMAGE_TOKEN + \
        DEFAULT_IM_END_TOKEN + '\n' + user_input
```

```
else:
    inp = DEFAULT_IMAGE_TOKEN + '\n' + user_input
conv.append_message(conv.roles[0], inp)
```

4. 获取提示词并将其转换为推理用的令牌:

```
# get the prompt for inference
conv.append_message(conv.roles[1], None)
prompt = conv.get_prompt()

# convert prompt to token ids
input_ids = tokenizer_image_token(
    prompt,
    tokenizer,
    IMAGE_TOKEN_INDEX,
    return_tensors='pt'
).unsqueeze(0).cuda()
```

5. 准备停止条件:

```
stop_str = conv.sep if conv.sep_style != \
    SeparatorStyle.TWO else conv.sep2
keywords = [stop_str]
stopping_criteria = KeywordsStoppingCriteria(keywords,
    tokenizer, input_ids)
```

6. 最后,从 LLaVA 获取输出:

```
# output the data
with torch.inference_mode():
    output_ids = model.generate(
        input_ids,
        images =image_tensor,
        do_sample = True,
        temperature = 0.2,
        max_new_tokens = 1024,
        streamer = None,
        use_cache = True,
        stopping_criteria = [stopping_criteria]
    )
outputs = tokenizer.decode(output_ids[0,
    input_ids.shape[1]:]).strip()
# make sure the conv object holds all the output
conv.messages[-1][-1] = outputs
print(outputs)
```

正如下方输出所示,LLaVA 能够生成令人惊叹的图像描述:

```
The image features a man dressed in a white space suit, riding
a horse in a desert-like environment. The man appears to be a
space traveler, possibly on a mission or exploring the area. The
horse is galloping, and the man is skillfully riding it.

In the background, there are two moons visible, adding to the
sense of a space-themed setting. The combination of the man in a
space suit, the horse, and the moons creates a captivating and
imaginative scene.</s>
```

我已经尽可能地精简了代码，但它仍然相当冗长，需要你格外仔细地将其复制或录入到代码编辑器中。建议你直接复制本书配套代码库中提供的代码。你只需在单个单元格中执行上述代码，即可见证 LLaVA 如何出色地生成图像描述。

15.4 总结

在本章中，我们重点介绍了两种生成图像描述的人工智能解决方案。第一种是 BLIP-2，这是一种高效生成图像简要描述的方案。第二种是 LLaVA，它能够生成更详细和精准的图像描述信息。

借助 LLaVA，我们甚至可以与图像进行交互，从中获取更深层次的信息。视觉和语言能力的融合也为开发更强大的多模态模型奠定了基础，其潜力之巨大，令人充满遐想。

在第 16 章中，我们将开始使用 Stable Diffusion XL。

15.5 参考文献

1. Junnan Li, Dongxu Li, Silvio Savarese, Steven Hoi, *BLIP-2: Bootstrapping Language-Image Pre-training with Frozen Image Encoders and Large Language Models*: `https://arxiv.org/abs/2301.12597`

2. BLIP-2 Hugging Face documentation: `https://huggingface.co/docs/transformers/main/model_doc/blip-2`

3. Haotian Liu, Chunyuan Li, Qingyang Wu, Yong Jae Lee, *LLaVA: Large Language and Vision Assistant*: `https://llava-vl.github.io/`

4. Junnan Li, Dongxu Li, Caiming Xiong, Steven Hoi, *BLIP: Bootstrapping Language-Image Pre-training for Unified Vision-Language Understanding and Generation*: `https://arxiv.org/abs/2201.12086`

5. Hugging Face Transformers GitHub repository: `https://github.com/huggingface/transformers`

6. Alec Radford, Jong Wook Kim, Chris Hallacy, Aditya Ramesh, Gabriel Goh, Sandhini Agarwal, Girish Sastry, Amanda Askell, Pamela Mishkin, Jack Clark, Gretchen Krueger, Ilya Sutskever, *Learning transferable visual models from natural language supervision*: `https://arxiv.org/abs/2103.00020`

7. LLaVA GitHub repository: `https://github.com/haotian-liu/LLaVA`

CHAPTER 16

第 16 章

探索 Stable Diffusion XL

经历了 Stable Diffusion 2.0 和 2.1 不太成功的小插曲后，Stability AI 于 2023 年 7 月推出了最新力作——Stable Diffusion XL[1]。这款模型一亮相，我便迫不及待地注册并下载了模型权重数据。无论是我的个人测试，还是来自社区的反馈，都一致表明 Stable Diffusion XL 取得了显著的进步。它不仅能够生成更高质量、更高分辨率的图像，性能远超 Stable Diffusion v1.5 基础模型，而且还支持更直观的"自然语言"提示词，让我们告别烦琐的关键词堆砌，用简洁的语言就能生成心仪的图像。

Stable Diffusion XL 在几乎所有方面都超越了以往版本，在它身上投入时间和精力绝对物超所值，因为它能带来更稳定、更优质的图像生成体验。本章将深入探讨 Stable Diffusion XL 的各项改进，并解释这些改进背后的技术原理。例如，我们将分析 Stable Diffusion XL 在变分自编码器、UNet 和文本编码器设计方面相较于 Stable Diffusion v1.5 的变化。简而言之，本章将涵盖以下内容：

❑ Stable Diffusion XL 有哪些新变化

❑ 使用 Stable Diffusion XL

然后，我们将用 Python 代码展示最新的 Stable Diffusion XL 基础模型和社区模型的实际应用。我们将讲解基本用法和高级用法，例如加载多个 LoRA 模型和使用无限令牌长度的加权提示。

让我们开始吧！

16.1 Stable Diffusion XL 有哪些新变化

Stable Diffusion XL 依然是一个潜扩散模型，整体架构与 Stable Diffusion v1.5 保持一致。根据 Stable Diffusion XL 的原始论文[2]，Stable Diffusion XL 扩展了每个组件的宽度和尺寸，变得更加庞大。Stable Diffusion XL 的主干 UNet 增加了三倍，基础模型中集成了两个文本编码器，还包括一个独立的基于扩散的细化模型。整体架构如图 16.1 所示。

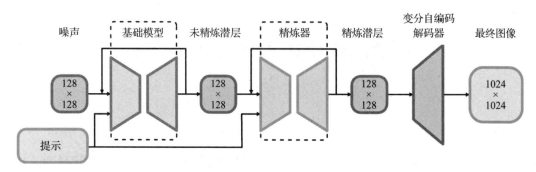

图 16.1　Stable Diffusion XL 架构

请注意，精炼器是可选的，我们可以决定是否使用精炼器模型。接下来，让我们逐一深入探讨每个组件。

16.1.1 Stable Diffusion XL 的变分自编码器

变分自编码器是一对编码器和解码器神经网络。VAE 将图像编码到潜空间中，与其配对的解码器可以将潜图像解码为像素图像。网络上许多文章告诉我们，VAE 是一种用于提高图像质量的技术；然而，这并不是全部。VAE 在 Stable Diffusion 中的核心职责是在像素图像和潜空间之间进行转换。当然，一个好的 VAE 可以通过添加高频细节来提高图像质量。

在 Stable Diffusion XL 中使用的 VAE 经过了重新训练，虽然自编码器架构保持不变，但批大小从 9 增加到 256，并且额外采用了指数移动平均法来跟踪权重[2]。新的 VAE 在各项评估指标上全面超越了原始模型。

由于这些实现上的差异，因此如果我们决定独立使用 VAE，我们将需要编写新的代码，而不是复用第 5 章中介绍的 VAE 代码。在这里，我们将提供一些 Stable Diffusion XL VAE 常见用法的示例：

1. 初始化一个 VAE 模型：

```
import torch
```

```
from diffusers.models import AutoencoderKL
vae_model = AutoencoderKL.from_pretrained(
    "stabilityai/stable-diffusion-xl-base-1.0",
    subfolder = "vae"
).to("cuda:0")
```

2. 使用 VAE 模型对图像进行编码。在运行以下代码前,请将 cat.png 文件替换为已验证的、可访问的图像路径:

```
from diffusers.utils import load_image
from diffusers.image_processor import VaeImageProcessor
image = load_image("/path/to/cat.png")

image_processor = VaeImageProcessor()
prep_image = image_processor.preprocess(image)
prep_image = prep_image.to("cuda:0")

with torch.no_grad():
    image_latent = vae_model.encode(prep_image
        ).latent_dist.sample()

image_latent.shape
```

3. 从潜空间解码图像:

```
with torch.no_grad():
    decode_image = vae_model.decode(
        image_latent,
        return_dict = False
    )[0]

image = image_processor.postprocess(image = decode_image)[0]
image
```

在前面的代码中,你首先将图像编码到潜空间。在潜空间中,图像对我们而言是不可见的,但它确实捕捉到了图像的特征(也就是说,它存在于一个高维向量空间中)。接着,代码的解码部分会将潜空间中的图像转化为像素空间中的图像。通过前面的代码,我们已经了解了 VAE 的核心功能。

你可能会好奇,为什么需要了解 VAE 的知识?其实它的应用非常广泛。例如,它允许你将生成的潜图像存储在数据库中,仅在需要时才解码。这种方法可以在不损失太多信息的情况下,将图像存储空间减少高达 90%。

16.1.2 Stable Diffusion XL 的 UNet

UNet 模型是 Stable Diffusion XL 的骨干神经网络。Stable Diffusion XL 中的 UNet 比

之前的 Stable Diffusion 模型大了近三倍。Stable Diffusion XL 的 UNet 是一个拥有 26 亿参数的神经网络，而 Stable Diffusion v1.5 的 UNet 只有 8.6 亿个参数。虽然目前开源的大语言模型在神经网络规模上要大得多，但 Stable Diffusion XL 的 UNet 截至撰写本书时（2023 年 10 月）仍是开源扩散模型中最大的，这直接导致了更高的显存需求。8GB 的显存可以满足使用 Stable Diffusion v1.5 时的大多数情况。而对于 Stable Diffusion XL，通常需要 15GB 的显存；否则，我们需要降低图像分辨率。

除了扩展模型大小之外，Stable Diffusion XL 还重新调整了 Transformer 模块的位置，这对于更好、更精确地将自然语言转化为图像指导至关重要。

16.1.3　Stable Diffusion XL 中的两个文本编码器

Stable Diffusion XL 的一个主要变化是文本编码器[4]。它同时使用了两个文本编码器，CLIP ViT-L[5] 和 OpenCLIP ViT-bigG（也叫 OpenCLIP G/14）[6]。此外，Stable Diffusion XL 还使用了 OpenCLIP ViT-bigG 的池化嵌入[7]。

OpenAI 最常用的模型之一是 CLIP ViT-L，它也是 Stable Diffusion v1.5 所采用的文本编码器或嵌入模型。那么，什么是 OpenCLIP ViT-bigG 模型呢？OpenCLIP 是 CLIP（对比语言–图像预训练）的一个开源版本。OpenCLIP G/14 是 OpenCLIP 模型中规模最大、效果最好的，它是在 LAION-2B 数据集[9] 上训练的，这个数据集包含 100 TB 的数据和 20 亿张图像。尽管 OpenAI 的 CLIP 模型生成 768 维嵌入向量，但 OpenCLIP G/14 输出的是 1280 维的嵌入。通过拼接两个长度相同的嵌入，就能得到一个 2048 维的嵌入。这比之前在 Stable Diffusion v1.5 中的 768 维嵌入要大得多[8]。

为了演示文本编码的过程，我们以句子 a running dog 作为输入。普通的文本令牌解析器会首先将这个句子转换为令牌，具体如下代码所示：

```
input_prompt = "a running dog"

from transformers import CLIPTokenizer,CLIPTextModel
import torch

# initialize tokenizer 1
clip_tokenizer = CLIPTokenizer.from_pretrained(
    "stabilityai/stable-diffusion-xl-base-1.0",
    subfolder = "tokenizer",
    dtype = torch.float16
)

input_tokens = clip_tokenizer(
    input_prompt,
    return_tensors="pt"
)["input_ids"]
```

```
print(input_tokens)

clip_tokenizer_2 = CLIPTokenizer.from_pretrained(
    "stabilityai/stable-diffusion-xl-base-1.0",
    subfolder = "tokenizer_2",
    dtype = torch.float16
)

input_tokens_2 = clip_tokenizer_2(
    input_prompt,
    return_tensors="pt"
)["input_ids"]

print(input_tokens_2)
```

运行上述代码后,将会得到如下结果:

```
tensor([[49406,   320,  2761,  1929, 49407]])
tensor([[49406,   320,  2761,  1929, 49407]])
```

在之前的结果中,49406 是起始令牌,49407 是结束令牌。

接下来,下面的代码将使用 CLIP 文本编码器把标签转换成嵌入向量:

```
clip_text_encoder = CLIPTextModel.from_pretrained(
    "stabilityai/stable-diffusion-xl-base-1.0",
    subfolder = "text_encoder",
    torch_dtype =torch.float16
).to("cuda")

# encode token ids to embeddings
with torch.no_grad():
    prompt_embeds = clip_text_encoder(
        input_tokens.to("cuda")
    )[0]

print(prompt_embeds.shape)
```

输出的嵌入向量包含五个 768 维度的向量:

```
torch.Size([1, 5, 768])
```

代码前半部分使用 OpenAI 的 CLIP 将提示文本转换为 768 维的嵌入。下面的代码使用 OpenCLIP G/14 模型,将令牌编码为五个 1280 维的嵌入:

```
clip_text_encoder_2 = CLIPTextModel.from_pretrained(
    "stabilityai/stable-diffusion-xl-base-1.0",
    subfolder = "text_encoder_2",
```

```
        torch_dtype =torch.float16
).to("cuda")

# encode token ids to embeddings
with torch.no_grad():
    prompt_embeds_2 = clip_text_encoder_2(input_tokens.to("cuda"))[0]

print(prompt_embeds_2.shape)
```

输出的嵌入向量包含五个 1280 维度的向量：

```
torch.Size([1, 5, 1280])
```

那么，下一个问题是，什么是池化嵌入？池化嵌入是将一系列令牌转换为单个嵌入向量的过程。换句话说，池化嵌入是一种有损的信息压缩。

与之前将每个令牌编码为嵌入向量的过程不同，池化嵌入是一个表示整个输入文本的向量。我们可以通过以下 Python 代码从 OpenCLIP 中生成池化嵌入：

```
from transformers import CLIPTextModelWithProjection
clip_text_encoder_2 = CLIPTextModelWithProjection.from_pretrained(
    "stabilityai/stable-diffusion-xl-base-1.0",
    subfolder = "text_encoder_2",
    torch_dtype =torch.float16
).to("cuda")

# encode token ids to embeddings
with torch.no_grad():
    pool_embed = clip_text_encoder_2(input_tokens.to("cuda"))[0]

print(pool_embed.shape)
```

上述代码将从文本编码器返回一个大小为 `torch.Size([1, 1280])` 的池化嵌入向量。池化嵌入的最大令牌数为 77。在 Stable Diffusion XL 中，池化嵌入与来自 CLIP 和 OpenCLIP 的令牌级嵌入一同输入到 UNet，用于引导图像生成[8]。

别担心，使用 Stable Diffusion XL 时，无须手动提供这些嵌入。Diffusers 包中的 `StableDiffusionXLPipeline` 会处理一切。我们只需要提供提示文本和负面提示文本。16.2 节会展示示例代码。

16.1.4　两阶段设计

Stable Diffusion XL 的另一项设计亮点是其精炼模型。根据论文 [2] 的描述，精炼模型如同一位技艺精湛的"画师"，能够为图像增添更多细节，使其更加完美，尤其是在最后 10 个生成步骤中，它更是发挥着画龙点睛的作用。

精炼模型是一种图像到图像的模型，可以修复破损图像，也可以为基础模型生成的图像添加更多元素。

根据我的观察，对于社区共享的检查点模型，可能不需要精炼模型。

接下来，我们将利用 Stable Diffusion XL 处理一些常见的用例。

16.2 使用 Stable Diffusion XL

我们在第 6 章简要介绍了如何加载 Stable Diffusion XL 模型，并在第 13 章讲解了 Stable Diffusion XL 的 ControlNet 的使用方法，相关示例代码也已提供。本节将进一步探讨 Stable Diffusion XL 的常用技巧，包括加载社区共享的模型、使用图像到图像管道增强模型效果、结合社区共享的 LoRA 模型使用 Stable Diffusion XL，以及使用 Diffusers 库（由本书作者提供）实现无限长度提示词管道等。

16.2.1 使用 Stable Diffusion XL 社区模型

在 Stable Diffusion XL 发布仅仅几个月后，开源社区便基于 Stability AI 的基础模型，推出了大量微调的 Stable Diffusion XL 模型[3]。这些模型可以在 Hugging Face 和 CIVITAI（https://civitai.com/）找到，而且它们的数量还在不断增加。

在这里，我们将从 HuggingFace 加载一个模型，使用 Stable Diffusion XL 模型 ID：

```
import torch
from diffusers import StableDiffusionXLPipeline
base_pipe = StableDiffusionXLPipeline.from_pretrained(
    "RunDiffusion/RunDiffusion-XL-Beta",
    torch_dtype = torch.float16
)
base_pipe.watermark = None
```

请注意在上述代码中，设置 `base_pipe.watermark = None` 将移除生成图像中的不可见水印。

接下来，把模型转移到 CUDA 上生成图像，完成后再从 CUDA 卸载模型：

```
prompt = "realistic photo of astronaut cat in fighter cockpit, detailed, 8k"

sdxl_pipe.to("cuda")
image = sdxl_pipe(
    prompt = prompt,
    width = 768,
    height = 1024,
```

```
        generator = torch.Generator("cuda").manual_seed(1)
).images[0]

sdxl_pipe.to("cpu")
torch.cuda.empty_cache()
image
```

只用一行提示词，Stable Diffusion XL 便生成了一幅如图 16.2 所示的惊艳图像。

图 16.2　由 Stable Diffusion XL 生成的飞行员猫

你可能希望使用精炼模型来增强图像，但它并不会带来显著的差异。相反，我们将使用相同模型数据的图像到图像管道来放大图像。

16.2.2　使用 Stable Diffusion XL 图像到图像来增强图像

让我们首先将图像放大两倍：

```
from diffusers.image_processor import VaeImageProcessor
img_processor = VaeImageProcessor()

# get the size of the image
(width, height) = image.size

# upscale image
image_x = img_processor.resize(
    image = image,
```

```
    width = int(width * 1.5),
    height = int(height * 1.5)
)
image_x
```

然后，通过重用之前文本到图像管道中的模型数据，启动一个图像到图像管道，节省内存和显存的使用：

```
from diffusers import StableDiffusionXLImg2ImgPipeline
img2img_pipe = StableDiffusionXLImg2ImgPipeline(
    vae = sdxl_pipe.vae,
    text_encoder = sdxl_pipe.text_encoder,
    text_encoder_2 = sdxl_pipe.text_encoder_2,
    tokenizer = sdxl_pipe.tokenizer,
    tokenizer_2 = sdxl_pipe.tokenizer_2,
    unet = sdxl_pipe.unet,
    scheduler = sdxl_pipe.scheduler,
    add_watermarker = None
)
img2img_pipe.watermark = None
```

现在让我们调用这个管道来进一步优化图像：

```
img2img_pipe.to("cuda")
refine_image_2x = img2img_pipe(
    image = image_x,
    prompt = prompt,
    strength = 0.3,
    num_inference_steps = 30,
    guidance_scale = 4.0
).images[0]

img2img_pipe.to("cpu")
torch.cuda.empty_cache()
refine_image_2x
```

注意，我们将强度设为0.3，以保留大部分原始输入图像的信息。这样可以得到一个更优质的图像，如图16.3所示。

虽然你乍一看这本书时可能不会注意到什么不同之处，但在电脑显示器上仔细检查图像时，你会发现许多额外的细节。

现在，让我们探索如何将LoRA与Diffusers结合使用。如果你对LoRA不太了解，我建议你回到第8章，那里详细介绍了Stable Diffusion LoRA的使用；同时，第21章也将全面讲解LoRA训练。

图 16.3　图像到图像管道中精炼的飞行员猫图像

16.2.3　使用 Stable Diffusion XL LoRA 模型

不久前，使用 Diffusers 加载 LoRA 模型是不可能的，更别提在同一管道中加载多个 LoRA 模型了。感谢 Diffusers 团队和社区贡献者的努力，我们现在可以在 Stable Diffusion XL 管道中加载多个 LoRA 模型，并指定相应的 LoRA 缩放比例。

此外，它的使用也极其简单。只需两行代码，即可将一个 LoRA 添加到管道中：

```
sdxl_pipe.load_lora_weights("path/to/lora.safetensors")
sdxl_pipe.fuse_lora(lora_scale = 0.5)
```

要添加两个 LoRA 模型：

```
sdxl_pipe.load_lora_weights("path/to/lora1.safetensors")
sdxl_pipe.fuse_lora(lora_scale = 0.5)

sdxl_pipe.load_lora_weights("path/to/lora2.safetensors")
sdxl_pipe.fuse_lora(lora_scale = 0.5)
```

正如我们在第 8 章中讨论过的，使用 LoRA 有两种方式：一种是与主干模型权重合并；另一种是动态猴子补丁。这里，对于 Stable Diffusion XL 来说，我们采用的是模型合并的方法，这意味着要从管道中卸载 LoRA 模型。要卸载 LoRA 模型，我们需要再次加载它，但要使用负的 `lora_scale` 参数。例如，如果我们要从管道中卸载 `lora2.safetensors` 模型，可以使用以下代码来实现：

```
sdxl_pipe.load_lora_weights("path/to/lora2.safetensors")
sdxl_pipe.fuse_lora(lora_scale = -0.5)
```

除了通过 fuse_lora 加载 LoRA 模型外，我们还可以使用 PEFT 集成的 LoRA 进行加载。代码与我们刚刚使用的很相似，但需要我们额外加入一个名为 adapter_name 的参数，如下所示：

```
sdxl_pipe.load_lora_weights("path/to/lora1.safetensors",
    adapter_name="lora1")
sdxl_pipe.load_lora_weights("path/to/lora2.safetensors", ,
    adapter_name="lora2")
```

我们可以用下面的代码来动态调整 LoRA 比例：

```
sdxl_pipe.set_adapters(["lora1", "lora2"], adapter_weights=[0.5, 1.0])
```

我们也可以如下禁用 LoRA：

```
sdxl_pipe.disable_lora()
```

或者，我们也可以通过如下方式禁用其中一个已加载的 LoRA 模型：

```
sdxl_pipe.set_adapters(["lora1", "lora2"], adapter_weights=[0.0, 1.0])
```

在之前的代码中，我们关闭了 lora1，但依然启用了 lora2。

有了合适的 LoRA 管理代码，你就可以将 Stable Diffusion XL 与任意数量的 LoRA 模型结合使用。说到"无限长度提示词"，接下来我们将探讨 Stable Diffusion XL 如何处理"无限"长度的提示词。

16.2.4 使用无限长度提示词的 Stable Diffusion XL

和之前的版本一样，Stable Diffusion XL 默认情况下一次只能处理最多 77 个令牌的提示词用于图像生成。在第 10 章中，我们深入探讨了如何实现一个支持加权提示词且没有长度限制的文本嵌入编码器。对于 Stable Diffusion XL 来说，思路是类似的，但实现起来更复杂也更困难一些；毕竟，现在它有两个文本编码器。

我创建了一个长加权 Stable Diffusion XL 管道，名为 lpw_stable_diffusion_xl，并且已经将其合并到官方的 Diffusers 包中。在本节中，我将介绍如何使用这条管道来实现长加权并且无长度限制的管道。

请确保你已使用以下命令将你的 Diffusers 包更新到最新版本：

```
pip install -U diffusers
```

接下来，请使用以下代码来运行这个管道：

```
from diffusers import DiffusionPipeline
import torch

pipe = DiffusionPipeline.from_pretrained(
    "RunDiffusion/RunDiffusion-XL-Beta",
    torch_dtype = torch.float16,
    use_safetensors = True,
    variant = "fp16",
    custom_pipeline = "lpw_stable_diffusion_xl",
)

prompt = """
glamour photography, (full body:1.5) photo of young man,
white blank background,
wear sweater, with scarf,
wear jean pant,
wear nike run shoes,
wear sun glass,
wear leather shoes,
holding a umbrella in hand
""" * 2

prompt = prompt + " a (cute cat:1.5) aside"

neg_prompt = """
(worst quality:1.5),(low quality:1.5), paint, cg, spots, bad hands,
three hands, noise, blur
"""
pipe.to("cuda")
image = pipe(
    prompt = prompt,
    negative_prompt = neg_prompt,
    width = 832,
    height = 1216,
    generator = torch.Generator("cuda").manual_seed(7)
).images[0]

pipe.to("cpu")
torch.cuda.empty_cache()
image
```

上述代码使用DiffusionPipeline加载了开源社区成员（哈哈，作者就是我）贡献的自定义管道`lpw_stable_diffusion_xl`。

请注意，在代码中，提示词被乘以2，因此肯定会超过77个令牌。在提示词的结尾，加上了一个（cute cat:1.5）的备注。如果管道支持超过 77 个令牌的提示词，那么生成的结果中应该会出现一只猫。

根据前述代码生成的图像如图 16.4 所示。

图 16.4　使用无限长度提示词管道（lpw_stable_diffusion_xl）
　　　　生成的一名男子和一只猫的图像

从生成的图像中我们可以看到，提示词中的所有元素都得到了体现，而且现在男人旁边还有一只可爱的猫咪。

16.3　总结

本章围绕 Stable Diffusion 家族最新、最强大的成员——Stable Diffusion XL 展开。我们首先介绍了 Stable Diffusion XL 的基本概念，以及它为何如此强大和高效，然后深入探讨了这个新模型的各个组件，包括 VAE、UNet、文本编码器，以及全新的两阶段设计。

我们为每个组件提供了示例代码，帮助你深入掌握 Stable Diffusion。这些代码示例还可以用来展示各个组件的功能。例如，我们可以用 VAE 来压缩图像，并使用文本编码器为图像生成文本嵌入。

在本章的后半部分，我们介绍了一些 Stable Diffusion XL 的常见使用场景，例如加载社区共享的模型权重、使用图像到图像管道增强和放大图像，以及介绍了一种简单有效的方法将多个 LoRA 模型加载到同一个管道中。最后，我们提供了一个端到端的解决方案，使 Stable Diffusion XL 能够使用无限长度的加权提示词。

借助 Stable Diffusion XL 的强大功能，我们只需简短的提示词就能生成惊艳的图像，效果远超以往。

在第 17 章，我们将探讨如何编写 Stable Diffusion 提示词，并借助大语言模型自动生成和增强提示词。

16.4 参考文献

1. SDXL: https://stability.ai/stable-diffusion
2. SDXL: Improving Latent Diffusion Models for High-Resolution Image Synthesis: https://arxiv.org/abs/2307.01952
3. Stable Diffusion XL Diffusers: https://huggingface.co/docs/diffusers/main/en/using-diffusers/sdxl
4. CLIP from OpenAI: https://openai.com/research/clip
5. CLIP VIT Large model: https://huggingface.co/openai/clip-vit-large-patch14
6. REACHING 80% ZERO-SHOT ACCURACY WITH OPENCLIP: VIT-G/14 TRAINED ON LAION-2B: https://laion.ai/blog/giant-openclip/
7. CLIP-ViT-bigG-14-laion2B-39B-b160k: https://huggingface.co/laion/CLIP-ViT-bigG-14-laion2B-39B-b160k
8. OpenCLIP GitHub repository: https://github.com/mlfoundations/open_clip
9. LAION-5B: A NEW ERA OF OPEN LARGE-SCALE MULTI-MODAL DATASETS: https://laion.ai/blog/laion-5b/

CHAPTER17

第 17 章

Stable Diffusion 提示词优化之道

在 Stable Diffusion v1.5 中，想要创作出能够生成理想图像的提示词可不是一件容易的事。我们经常会看到一些令人印象深刻的图像，它们通常是由复杂且不寻常的词汇组合生成的。这很大程度上是因为 Stable Diffusion v1.5 使用的语言文本编码器——OpenAI 的 CLIP 模型。CLIP 使用互联网上的图片及其标题进行训练，而这些标题很多都是标签而不是结构化的句子。

在使用 Stable Diffusion v1.5 时，我们不仅要记住一大堆"魔法"关键词，还要将这些标签式的词汇有效地组合起来。Stable Diffusion XL 则采用了双语编码器 CLIP 和 OpenCLIP，它们比之前 Stable Diffusion v1.5 中的编码器更加先进和智能。不过，要想写出高效的提示词，我们仍然需要遵循一些指导原则。

本章将介绍创建专属提示词的基本原则，然后探索如何利用强大的大语言模型技术自动生成提示词。以下是本章将要涵盖的主题：
- 什么是好的提示词
- 使用 LLM 作为提示词生成器

让我们开始吧！

17.1 什么是好的提示词

有人说，使用 Stable Diffusion 就像变魔术一样，细微的技巧和调整就能带来巨大的改变。想要充分发挥这款强大的文本到图像 AI 模型的潜力，编写优质的提示词至关重要。接下来，我将介绍一些最佳实践，帮助你写出更有效的提示词。

从长远来看，AI 模型对自然语言的理解将越来越精准。但现在，我们需要更加用心地优化提示效果。

在本章节的代码文件中，你会发现 Stable Diffusion v1.5 对提示词的敏感度更高，不同提示词会显著影响图像质量。而 Stable Diffusion XL 经过显著改进，对提示词的敏感度有所降低。换句话说，使用简短提示词描述，Stable Diffusion XL 也能生成质量相对稳定的图像。

你还可以在本章附带的代码库中找到生成所有图像的代码。

17.1.1 明确且具体

你的提示词越具体，Stable Diffusion 生成的图像就会越精确。

以下是原始提示：

```
A painting of cool sci-fi.
```

我们可能会从 Stable Diffusion v1.5 中获得如图 17.1 所示的图像。

图 17.1　使用 Stable Diffusion v1.5 根据提示词"A painting of cool sci-fi"生成的绘画

它为我们呈现了配备先进设备的动画人脸，但距离我们理想中的"科幻"（sci-fi）概念还有很大差距。

从图 17.2 可以看出，Stable Diffusion XL 对"科幻"概念的理解更加丰富了。

这些画作确实很酷，但简短的提示词生成的图像要么不是我们想要的，要么就是可控性较差。

图 17.2 使用 Stable Diffusion XL 从提示词 "A painting of cool sci-fi" 生成的图像

现在让我们重新编写提示词，并添加更多具体细节：

```
A photorealistic painting of a futuristic cityscape with towering
skyscrapers, neon lights, and flying vehicles, Science Fiction Artwork
```

如图 17.3 所示，改进后的提示词使 Stable Diffusion v1.5 生成了更准确的结果。

图 17.3 使用 Stable Diffusion v1.5 和改进后的提示词生成的图像

Stable Diffusion XL 还改进了其输出，使其更好地反映给定的提示词，如图 17.4 所示。

除非你打算让 Stable Diffusion 自主决策，否则一个好的提示词应清晰定义期望结果，尽量减少不确定性。提示词应明确说明主题、风格，以及你想象图像的附加细节。

图 17.4 使用 Stable Diffusion XL 和改进后的提示词生成的图像

17.1.2 使用描述性的语言

详细地描述主体。这与明确且具体的规则类似，不仅要具体，而且我们提供给 Stable Diffusion 模型的输入和细节越多，得到的结果就越好。这对于生成肖像图像特别有效。

假设我们想用以下提示词生成一幅女性肖像：

```
A beautiful woman
```

图 17.5 是我们从 Stable Diffusion v1.5 获得的结果。

图 17.5 使用 Stable Diffusion v1.5 从提示词"A beautiful woman"生成的图像

整体图像还不错，但细节不足，看起来有些半绘画半照片的感觉。Stable Diffusion XL 使用这个简短的提示生成了更出色的图像，如图 17.6 所示。

图 17.6　使用 Stable Diffusion XL 从提示词"A beautiful woman"生成的图像

但结果却是随机的：有时会出现全身图像，有时则是完全聚焦于脸部的图像。为了更好地控制结果，我们可以将提示词改进如下：

```
Masterpiece, A stunning realistic photo of a woman with long, flowing
brown hair, piercing emerald eyes, and a gentle smile, set against a
backdrop of vibrant autumn foliage.
```

使用这个提示词，Stable Diffusion v1.5 会生成更好且更一致的图像，如图 17.7 所示。

图 17.7　使用 Stable Diffusion v1.5 从改进的提示词生成的图像

同样，Stable Diffusion XL 会根据提示词生成限定范围内的图像，而不是生成失控的杂乱图像，如图 17.8 所示。

图 17.8　使用 Stable Diffusion XL 从改进的提示词生成的图像

提及诸如服装、配饰、面部特征和周围环境等细节，越多越好。丰富的细节描述对于引导 Stable Diffusion 生成理想图像至关重要。使用描述性的语言，在 Stable Diffusion 模型的"脑海"中描绘一幅生动的画面。

17.1.3　使用一致的术语

确保提示词在整个语境中保持一致。除非你想要 Stable Diffusion 给你带来惊喜，否则矛盾的术语会导致意想不到的结果。

假设我们想要生成一个穿着蓝色西装的男士，但我们同时又在提示词中加入了"彩色布料"（colorful cloth）这样的关键词：

```
A man wears blue suit, he wears colorful cloth
```

这种描述自相矛盾，会让 Stable Diffusion 模型困惑，到底是生成蓝色西装还是彩色西装？结果未知。使用这个提示词，Stable Diffusion XL 生成了图 17.9 所示的两幅图像。

让我们改进提示词，告诉 Stable Diffusion 生成一个穿着蓝色西装搭配彩色围巾的图片：

```
A man in a sharp, tailored blue suit is adorned with a vibrant,
colorful scarf, adding a touch of personality and flair to his
professional attire
```

现在，结果变得更加理想和一致，如图 17.10 所示。

图 17.9 使用 Stable Diffusion XL 根据提示词生成的图像"一个男人穿着蓝色西装，他穿着五颜六色的衣服。"

图 17.10 使用 Stable Diffusion XL 从改进一致性的提示词生成的图像

保持术语一致性以避免模型混淆。如果在提示词的开头提到了一个关键概念，那么请避免在后续部分突然切换到另一个概念。

17.1.4 参考艺术作品和风格

通过参考特定的艺术作品或艺术风格，可以引导 AI 复制所需的美学效果。提及这种风格的显著特征，如笔触、色彩搭配或构图元素，这些都会对生成结果产生重大影响。

让我们生成一幅夜空的图像，但不要提到梵高的《星空》：

```
A vibrant, swirling painting of a starry night sky with a crescent
moon illuminating a quaint village nestled among rolling hills.
```

使用 Stable Diffusion v1.5 生成的图像具有卡通风格,如图 17.11 所示。

图 17.11　使用 Stable Diffusion v1.5 在未指定风格或参考作品的情况下生成的图像

让我们在提示词中添加梵高的《星空》:

```
A vibrant, swirling painting of a starry night sky reminiscent of
Van Gogh's Starry Night, with a crescent moon illuminating a quaint
village nestled among rolling hills.
```

从图 17.12 可以看到,梵高的旋转风格在这幅画中更为突出。

图 17.12　使用 Stable Diffusion v1.5 在指定参考作品的情况下生成的图像

17.1.5　使用负面提示词

Stable Diffusion 还提供了一个负面提示词输入,让我们可以定义不希望添加到图像中的元素。在许多情况下,负面提示词也能很好地发挥作用。

以下是一个不使用负面提示词的例子：

```
1 girl, cute, adorable, lovely
```

Stable Diffusion 会生成如图 17.13 所示的图像。

图 17.13　使用 Stable Diffusion v1.5 生成的图像（无负面提示词）

这不算太糟，但也远非理想。现在我们提供一些如下所示的负面提示词：

```
paintings, sketches, worst quality, low quality, normal quality,
lowres,
monochrome, grayscale, skin spots, acne, skin blemishes, age spots,
extra fingers,
fewer fingers,broken fingers
```

生成的图像有了显著提升，如图 17.14 所示。

图 17.14　使用 Stable Diffusion v1.5 生成的图像（加入负面提示词）

正面提示词会让 Stable Diffusion 模型的 UNet 更加关注目标对象，而负面提示词则会减少对所显示对象的"注意力"。有时候，仅需加入一些合适的负面提示词，就能显著提升图像质量。

17.1.6 迭代和改进

大胆尝试不同的提示词，看看哪种效果最好。生成完美的图像通常需要一些反复试验。

然而，手动生成一个同时包含主题、风格、艺术家、分辨率、细节、颜色和照明信息的提示词是非常困难的。

接下来，我们将使用一个大语言模型作为提示词助手。

17.2 使用 LLM 生成更好的提示词

以上所有规则和技巧都有助于更好地理解 Stable Diffusion 如何处理提示词。本书的主题是使用 Python 操作 Stable Diffusion，因此我们不希望手动处理这些任务，最终目标是实现整个流程的自动化。

Stable Diffusion 发展迅猛，其同类 LLM 和多模态社区的进展速度也毫不逊色。在本节中，我们将利用 LLM，通过输入一些关键词来生成提示词。以下提示词适用于各种类型的 LLM：ChatGPT、GPT-4、Google Bard 或其他强大的开源 LLM。

首先，我们来告诉 LLM 它将要执行的任务：

```
You will take a given subject or input keywords, and output a more
creative, specific, descriptive, and enhanced version of the idea in
the form of a fully working Stable Diffusion prompt. You will make all
prompts advanced, and highly enhanced. Prompts you output will always
have two parts, the "Positive Prompt" and "Negative prompt".
```

通过之前的提示词，LLM 已经知道如何处理输入了。接下来，让我们教它一些 Stable Diffusion 的知识，否则它可能对 Stable Diffusion 一无所知：

```
Here is the Stable Diffusion document you need to know:

* Good prompts needs to be clear and specific, detailed and
descriptive.
* Good prompts are always consistent from beginning to end, no
contradictory terminology is included.
* Good prompts reference to artworks and style keywords, you are art
and style experts, and know how to add artwork and style names to the
prompt.

IMPORTANT:You will look through a list of keyword categories and
```

```
decide whether you want to use any of them. You must never use these
keyword category names as keywords in the prompt itself as literal
keywords at all, so always omit the keywords categories listed below:
    Subject
    Medium
    Style
    Artist
    Website
    Resolution
    Additional details
    Color
    Lighting
Treat the above keywords as a checklist to remind you what could be
used and what would best serve to make the best image possible.
```

我们还需要向 LLM 介绍一些术语的定义:

```
About each of these keyword categories so you can understand them
better:

(Subject:)
The subject is what you want to see in the image.
(Resolution:)
The Resolution represents how sharp and detailed the image is. Let's
add keywords with highly detailed and sharp focus.
(Additional details:)
Any Additional details are sweeteners added to modify an image, such
as sci-fi, stunningly beautiful and dystopian to add some vibe to the
image.
(Color:)
color keywords can be used to control the overall color of the image.
The colors you specified may appear as a tone or in objects, such as
metallic, golden, red hue, etc.
(Lighting:)
Lighting is a key factor in creating successful images (especially
in photography). Lighting keywords can have a huge effect on how the
image looks, such as cinematic lighting or dark to the prompt.
(Medium:)
The Medium is the material used to make artwork. Some examples are
illustration, oil painting, 3D rendering, and photography.
(Style:)
The style refers to the artistic style of the image. Examples include
impressionist, surrealist, pop art, etc.
(Artist:)
Artist names are strong modifiers. They allow you to dial in the exact
style using a particular artist as a reference. It is also common to
use multiple artist names to blend their styles, for example, Stanley
Artgerm Lau, a superhero comic artist, and Alphonse Mucha, a portrait
painter in the 19th century could be used for an image, by adding this
to the end of the prompt:
by Stanley Artgerm Lau and Alphonse Mucha
(Website:)
The Website could be Niche graphic websites such as Artstation and
```

Deviant Art, or any other website which aggregates many images of distinct genres. Using them in a prompt is a sure way to steer the image toward these styles.

通过以上定义，我们正在向 LLM 传授 17.1 节中的指导原则：

CRITICAL IMPORTANT: Your final prompt will not mention the category names at all, but will be formatted entirely with these articles omitted (A', 'the', 'there',) do not use the word 'no' in the Negative prompt area. Never respond with the text, "The image is a", or "by artist", just use "by [actual artist name]" in the last example replacing [actual artist name] with the actual artist name when it's an artist and not a photograph style image.

For any images that are using the medium of Anime, you will always use these literal keywords at the start of the prompt as the first keywords (include the parenthesis):

"masterpiece, best quality, (Anime:1.4)"

For any images that are using the medium of photo, photograph, or photorealistic, you will always use all of the following literal keywords at the start of the prompt as the first keywords (but you must omit the quotes):

"(((photographic, photo, photogenic))), extremely high quality high detail RAW color photo"

Never include quote marks (this: ") in your response anywhere. Never include, 'the image' or 'the image is' in the response anywhere.

Never include, too verbose of a sentence, for example, while being sure to still share the important subject and keywords 'the overall tone' in the response anywhere, if you have tonal keywords or keywords just list them, for example, do not respond with, 'The overall tone of the image is dark and moody', instead just use this: 'dark and moody'

The response you give will always only be all the keywords you have chosen separated by a comma only.

排除任何性暗示或裸体暗示：

IMPORTANT:
If the image includes any nudity at all, mention nude in the keywords explicitly and do NOT provide these as keywords in the keyword prompt area. You should always provide tasteful and respectful keywords.

为 LLM 提供一个例子作为小样本学习[1]材料：

Here is an EXAMPLE (this is an example only):

I request: "A beautiful white sands beach"

You respond with this keyword prompt paragraph and Negative prompt paragraph:

Positive Prompt: Serene white sands beach with crystal clear waters, and lush green palm trees, Beach is secluded, with no crowds or buildings, Small shells scattered across sand, Two seagulls flying overhead. Water is calm and inviting, with small waves lapping at shore, Palm trees provide shade, Soft, fluffy clouds in the sky, soft and dreamy, with hues of pale blue, aqua, and white for water and sky, and shades of green and brown for palm trees and sand, Digital illustration, Realistic with a touch of fantasy, Highly detailed and sharp focus, warm and golden lighting, with sun setting on horizon, casting soft glow over the entire scene, by James Jean and Alphonse Mucha, Artstation

Negative Prompt: low quality, people, man-made structures, trash, debris, storm clouds, bad weather, harsh shadows, overexposure

现在，我们来教 LLM 如何生成一个负面提示词：

IMPORTANT: Negative Keyword prompts

Using negative keyword prompts is another great way to steer the image, but instead of putting in what you want, you put in what you don't want. They don't need to be objects. They can also be styles and unwanted attributes. (e.g. ugly, deformed, low quality, etc.), these negatives should be chosen to improve the overall quality of the image, avoid bad quality, and make sense to avoid possible issues based on the context of the image being generated, (considering its setting and subject of the image being generated.), for example, if the image is a person holding something, that means the hands will likely be visible, so using 'poorly drawn hands' is wise in that case.

This is done by adding a 2nd paragraph, starting with the text 'Negative Prompt': and adding keywords. Here is a full example that does not contain all possible options, but always use only what best fits the image requested, as well as new negative keywords that would best fit the image requested:

tiling, poorly drawn hands, poorly drawn feet, poorly drawn face, out of frame, extra limbs, disfigured, deformed, body out of frame, bad anatomy, watermark, signature, cut off, low contrast, underexposed, overexposed, bad art, beginner, amateur, distorted face, blurry, draft, grainy

IMPORTANT:
Negative keywords should always make sense in context to the image subject and medium format of the image being requested. Don't add any negative keywords to your response in the negative prompt keyword area where it makes no contextual sense or contradicts, for example, if I request: 'A vampire princess, anime image', then do NOT add these keywords to the Negative prompt area: 'anime, scary, Man-made structures, Trash, Debris, Storm clouds', and so forth. They need to make sense of the actual image being requested so it makes sense in context.

```
IMPORTANT:
For any images that feature a person or persons, and are also using
the Medium of a photo, photograph, or photorealistic in your response,
you must always respond with the following literal keywords at the
start of the NEGATIVE prompt paragraph, as the first keywords before
listing other negative keywords (omit the quotes):
"bad-hands-5, bad_prompt, unrealistic eyes"

If the image is using the Medium of an Anime, you must have these as
the first NEGATIVE keywords (include the parenthesis):
(worst quality, low quality:1.4)
```

注意，LLM 有一个令牌数限制，你可以将 150 改为其他数字。本章相关的示例代码使用了 SkyTNT[3] 创建的 lpw_stable_diffusion，以及本书作者开发的 lpw_stable_diffusion_xl。

```
IMPORTANT: Prompt token limit:

The total prompt token limit (per prompt) is 150 tokens. Are you ready
for my first subject?
```

将所有提示词放在一起：

```
You will take a given subject or input keywords, and output a more
creative, specific, descriptive, and enhanced version of the idea in
the form of a fully working Stable Diffusion prompt. You will make all
prompts advanced, and highly enhanced. Prompts you output will always
have two parts, the "Positive Prompt" and "Negative prompt".

Here is the Stable Diffusion document you need to know:

* Good prompts needs to be clear and specific, detailed and
descriptive.
* Good prompts are always consistent from beginning to end, no
contradictory terminology is included.
* Good prompts reference to artworks and style keywords, you are art
and style experts, and know how to add artwork and style names to the
prompt.

IMPORTANT:You will look through a list of keyword categories and
decide whether you want to use any of them. You must never use these
keyword category names as keywords in the prompt itself as literal
keywords at all, so always omit the keywords categories listed below:
    Subject
    Medium
    Style
    Artist
    Website
    Resolution
    Additional details
    Color
```

Lighting

About each of these keyword categories so you can understand them better:

(Subject:)
The subject is what you want to see in the image.
(Resolution:)
The Resolution represents how sharp and detailed the image is. Let's add keywords highly detailed and sharp focus.
(Additional details:)
Any Additional details are sweeteners added to modify an image, such as sci-fi, stunningly beautiful and dystopian to add some vibe to the image.
(Color:)
color keywords can be used to control the overall color of the image. The colors you specified may appear as a tone or in objects, such as metallic, golden, red hue, etc.
(Lighting:)
Lighting is a key factor in creating successful images (especially in photography). Lighting keywords can have a huge effect on how the image looks, such as cinematic lighting or dark to the prompt.
(Medium:)
The Medium is the material used to make artwork. Some examples are illustration, oil painting, 3D rendering, and photography.
(Style:)
The style refers to the artistic style of the image. Examples include impressionist, surrealist, pop art, etc.
(Artist:)
Artist names are strong modifiers. They allow you to dial in the exact style using a particular artist as a reference. It is also common to use multiple artist names to blend their styles, for example, Stanley Artgerm Lau, a superhero comic artist, and Alphonse Mucha, a portrait painter in the 19th century could be used for an image, by adding this to the end of the prompt:
by Stanley Artgerm Lau and Alphonse Mucha
(Website:)
The Website could be Niche graphic websites such as Artstation and Deviant Art, or any other website which aggregates many images of distinct genres. Using them in a prompt is a sure way to steer the image toward these styles.

Treat the above keywords as a checklist to remind you what could be used and what would best serve to make the best image possible.

CRITICAL IMPORTANT: Your final prompt will not mention the category names at all, but will be formatted entirely with these articles omitted (A', 'the', 'there',) do not use the word 'no' in the Negative prompt area. Never respond with the text, "The image is a", or "by artist", just use "by [actual artist name]" in the last example replacing [actual artist name] with the actual artist name when it's an artist and not a photograph style image.

For any images that are using the medium of Anime, you will always use these literal keywords at the start of the prompt as the first keywords (include the parenthesis):

"masterpiece, best quality, (Anime:1.4)"

For any images that are using the medium of photo, photograph, or photorealistic, you will always use all of the following literal keywords at the start of the prompt as the first keywords (but you must omit the quotes):

"(((photographic, photo, photogenic))), extremely high quality high detail RAW color photo"

Never include quote marks (this: ") in your response anywhere. Never include, 'the image' or 'the image is' in the response anywhere.

Never include, too verbose of a sentence, for example, while being sure to still share the important subject and keywords 'the overall tone' in the response anywhere, if you have tonal keywords or keywords just list them, for example, do not respond with, 'The overall tone of the image is dark and moody', instead just use this: 'dark and moody'

The response you give will always only be all the keywords you have chosen separated by a comma only.

IMPORTANT:
If the image includes any nudity at all, mention nude in the keywords explicitly and do NOT provide these as keywords in the keyword prompt area. You should always provide tasteful and respectful keywords.

Here is an EXAMPLE (this is an example only):

I request: "A beautiful white sands beach"

You respond with this keyword prompt paragraph and Negative prompt paragraph:

Positive Prompt: Serene white sands beach with crystal clear waters, and lush green palm trees, Beach is secluded, with no crowds or buildings, Small shells scattered across sand, Two seagulls flying overhead. Water is calm and inviting, with small waves lapping at shore, Palm trees provide shade, Soft, fluffy clouds in the sky, soft and dreamy, with hues of pale blue, aqua, and white for water and sky, and shades of green and brown for palm trees and sand, Digital illustration, Realistic with a touch of fantasy, Highly detailed and sharp focus, warm and golden lighting, with sun setting on horizon, casting soft glow over the entire scene, by James Jean and Alphonse Mucha, Artstation

Negative Prompt: low quality, people, man-made structures, trash, debris, storm clouds, bad weather, harsh shadows, overexposure

IMPORTANT: Negative Keyword prompts

```
Using negative keyword prompts is another great way to steer the
image, but instead of putting in what you want, you put in what you
don't want. They don't need to be objects. They can also be styles
and unwanted attributes. (e.g. ugly, deformed, low quality, etc.),
these negatives should be chosen to improve the overall quality of
the image, avoid bad quality, and make sense to avoid possible issues
based on the context of the image being generated, (considering its
setting and subject of the image being generated.), for example, if
the image is a person holding something, that means the hands will
likely be visible, so using 'poorly drawn hands' is wise in that case.

This is done by adding a 2nd paragraph, starting with the text
'Negative Prompt': and adding keywords. Here is a full example that
does not contain all possible options, but always use only what best
fits the image requested, as well as new negative keywords that would
best fit the image requested:

tiling, poorly drawn hands, poorly drawn feet, poorly drawn face, out
of frame, extra limbs, disfigured, deformed, body out of frame, bad
anatomy, watermark, signature, cut off, low contrast, underexposed,
overexposed, bad art, beginner, amateur, distorted face, blurry,
draft, grainy


IMPORTANT:
Negative keywords should always make sense in context to the image
subject and medium format of the image being requested. Don't add
any negative keywords to your response in the negative prompt keyword
area where it makes no contextual sense or contradicts, for example,
if I request: 'A vampire princess, anime image', then do NOT add
these keywords to the Negative prompt area: 'anime, scary, Man-made
structures, Trash, Debris, Storm clouds', and so forth. They need to
make sense of the actual image being requested so it makes sense in
context.


IMPORTANT:
For any images that feature a person or persons, and are also using
the Medium of a photo, photograph, or photorealistic in your response,
you must always respond with the following literal keywords at the
start of the NEGATIVE prompt paragraph, as the first keywords before
listing other negative keywords (omit the quotes):
"bad-hands-5, bad_prompt, unrealistic eyes"

If the image is using the Medium of an Anime, you must have these as
the first NEGATIVE keywords (include the parenthesis):
(worst quality, low quality:1.4)

IMPORTANT: Prompt token limit:

The total prompt token limit (per prompt) is 150 tokens. Are you ready
for my first subject?
```

只需将前面的提示词复制并粘贴到 ChatGPT、Bard 或任何其他可用的 LLM 中,然后输入你希望 Stable Diffusion 生成的任何主题即可:

```
a realistic photo of a woman standing by the side of a river
```

Google Bard 的 LLM 将为我们提供一个新提示词:

```
Positive Prompt:

(((photographic, photo, photogenic))), extremely high quality high
detail RAW color photo, A serene portrait of a woman standing by
the edge of a tranquil river, her gaze lost in the gentle flow of
the water. Her sun-kissed skin glows against the backdrop of lush
greenery, while her flowing hair cascades down her shoulders like
a waterfall. The warm sunlight filters through the trees, casting
dappled patterns on her face and the riverbank. The air is filled with
the sweet scent of wildflowers, and the gentle sound of birdsong fills
the air. The woman's expression is one of peace and tranquility, as if
she is completely at one with nature.

Negative Prompt:

bad-hands-5, bad_prompt, unrealistic eyes, blurry, low-resolution,
pixelated, noisy, grainy, overexposed, underexposed, harsh shadows,
bad lighting, out of focus, poorly composed, distracting elements, low
contrast, washed out, unrealistic anatomy, distorted face,
```

使用原始提示词 a realistic photo of a woman standing by the side of a river（一个女人站在河边的真实照片），Stable Diffusion v1.5 生成了如图 17.15 所示的图像。

图 17.15 使用 Stable Diffusion v1.5 从原始提示词 a realistic photo of a woman standing by the side of a river 生成的图像

通过使用 LLM 生成的新正面提示词和负面提示词，Stable Diffusion v1.5 生成了如图 17.16 所示的图像。

图 17.16　使用 Stable Diffusion v1.5 从大语言模型提示词生成的图像

这个方法也同样适用于 Stable Diffusion XL。使用原始提示词，Stable Diffusion XL 生成了如图 17.17 所示的图像。

图 17.17　使用 Stable Diffusion XL 从原始提示词 a realistic photo of a woman standing by the side of a river 生成的图像

使用 LLM 生成的正面和负面提示词，Stable Diffusion XL 生成了如图 17.18 所示的图像。

大语言模型生成提示词的图像明显优于原始提示词生成的图像，这证明了 LLM 生成的提示词可以提升图像质量[2]。

图 17.18　使用 Stable Diffusion XL 从大语言模型提示词生成的图像

17.3　总结

在本章中，我们首先探讨了为 Stable Diffusion 撰写提示词以生成高质量图像所面临的挑战。然后，我们讲解了一些编写有效提示词的基本规则。

进一步地，我们总结了提示词编写规则，并将其整合到一个 LLM 提示词中。这种方法不仅适用于 ChatGPT[4]，也适用于其他 LLM。

通过预设的提示词和大语言模型，我们能够完全自动化图像生成的全过程。无须手动精细编写和调整提示词，只需告诉 AI 你想生成什么，大语言模型就会提供复杂的提示词。只要设置得当，Stable Diffusion 可以自动执行提示词并生成结果，全程不需要人工干预。

我们深知 AI 的发展速度迅猛。在不久的将来，你将能够添加更多自定义的大语言模型提示词，使整个过程更加智能和强大。这将进一步提升 Stable Diffusion 和大语言模型的能力，使你能够轻松生成令人惊叹的图像。

在第 18 章中，我们会结合前几章学到的知识，利用 Stable Diffusion 创建实用的应用程序。

17.4　参考文献

1. Language Models are Few-Shot Learners: https://arxiv.org/abs/2005.14165
2. Best text prompt for creating Stable diffusion prompts through ChatGPT or a local LLM model? What do you use that is better?: https://www.reddit.com/r/StableDiffusion/comments/14to15n/best_text_prompt_for_creating_stable_diffusion/
3. SkyTNT: https://github.com/SkyTNT?tab=repositories
4. ChatGPT: https://chat.openai.com/

PART 4
第四部分

将 Stable Diffusion 集成到应用中

在这本书中，我们深入探讨了 Stable Diffusion 的巨大潜力，从其基本概念到高级应用和定制技巧，无所不包。现在，我们将融会贯通，把 Stable Diffusion 整合到实际应用中，让用户能够轻松使用 Stable Diffusion 的强大功能，为创意表达和问题解决开辟新的可能性。

在本部分（第 18～22 章）中，我们将重点构建一些实用应用程序来展示 Stable Diffusion 的多功能性和影响力。你将学习如何开发创新的解决方案，例如对象编辑和风格迁移，让用户以前所未有的方式操控图像。我们还将介绍数据持久化的重要性，演示如何在生成的 PNG 图像中直接保存图像生成提示词和参数。

此外，你将学习如何使用 Gradio 等流行框架创建交互式用户界面，让用户可以轻松地与 Stable Diffusion 模型进行交互。我们还将深入探讨迁移学习领域，指导你从头开始训练 Stable Diffusion 的 LoRA。最后，我们将对 Stable Diffusion、人工智能的未来，以及在这个快速发展的领域中保持最新信息的重要性进行更广泛的讨论。

学完这部分内容后，你将具备将 Stable Diffusion 集成到各种应用程序所需的知识和技能，从创意工具到提高生产力的软件，无所不能。Stable Diffusion 的可能性是无限的，现在是时候释放它的全部潜力了！

CHAPTER18

第 18 章

对象编辑和风格迁移

Stable Diffusion 不仅能生成各种图像,还可用于图像编辑和风格迁移。本章将探讨图像编辑和风格迁移的解决方案。

在这个过程中,我们还会介绍一些帮助我们达成目标的工具:用于检测图像内容的 CLIPSeg,用于完美去除图像背景的 Rembg,以及用于将一种图像的风格迁移到另一种图像的 IP-Adapter。

本章将带你探索以下几个主题:

❑ 使用 Stable Diffusion 编辑图像
❑ 对象和风格迁移

18.1 使用 Stable Diffusion 编辑图像

还记得我们在第 1 章中讨论的背景替换示例吗?在本节中,我们将介绍一个可以帮助你编辑图像内容的解决方案。

在进行任何编辑之前,我们需要识别要编辑对象的边界。在本例中,为了获得背景蒙版,我们将使用 CLIPSeg[1] 模型。CLIPSeg(即基于 CLIP 的图像分割)是一种经过训练,可以根据文本提示或参考图像对图像进行分割的模型。与需要大量标记数据的传统分割模型不同,CLIPSeg 几乎不需要任何训练数据就能取得令人印象深刻的结果。

CLIPSeg 建立在 CLIP 的成功基础之上,CLIP 也是 Stable Diffusion 所使用的模型。CLIP 是一个强大的预训练模型,它学习连接文本和图像。CLIPSeg 模型在 CLIP 之上添加了一个小型解码器模块,使其能够将学习到的关系转换为像素级分割。这意味着我们可以为 CLIPSeg 提供一个简单的描述，例如"这张图片的背景"，CLIPSeg 就会返回目标对象的蒙版。

现在，让我们看看如何使用 CLIPSeg 来完成一些任务。

18.1.1 更换图像背景内容

我们将首先加载 CLIPSeg 处理器和模型，然后将提示词和图像都提供给模型以生成蒙版数据，最后使用 Stable Diffusion 修复管道重新绘制背景。

1. 加载 CLIPSeg 模型。

以下代码将载入 `CLIPSegProcessor` 处理器及 `CLIPSegForImageSegmentation` 模型：

```
from transformers import(
    CLIPSegProcessor,CLIPSegForImageSegmentation)

processor = CLIPSegProcessor.from_pretrained(
    "CIDAS/clipseg-rd64-refined"
)
model = CLIPSegForImageSegmentation.from_pretrained(
    "CIDAS/clipseg-rd64-refined"
)
```

处理器（`processor`）用于预处理提示信息和图像输入，模型（`model`）负责执行推理。

2. 生成灰度蒙版。

默认情况下，CLIPSeg 模型会返回结果的 logits 值。通过应用 `torch.sigmoid()` 函数，我们可以得到图像中目标对象的灰度蒙版。然后，我们可以利用灰度蒙版生成二值蒙版，用于 Stable Diffusion 修复管道：

```
from diffusers.utils import load_image
from diffusers.utils.pil_utils import numpy_to_pil
import torch

source_image = load_image("./images/clipseg_source_image.png")

prompts = ['the background']
inputs = processor(
    text = prompts,
    images = [source_image] * len(prompts),
    padding = True,
    return_tensors = "pt"
)

with torch.no_grad():
```

```
    outputs = model(**inputs)

preds = outputs.logits
mask_data = torch.sigmoid(preds)

mask_data_numpy = mask_data.detach().unsqueeze(-1).numpy()
mask_pil = numpy_to_pil(
    mask_data_numpy)[0].resize(source_image.size)
```

前面的代码将生成一个灰度蒙版图像,以突出背景。如图 18.1 所示。

图 18.1 背景灰度蒙版

这个蒙版还不是我们想要的,我们需要一个二值蒙版。为什么需要二值蒙版呢?因为 Stable Diffusion v1.5 的修复功能在使用二值蒙版时效果更好。你也可以将灰度蒙版添加到 Stable Diffusion 管道中看看效果,尝试不同的组合和输入没有任何损失。

3. 生成二值蒙版。

我们将使用以下代码将灰度蒙版转换为 0-1 二值蒙版图像:

```
bw_thresh = 100
bw_fn = lambda x : 255 if x > bw_thresh else 0
bw_mask_pil = mask_pil.convert("L").point(bw_fn, mode="1")
```

我来解释一下前面代码中出现的关键要素:

- `bw_thresh`:这定义了将像素视为黑色或白色的阈值。在前面的代码中,任何高于 100 的灰度像素值都将被视为白色高亮。
- `mask_pil.convert("L")`:这会将 `mask_pil` 图像转换为灰度模式。灰度图像只有一个通道,表示像素强度值,范围从 0 (黑色) 到 255 (白色)。

- `.point(bw_fn, mode="1")`：这会将 `bw_fn` 阈值函数应用于灰度图像的每个像素。`mode="1"` 参数确保输出图像为 1 位二值图像（仅黑白）。

我们将看到如图 18.2 所示的结果。

图 18.2　背景二值蒙版

4. 使用 Stable Diffusion 修复模型重绘背景：

```
from diffusers import(StableDiffusionInpaintPipeline,
    EulerDiscreteScheduler)
inpaint_pipe = StableDiffusionInpaintPipeline.from_pretrained(
    "CompVis/stable-diffusion-v1-4",
    torch_dtype = torch.float16,
    safety_checker = None
).to("cuda:0")

sd_prompt = "blue sky and mountains"
out_image = inpaint_pipe(
    prompt = sd_prompt,
    image = source_image,
    mask_image = bw_mask_pil,
    strength = 0.9,
    generator = torch.Generator("cuda:0").manual_seed(7)
).images[0]
out_image
```

在前面的代码中，我们使用 Stable Diffusion v1.4 模型作为修复模型，因为它生成的结果比 Stable Diffusion v1.5 模型更好。如果执行这段代码，那么你将看到我们在第 1 章中展示的结果。背景不再是浩瀚的行星宇宙，而是蓝天和山脉。

同样的技术可以用于许多其他目的，例如编辑照片中的服装和向照片中添加物品。

18.1.2 移除图像背景

很多时候，我们只想移除图像的背景。有了二值蒙版，移除背景变得非常容易。可以使用以下代码实现：

```
from PIL import Image, ImageOps
output_image = Image.new("RGBA", source_image.size,
    (255,255,255,255))
inverse_bw_mask_pil = ImageOps.invert(bw_mask_pil)
r = Image.composite(source_image ,output_image,
    inverse_bw_mask_pil)
```

下面是每行代码的具体功能解释：

- `from PIL import Image,ImageOps`：从 PIL 库中导入 Image 和 ImageOps 模块。Image 模块包含一个同名类，用于表示 PIL 图像。ImageOps 模块提供许多现成的图像处理操作。
- `output_image=Image.new("RGBA",source_image.size, (255,255,255,255))`：这行代码生成了一张与 source_image 尺寸一致的新图像。新图像将采用 RGBA 模式，包含红色、绿色、蓝色和透明度（alpha）通道。图像中所有像素的初始颜色设为白色 (255,255,255) 且完全不透明 (255)。
- `inverse_bw_mask_pil = ImageOps.invert(bw_mask_pil)`：这行代码使用 ImageOps 库中的 invert 函数，将 bw_mask_pil 图像的颜色反转。如果 bw_mask_pil 是黑白图像，则结果将是原图的负片效果，即黑色变为白色，白色变为黑色。
- `r = Image.composite(source_image, output_image, (inverse_bw_mask_pil)`：这行代码使用 inverse_bw_mask_pil 作为蒙版，将 source_image 和 output_image 混合生成一张新图像。当蒙版图像为白色或灰色时，使用 source_image 中的对应像素；当蒙版图像为黑色时，使用 output_image 中的对应像素。结果存储在变量 r 中。

只需 4 行代码即可将背景替换为纯白色，如图 18.3 所示。

但是，我们会看到锯齿状边缘，这并不好，而且无法使用 CLIPSeg 完美解决。如果你打算将此图像再次输入扩散管道中，则 Stable Diffusion 将通过使用另一个图像到图像管道来帮助修复锯齿状边缘问题。根据扩散模型的性质，背景边缘将被模糊或使用其他像素重新渲染。要彻底去除背景，我们需要其他工具的帮助，例如 Rembg 项目[2]。它的用法也很简单：

图 18.3 使用 CLIPSeg 移除背景

1. 安装软件包：

```
pip install rembg
```

2. 只需两行代码即可去除背景：

```
from rembg import remove
remove(source_image)
```

如图 18.4 所示，背景已经完全移除。

图 18.4 使用 Rembg 移除背景

将背景设为白色，请使用如下代码：

```
from rembg import remove
from PIL import Image
white_bg = Image.new("RGBA", source_image.size, (255,255,255))
image_wo_bg = remove(source_image)
Image.alpha_composite(white_bg, image_wo_bg)
```

我们可以看到背景已经完全被替换为白色背景。在某些情况下，具有纯白背景的对象可能会非常有用。例如，我们将用该对象作为引导嵌入。没错，你没看错，我们可以用图像作为输入提示。接下来我们会深入探讨这一点。

18.2 对象和风格迁移

在第 4 章和第 5 章介绍 Stable Diffusion 背后的理论时，我们了解到只有文本嵌入参与了 UNet 扩散过程。即使我们提供初始图像作为起点，初始图像也仅仅被用作起始噪声或与起始噪声连接。它对扩散过程的步骤没有任何影响。

直到 IP-Adapter 项目[3]出现，这种情况才有所改变。IP-Adapter 是一种允许你使用现有图像作为文本提示参考的工具。换句话说，我们可以将图像作为另一个提示词与文本引导一起生成图像。与通常适用于某些概念或风格的文本引导不同，IP-Adapter 适用于任何图像。

借助 IP-Adapter，我们可以神奇地将一个对象从一个图像迁移到完全不同的另一个图像。

接下来，让我们开始使用 IP-Adapter 将对象从一个图像迁移到另一个图像。

18.2.1 加载带有 IP-Adapter 的 Stable Diffusion 管道

在 Diffusers 中使用 IP-Adapter 十分简单，你无须安装额外的软件包，也不用手动下载任何模型文件。

1.加载图像编码器。正是这个专用图像编码器在将图像转化为引导提示词嵌入时起到了关键作用：

```
import torch
from transformers import CLIPVisionModelWithProjection
image_encoder = CLIPVisionModelWithProjection.from_pretrained(
    "h94/IP-Adapter",
    subfolder = "models/image_encoder",
    torch_dtype = torch.float16,
).to("cuda:0")
```

2. 加载一个原始的 Stable Diffusion 管道，并添加一个额外的 `image_encoder` 参数：

```
from diffusers import StableDiffusionImg2ImgPipeline
pipeline = StableDiffusionImg2ImgPipeline.from_pretrained(
    "runwayml/stable-diffusion-v1-5",
    image_encoder = image_encoder,
    torch_dtype = torch.float16,
    safety_checker = None
).to("cuda:0")
```

> **注意**
>
> 即使在加载 Stable DiffusionXL 管道时，我们仍需使用 `models/image_encoder` 中的图像编码器模型，而不能使用 `sdxl_models/image_encoder`，否则会抛出错误信息。你也可以用其他社区共享的模型替换 Stable Diffusion v1.5 基础模型。

3. 在 UNet 管道中应用 IP-Adapter：

```
pipeline.load_ip_adapter(
    "h94/IP-Adapter",
    Subfolder = "models",
    weight_name = "ip-adapter_sd15.bin"
)
```

如果你使用的是 Stable Diffusion XL 管道，则请将 `models` 替换为 `sdxl_models`，并将 `ip-adapter_sd15.bin` 替换为 `ip-adapter_sdxl.bin`。

这就是全部内容了；现在我们可以像使用其他管道一样使用这个管道。如果没有 IP-Adapter 模型，则 Diffusers 会自动帮助你下载模型文件。接下来我们将使用 IP-Adapter 模型将一种图像的风格迁移到另一种图像上。

18.2.2 风格迁移

在本节中，我们将编写代码，把约翰内斯·维米尔（Johannes Vermeer）的著名画作《戴珍珠耳环的少女》（见图 18.5）迁移到骑马的宇航员图像上。

接下来，让我们开始编写风格迁移的管道：

图 18.5 约翰内斯·维米尔的《戴珍珠耳环的少女》

```python
from diffusers.utils import load_image

source_image = load_image("./images/clipseg_source_image.png")
ip_image = load_image("./images/vermeer.png")

pipeline.to("cuda:0")

image = pipeline(
    prompt = 'best quality, high quality',
    negative_prompt = "monochrome,lowres, bad anatomy,low quality" ,
    image = source_image,
    ip_adapter_image = ip_image ,
    num_images_per_prompt = 1 ,
    num_inference_steps = 50,
    strength = 0.5,
    generator = torch.Generator("cuda:0").manual_seed(1)
).images[0]

pipeline.to("cpu")
torch.cuda.empty_cache()
image
```

在前面的代码中，我们使用原始的宇航员图像（source_image）作为基础，并使用油画图像作为 IP-Adapter 图像提示词（ip_image，我们想要它的风格）。令人惊讶的是，我们得到了如图 18.6 所示的结果。

图 18.6　以新风格骑马的宇航员

《戴珍珠耳环的少女》图像的风格和感觉已成功地应用于另一张图像。

IP-Adapter 的潜力是巨大的。我们甚至可以将服装和面部从一个图像迁移到另一个图像。更多使用示例可以在原始 IP-Adapter 存储库[3]和 Diffusers PR 页面[5]中找到。

18.3 总结

本章重点介绍了如何使用 Stable Diffusion 进行图像编辑和风格迁移，还介绍了 CLIPSeg（用于图像内容检测）、Rembg[4]（用于背景移除）和 IP-Adapter（用于在图像之间迁移风格）等工具。

18.1 节介绍了图像编辑，特别是替换或移除背景。CLIPSeg 用于生成背景的蒙版，然后将其转换为二值蒙版。可以使用 Stable Diffusion 替换背景或移除背景，后一种选择会显示锯齿状边缘。我们引入了 Rembg 作为更平滑地移除背景的解决方案。

18.2 节探讨了使用 IP-Adapter 进行对象和风格迁移。该过程包括加载图像编码器，将其合并到 Stable Diffusion 管道中，并将 IP-Adapter 应用于管道的 UNet。本章最后以将维米尔的《戴珍珠耳环的少女》的风格迁移到宇航员骑马的图像上的示例作为结束。

在第 19 章中，我们将探索用于在生成的图像文件中保存和读取参数及提示词信息的解决方案。

18.4 参考文献

1. CLIPSeg GitHub repository: https://github.com/timojl/clipseg
2. Timo Lüddecke and Alexander S. Ecker, *Image Segmentation Using Text and Image Prompts*: https://arxiv.org/abs/2112.10003
3. IP-Adapter GitHub repository: https://github.com/tencent-ailab/IP-Adapter
4. Rembg, a tool to remove image backgrounds: https://github.com/danielgatis/rembg
5. IP-Adapters original samples: https://github.com/huggingface/diffusers/pull/5713

CHAPTER19

第19章

生成数据持久化

想象一下,你用Python程序生成了一些图像,但当你回头想要改进这些图像,或者想根据原始提示生成新的图像时,却找不到确切的提示、推理步骤、引导比例以及其他生成图像的关键参数!

解决这个问题的一个方法是将所有元数据保存在生成的图像文件中。可移植网络图形(PNG)[1]图像格式提供了一种机制,允许我们将元数据与图像像素数据一起存储。接下来我们将探讨这个解决方案。

在本章中,我们将深入探讨以下几个方面:
- 探索和理解PNG文件结构
- 在PNG文件中存储Stable Diffusion的元数据
- 从PNG文件中提取Stable Diffusion的元数据

通过使用本章的解决方案,你可以在图像文件中保存生成提示和参数,并提取元数据以便进一步使用。

19.1 探索和理解PNG文件结构

在将图像元数据和Stable Diffusion生成参数保存到图像之前,我们最好先全面了解一下为什么选择PNG作为输出图像格式来保存Stable Diffusion的输出,以及为什么PNG支持无限的自定义元数据,这对于将大量数据写入图像非常有用。

通过了解PNG格式,我们可以自信地将数据写入PNG文件并从中读取数据,因为我们要将数据持久化存储在图像中。

PNG 是一种光栅图形文件格式，是 Stable Diffusion 生成的图像的理想图像格式。PNG 文件格式最初是为了改进非专利的有损图像压缩格式而创建的，现在已在互联网上广泛使用。

除了 PNG 之外，其他几种图像格式也支持保存自定义图像元数据，例如 JPEG、TIFF、RAW、DNG 和 BMP。但是，这些格式都有其自身的问题和局限性。JPEG 文件可以包含自定义 Exif 元数据，但 JPEG 是一种有损压缩图像格式，它通过牺牲图像质量来实现高压缩率。DNG 是 Adobe 拥有的专有格式。与 PNG 相比，BMP 的自定义元数据大小有限。

对于 PNG 格式，除了能够存储额外的元数据之外，还有很多优点，这些优点使其成为理想的格式[1]：

- 无损压缩：PNG 采用无损压缩，这意味着图像在压缩时不会降低质量。
- 支持透明度：PNG 支持透明度（Alpha 通道），允许图像具有透明背景或半透明元素。
- 宽色域：PNG 支持 24 位 RGB 颜色、32 位 RGBA 颜色和灰度图像，提供广泛的颜色选项。
- 伽马校正：PNG 支持伽马校正，这有助于在不同的设备和平台上保持一致的颜色。
- 渐进式显示：PNG 支持隔行扫描，允许图像在下载时逐渐显示。

当然，我们也需要注意，在某些情况下，PNG 可能不是最佳选择。以下是一些例子：

- 文件体积较大：与 JPEG 等其他格式相比，由于采用无损压缩，因此 PNG 文件的体积可能更大。
- 缺少原生动画支持：与 GIF 不同，PNG 本身不支持动画。
- 不适合高分辨率照片：由于采用无损压缩，PNG 不是高分辨率照片的最佳选择，因为文件大小可能比 JPEG 等使用有损压缩的格式大得多。

尽管有这些限制，PNG 仍然是图像格式的一个可行选择，特别适合保存来自 Stable Diffusion 的原始图像。

PNG 文件的内部数据结构基于块结构。每个块都是自成一体的单元，存储有关图像或元数据的具体信息。这种结构使 PNG 文件可以存储文本、版权等附加信息，而不影响图像数据本身。

一个 PNG 文件包括一个签名和一系列的块。以下是 PNG 文件主要组成部分的简要介绍：

- 签名：PNG 文件的前 8 个字节是固定签名（十六进制为 89 50 4E 47 0D 0A 1A 0A），用于识别文件类型。
- 数据块：文件的其余部分由数据块构成。每个数据块的结构如下：

- 长度（4字节）：无符号整数，表示块数据字段的字节数。
- 类型（4字节）：一个4字节的字符串，用于指定块的类型（如IHDR、IDAT、tEXt等）。
- 数据（可变长度）：数据块中的数据，其长度由长度（length）字段指定。
- CRC（4字节）：循环冗余校验值，用于错误检测，基于数据块类型和数据字段计算。

这种结构既灵活又具有扩展性，可以在不影响现有PNG解码器兼容性的情况下添加新的数据块类型。此外，这种PNG数据结构还能在图像中嵌入几乎无限量的附加元数据。

接下来，我们将使用Python把一些文本数据嵌入PNG图像文件。

19.2　在PNG图像文件中保存文本数据

首先，我们用Stable Diffusion生成一张测试图像吧。这一次，我们将使用JSON对象来存储生成参数，这与之前几章使用的代码有所不同。

加载模型：

```
import torch
from diffusers import StableDiffusionPipeline

model_id = "stablediffusionapi/deliberate-v2"
text2img_pipe = StableDiffusionPipeline.from_pretrained(
    model_id,
    torch_dtype = torch.float16
)
# Then, we define all the parameters that will be used to generate an
# image in a JSON object:
gen_meta = {
    "model_id": model_id,
    "prompt": "high resolution, 
        a photograph of an astronaut riding a horse",
    "seed": 123,
    "inference_steps": 30,
    "height": 512,
    "width": 768,
    "guidance_scale": 7.5
}
```

现在，让我们在Python的 dict 类型中应用 gen_meta：

```
text2img_pipe.to("cuda:0")
```

```
input_image = text2img_pipe(
    prompt = gen_meta["prompt"],
    generator = \
        torch.Generator("cuda:0").manual_seed(gen_meta["seed"]),
    guidance_scale = gen_meta["guidance_scale"],
    height = gen_meta["height"],
    width = gen_meta["width"]
).images[0]
text2img_pipe.to("cpu")
torch.cuda.empty_cache()
input_image
```

我们应使用 input_image 来生成图像——这是在 Python 文本中的图像对象引用。

接下来，让我们一步一步地将 gen_meta 数据存储到 PNG 文件中：

1. 如果你还没有安装 pillow 库[2]，请先安装：

```
pip install pillow
```

2. 使用以下代码添加一个存储文本信息的块：

```
from PIL import Image
from PIL import PngImagePlugin
import json

# Open the original image
image = Image.open("input_image.png")

# Define the metadata you want to add
metadata = PngImagePlugin.PngInfo()
gen_meta_str = json.dumps(gen_meta)
metadata.add_text("my_sd_gen_meta", gen_meta_str)

# Save the image with the added metadata
image.save("output_image_with_metadata.png", "PNG",
    pnginfo=metadata)
```

现在，字符串化的 gen_meta 信息已经保存到 output_image_with_metadata.png 文件中了。需要注意的是，我们需要先使用 json.dumps(gen_meta) 将 gen_meta 从对象转换为字符串。

以上代码向 PNG 文件添加了一个数据块。正如本章开头所述，PNG 文件是由数据块堆叠而成的，这意味着我们可以向 PNG 文件添加任意数量的文本块。在下面的示例中，我们添加了两个文本块，而不仅仅是一个：

```
from PIL import Image
from PIL import PngImagePlugin
```

```
import json

# Open the original image
image = input_image#Image.open("input_image.png")

# Define the metadata you want to add
metadata = PngImagePlugin.PngInfo()
gen_meta_str = json.dumps(gen_meta)
metadata.add_text("my_sd_gen_meta", gen_meta_str)

# add a copy right json object
copyright_meta = {
    "author":"Andrew Zhu",
    "license":"free use"
}
copyright_meta_str = json.dumps(copyright_meta)
metadata.add_text("copy_right", copyright_meta_str)

# Save the image with the added metadata
image.save("output_image_with_metadata.png", "PNG",
    pnginfo=metadata)
```

只需再次调用 add_text() 函数,我们就可以向 PNG 文件添加第二个文本块。接下来,让我们从 PNG 图像中提取添加的数据。

3. 从 PNG 图像中提取文本数据非常简单。我们可以再次使用 pillow 包来完成此任务:

```
from PIL import Image
image = Image.open("output_image_with_metadata.png")

metadata = image.info

# print the meta
for key, value in metadata.items():
    print(f"{key}: {value}")
```

运行以上代码,我们应该看到如下输出:

```
my_sd_gen_meta: {"model_id": "stablediffusionapi/deliberate-v2",
"prompt": "high resolution, a photograph of an astronaut riding
a horse", "seed": 123, "inference_steps": 30, "height": 512,
"width": 768, "guidance_scale": 7.5}
copy_right: {"author": "Andrew Zhu", "license": "free use"}
```

通过本节的代码,我们可以将自定义数据保存为 PNG 图像文件,并从中提取数据。

19.3　PNG 数据存储限制

你可能会好奇文本数据的大小是否有限制。实际上，写入 PNG 文件的元数据量没有明确的限制。但是，PNG 文件结构和用于读写元数据的软件或库的限制会带来一些实际的约束。

正如我们在 19.1 节中讨论的，PNG 文件以数据块的形式存储。每个数据块的最大大小为 $2^{31}-1$ 字节（大约 2GB）。虽然理论上可以在一个 PNG 文件中包含多个元数据块，但在这些块中存储过多的或过大的数据可能会导致错误，或在使用其他软件打开图像时加载速度变慢。

在实践中，PNG 文件中的元数据通常很小，包含诸如版权、作者、描述或用于创建图像的软件等信息。在我们的例子中，元数据是用于生成图像的 Stable Diffusion 参数。不建议在 PNG 元数据中存储大量数据，因为这可能会导致性能问题以及与某些软件的兼容性问题。

19.4　总结

在本章中，我们介绍了一种将图像生成提示和相关参数存储在 PNG 图像文件中的解决方案，以便生成数据可以随文件一起保存，并且我们可以提取这些参数，使用 Stable Diffusion 来增强图像或扩展提示以用于其他用途。

本章介绍了 PNG 文件的文件结构，并提供了示例代码来将多个文本数据块存储在 PNG 文件中，然后使用 Python 代码从 PNG 文件中提取元数据。

借助该解决方案的示例代码，你还可以从 A1111 的 Stable Diffusion Web UI 生成的图像中提取元数据。

在第 20 章中，我们将为 Stable Diffusion 应用构建一个交互式 Web UI。

19.5　参考文献

1. Portable Network Graphics (PNG) specification: https://www.w3.org/TR/png/
2. Pillow package: https://pillow.readthedocs.io/en/stable/

CHAPTER 20

第 20 章

创建交互式用户界面

在前面的章节中，我们只使用了 Python 代码和 Jupyter Notebook 来完成 Stable Diffusion 的各种任务。但在某些情况下，我们需要一个交互式用户界面，不仅是为了更容易地进行测试，也是为了获得更好的用户体验。

假设我们已经使用 Stable Diffusion 构建了一个应用程序。我们如何将其发布给公众或非技术用户试用呢？在本章中，我们将使用一个开源的交互式 UI 框架 Gradio[1] 来封装 diffusers 代码，并仅使用 Python 提供一个基于 Web 的 UI。

本章不会深入探讨 Gradio 使用的全部细节，而是重点关注其基本构建块的高级概述，并始终牢记一个特定目标：演示如何使用 Gradio 构建 Stable Diffusion 文本到图像管道。

在这一章中，我们将探讨以下主题：

❑ Gradio 介绍
❑ Gradio 基础知识
❑ 使用 Gradio 构建一个 Stable Diffusion 文本到图像管道

20.1 Gradio 介绍

Gradio 是一个 Python 库，可以轻松构建漂亮的交互式 Web 界面，适用于机器学习模型和数据科学工作流程。它是一个高级库，简化了 Web 开发的复杂细节，使你可以专注于构建模型和界面。

我们在前几章中多次提到的 A1111 Stable Diffusion Web UI 就使用了 Gradio 作为用户界面，许多研究人员也使用这个框架来快速演示最新成果。Gradio 成为主流用户界面的原因如下：

- **易于使用**：Gradio 简洁的 API 使你只需几行代码即可轻松创建交互式 Web 界面。
- **灵活**：Gradio 可用于创建各种交互式 Web 界面，从简单的滑块到复杂的聊天机器人。
- **可扩展**：Gradio 是可扩展的，因此你可以自定义界面的外观或添加新功能。
- **开源**：Gradio 是开源软件，因此你可以为该项目做出贡献或在你的项目中使用它。

Gradio 的另一个不同于其他类似框架的特点是，Gradio 界面可以嵌入 Python Notebook 中，也可以作为独立的网页呈现（当你看到这个 Notebook 嵌入功能时，你就会发现它为什么很棒）。

如果你一直在使用 diffusers 运行 Stable Diffusion，那么你的 Python 环境应该已经为 Gradio 做好了准备。如果你是从本章开始阅读本书的，请确保你的机器上安装了 Python 3.8 或更高版本。

现在我们已经了解了 Gradio 是什么，接下来让我们学习如何设置它。

20.2 开始使用 Gradio

在本节中，我们将了解启动 Gradio 应用程序的基本设置。

1. 使用 pip 安装 Gradio：

```
pip install gradio
```

请确保将 click 和 uvicorn 两个包更新到最新版本：

```
pip install -U click
pip install -U uvicorn
```

2. 新建一个 Jupyter Notebook 单元格，然后在单元格中编写或粘贴以下代码：

```
import gradio

def greet(name):
    return "Hello " + name + "!"

demo = gradio.Interface(
    fn = greet,
    inputs = "text",
    outputs = "text"
)

demo.launch()
```

当你运行它时，是不会弹出新的网络浏览器窗口的。相反，界面会嵌入 Jupyter Notebook 的结果面板中。

当然，你可以将本地 URL（http://127.0.0.1:7860）复制并粘贴到任意本地浏览器中查看。

需要注意的是，下次在另一个 Jupyter Notebook 的单元格中运行代码时，将会分配一个新的服务器端口，比如 7861。Gradio 不会自动回收已分配的服务器端口。我们可以通过添加一行 gradio.close_all() 来确保启动前释放所有使用中的端口。请按以下格式更新代码：

```
import gradio

def greet(name):
    return "Hello " + name + "!"

demo = gradio.Interface(
    fn = greet,
    inputs = "text",
    outputs = "text"
)

gradio.close_all()

demo.launch(
    server_port = 7860
)
```

图 20.1 中展示了代码和嵌入的 Gradio 界面。

请注意示例中的 Jupyter Notebook 是运行在 Visual Studio Code 中的。它也可以在 Google Colab 或独立安装的 Jupyter Notebook 中运行。

我们也可以在终端启动一个 Gradio 应用程序。

在 Jupyter Notebook 中启动 Web 应用程序非常适合进行测试和概念验证。部署应用程序时，最好从终端启动。

新建一个名为 gradio_app.py 的文件，并使用第 2 步中的相同代码。使用新的端口号，例如 7861，以避免与已经使用的 7860 发生冲突。然后从终端启动该应用程序：

```
python gradio_app.py
```

准备完毕。接下来，我们来熟悉一下 Gradio 的基本模块。

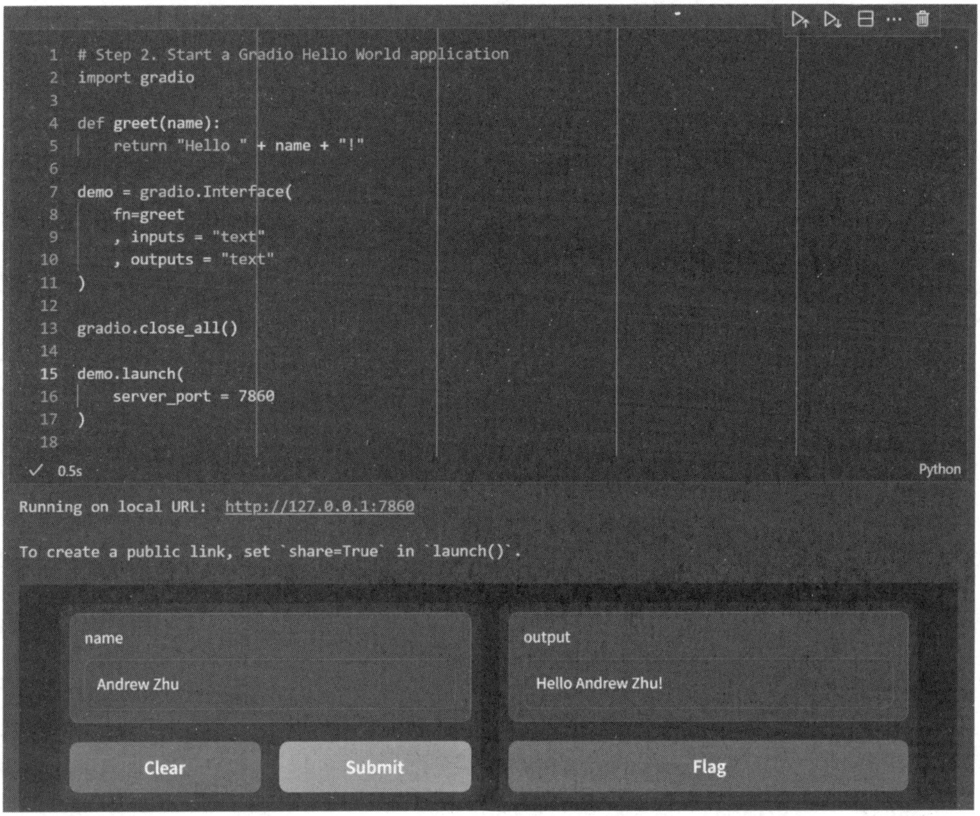

```
1  # Step 2. Start a Gradio Hello World application
2  import gradio
3
4  def greet(name):
5      return "Hello " + name + "!"
6
7  demo = gradio.Interface(
8      fn=greet
9      , inputs = "text"
10     , outputs = "text"
11 )
12
13 gradio.close_all()
14
15 demo.launch(
16     server_port = 7860
17 )
18
```

Running on local URL: http://127.0.0.1:7860

To create a public link, set `share=True` in `launch()`.

图 20.1　嵌入 Jupyter Notebook 单元格中的 Gradio 用户界面

20.3　Gradio 基础知识

前面的示例代码改编自 Gradio 官方快速入门教程。当我们查看代码时，很多细节都被隐藏了。我们不知道"清除"（Clear）按钮在哪里，我们没有指定"提交"（Submit）按钮，我们也不知道"标记"（Flag）按钮是什么。

在将 Gradio 用于任何严肃的应用程序之前，我们需要理解每一行代码并确保每个元素都处于控制之下。

模块（Blocks）可以提供一种更好的方法，通过显式声明来添加界面元素，而不是使用 Interface 函数自动提供布局。

20.3.1　Gradio 模块

Interface 函数提供了一个抽象级别以便轻松创建原型，但其本质仍是一层抽象。

便捷是有代价的。相比之下，Blocks是一种用于布局元素和定义数据流的底层方法。借助Blocks，我们可以精确控制以下内容：

- 组件的布局
- 触发动作的事件
- 数据流的方向

举例说明会更清楚：

```
import gradio
gradio.close_all()

def greet(name):
    return f"hello {name} !"

with gradio.Blocks() as demo:
    name_input = gradio.Textbox(label = "Name")
    output = gradio.Textbox(label = "output box")
    diffusion_btn = gradio.Button("Generate")
    diffusion_btn.click(
        fn = greet,
        inputs = name_input,
        outputs = output
    )

demo.launch(server_port = 7860)
```

上面的代码将生成如图20.2所示的界面。

图20.2　使用Blocks生成的Gradio用户界面

所有Blocks中的元素都会显示在用户界面中。用户界面元素的文本也是由我们定义的。在click事件中，我们定义了fn事件函数、inputs和outputs。最后，使用demo.launch(server_port = 7860)启动应用程序。

这体现了Python的一个指导原则："显式优于隐式"，我们力求代码清晰简洁。

20.3.2 输入和输出

Gradio Blocks 部分的代码仅使用一个输入和一个输出。我们可以提供多个输入和输出，如下代码所示：

```python
import gradio
gradio.close_all()

def greet(name, age):
    return f"hello {name} !", f"You age is {age}"

with gradio.Blocks() as demo:
    name_input = gradio.Textbox(label = "Name")
    age_input = gradio.Slider(minimum =0,maximum =100,
        label ="age slider")
    name_output = gradio.Textbox(label = "name output box")
    age_output = gradio.Textbox(label = "age output")
    diffusion_btn = gradio.Button("Generate")
    diffusion_btn.click(
        fn = greet,
        inputs = [name_input, age_input],
        outputs = [name_output, age_output]
    )

demo.launch(server_port = 7860)
```

结果如图 20.3 所示。

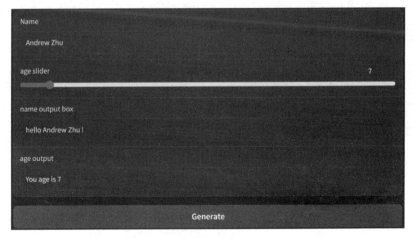

图 20.3　具有多个输入和输出的 Gradio 用户界面

只需使用 `gradio.Blocks()` 将元素堆叠在 with 语句下，并在列表中提供输入和输出即可。Gradio 会自动从输入中获取值并将它们传递给绑定的 greet 函数。输出将接收关联函数返回的元组值。

接下来，将这些元素替换为提示和输出图像组件。这种方法可以应用于构建基于 Web 的 Stable Diffusion 管道。但是，在继续之前，我们需要探讨如何将进度条集成到我们的界面中。

20.3.3　创建一个进度条

在 Gradio 中使用进度条时，可以在相关事件函数中添加 `progress` 参数。`progress` 对象用于跟踪函数进度，并以进度条形式展示给用户。

以下是如何在 Gradio 中使用进度条的示例：

```
import gradio, time
gradio.close_all()

def my_function(text, progress=gradio.Progress()):
    for i in range(10):
        time.sleep(1)
        progress(i/10, desc=f"{i}")
    return text

with gradio.Blocks() as demo:
    input = gradio.Textbox()
    output = gradio.Textbox()
    btn = gradio.Button()
    btn.click(
        fn = my_function,
        inputs = input,
        outputs = output
    )
demo.queue().launch(server_port=7860)
```

在上述代码中，我们手动更新进度条，使用 `progress(i/10, desc=f"{i}")` 来实现。每次休眠后，进度条都会前进 10%。

点击运行按钮后，进度条将会出现在输出文本框的位置。接下来我们将用类似的方法为 Stable Diffusion 管道添加进度条。

20.4　使用 Gradio 构建一个 Stable Diffusion 文本到图像管道

在所有准备工作完成之后，让我们用 Gradio 来构建一个 Stable Diffusion 文本到图像管道。界面将包含以下内容：

❏ 提示词输入框
❏ 负面提示词输入框
❏ 一个带有生成标签的按钮
❏ 单击生成按钮时显示进度条
❏ 输出图像

以下是实现这五个元素的代码示例:

```
import gradio
gradio.close_all(verbose = True)

import torch
from diffusers import StableDiffusionPipeline

text2img_pipe = StableDiffusionPipeline.from_pretrained(
    "stablediffusionapi/deliberate-v2",
    torch_dtype = torch.float16,
    safety_checker = None
).to("cuda:0")

def text2img(
    prompt:str,
    neg_prompt:str,
    progress_bar = gradio.Progress()
):
    return text2img_pipe(
        prompt = prompt,
        negative_prompt = neg_prompt,
        callback = (
            lambda step,
            timestep,
            latents: progress_bar(step/50,desc="denoising")
        )
    ).images[0]

with gradio.Blocks(
    theme = gradio.themes.Monochrome()
) as sd_app:
    gradio.Markdown("# Stable Diffusion in Gradio")
    prompt = gradio.Textbox(label="Prompt", lines = 4)
    neg_prompt = gradio.Textbox(label="Negative Prompt", lines = 2)
    sd_gen_btn = gradio.Button("Generate Image")
    output_image = gradio.Image()

    sd_gen_btn.click(
        fn = text2img,
        inputs = [prompt, neg_prompt],
```

```
        outputs = output_image
    )
sd_app.queue().launch(server_port = 7861)
```

在前面的代码中，我们先将 `text2img_pipe` 管道加载到显存，然后创建了一个由 Gradio 事件按钮调用的 `text2img` 函数。请注意 `lambda` 表达式：

```
callback = (
    lambda step, timestep, latents:
        progress_bar(step/50, desc="denoising")
)
```

我们将在 diffusers 的去噪循环中引入进度条。每次去噪步骤都会更新进度条。

代码的最后部分包含了 Gradio 元素的模块堆栈。代码还为 Gradio 添加了一个全新的主题。

```
...
with gradio.Blocks(
    theme = gradio.themes.Monochrome()
) as sd_app:
...
```

现在，你应该可以在 Jupyter Notebook 和任意本地浏览器中运行代码并生成图像了。进度条和结果如图 20.4 所示。

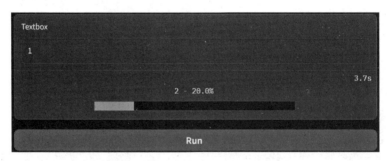

图 20.4　包含进度条的 Gradio 用户界面

你可以为这个示例应用程序增添更多元素和功能。

20.5　总结

在撰写本章时（2023 年 12 月），并没有太多可以帮助我们将 diffusers 与 Gradio 结合使用的信息或示例代码。我们编写本章是为了帮助快速构建 Web UI 中的 Stable Diffusion

应用程序，以便我们能够在几分钟内与他人分享结果，而无须触碰任何 HTML、CSS 或 JavaScript 代码，在整个构建过程中完全使用 Python。

本章介绍了 Gradio，包括它能做什么以及它为什么受欢迎。我们没有涉及 Gradio 的所有内容；我们相信其官方文档[1]可以更好地完成这项工作。相反，我们使用了一个简单的例子来解释 Gradio 的核心功能，以及我们需要准备什么来使用 Gradio 构建 Stable Diffusion Web UI[2]。

最后，我们一起介绍了 Blocks、inputs、outputs、进度条和事件绑定，并在 Gradio 中构建了一个小巧但功能齐全的 Stable Diffusion 管道。

在第 21 章中，我们将深入探讨一个相对复杂的话题：模型微调和 LoRA 训练。

20.6 参考文献

1. Gradio: Build Machine Learning Web Apps — in Python: https://github.com/gradio-app/gradio
2. Gradio QuickStart: https://www.gradio.app/guides/quickstart

CHAPTER 21

第 21 章

扩散模型的迁移学习

本书主要关注如何使用 Python 操作 Stable Diffusion，在进行过程中，我们需要根据特定需求对模型进行微调。正如我们在前几章中讨论的，有很多方法可以自定义模型，例如：

- 解锁 UNet 以微调所有参数
- 训练文本引导以添加新的关键词嵌入
- 锁定 UNet 并训练 LoRA 模型以定制化风格
- 训练一个 ControlNet 模型通过控制指导来引导图像生成
- 训练一个适配器，将图像用作指导嵌入之一

仅仅用一章的篇幅来涵盖模型训练的所有主题是不可能的，深入探讨模型训练的细节可能需要另一本书。

尽管如此，我们仍然希望利用本章来深入研究模型训练的核心概念。我们不想列出如何微调扩散模型的示例代码，也不想使用 Diffusers 包中的脚本，而是想向你介绍训练的核心概念，以便你完全理解常见的训练过程。在本章中，我们将涵盖以下主题：

- 通过使用 PyTorch 从头开始训练线性模型来介绍训练模型的基础知识
- 介绍 Hugging Face Accelerate 包以在多个 GPU 中训练模型
- 使用 PyTorch 和 Accelerate 逐步构建代码以训练 Stable Diffusion v1.5 LoRA 模型

到本章结束时，你将熟悉整个训练过程和关键概念，并且能够阅读其他存储库中的示例代码并构建自己的训练代码，以便从预训练模型自定义模型。

编写代码来训练一个模型是学习如何训练模型的最佳方法。让我们开始吧。

21.1 技术要求

训练模型时,需要比模型推理更多的 GPU 和显存。至少准备一个拥有 8GB 显存的 GPU——显存越多越好。你还可以使用多块 GPU 来训练模型。

建议安装这些软件包的最新版本:

```
pip install torch torchvision torchaudio
pip install bitsandbytes
pip install transformers
pip install accelerate
pip install diffusers
pip install peft
pip install datasets
```

以下是我在编写示例代码时使用的软件包及其版本:

```
pip install torch==2.1.2 torchvision==0.16.1 torchaudio==2.1.1
pip install bitsandbytes==0.41.0
pip install transformers==4.36.1
pip install accelerate==0.24.1
pip install diffusers==0.26.0
pip install peft==0.6.2
pip install datasets==2.16.0
```

我们的训练代码已在 Ubuntu 22.04 x64 版本上验证过。

21.2 使用 PyTorch 训练神经网络模型

本节的目标是使用 PyTorch 构建并训练一个简单的神经网络模型。该模型将是一个单层模型,没有其他花哨的层。它很简单,但包含了训练 Stable Diffusion LoRA 所需的所有元素,我们将在本章后面看到。

如果你已经掌握了 PyTorch 的模型训练,请随意跳过本节。如果这是你第一次开始训练模型,那么这个简单的模型训练将帮助你彻底了解模型训练的过程。

在开始之前,请确保你已安装 21.1 节中提到的所有必需软件包。

21.2.1 准备训练数据

假设我们需要训练一个包含四个权重的模型,并输出一个数字结果,展示如下:

$$y = w_1 \times x_1 + w_2 \times x_2 + w_3 \times x_3 + w_4 \times x_4$$

这四个权重:w_1、w_2、w_3、w_4,是我们期望从训练数据中获取的模型权重(你可以将这些权重看作 Stable Diffusion 模型的权重）。因为我们需要一些实际数据来训练模型，所以我将用权重 [2,3,4,7] 生成一些样本数据。

```
import numpy as np
w_list = np.array([2,3,4,7])
```

让我们创建 10 组输入样本数据 x_sample；每个 x_sample 是一个包含四个元素的数组，其长度与权重相同：

```
import random
x_list = []
for _ in range(10):
    x_sample = np.array([random.randint(1,100) for _ in range(
        len(w_list))])
    x_list.append(x_sample)
```

接下来我们将使用神经网络模型来预测一组权重，为了训练，我们假设在生成训练数据后真正的权重是未知的。

在前面的代码片段中，我们利用 numpy 及其点积运算符 @ 来计算输出 y。现在，让我们生成包含 10 个元素的 y_list：

```
y_list = []
for x_sample in x_list:
    y_temp = x_sample@w_list
    y_list.append(y_temp)
```

你可以输出 x_list 和 y_list 来查看训练数据。

我们已经准备好了训练数据，无须再下载其他内容。接下来，我们定义模型并准备进行训练。

21.2.2　准备训练

我们的模型可能是有史以来最简单的，只是一个简单的线性点积，如以下代码所示：

```
import torch
import torch.nn as nn

class MyLinear(nn.Module):
    def __init__(self):
        super().__init__()
        self.w = nn.Parameter(torch.randn(4))

    def forward(self, x:torch.Tensor):
        return self.w @ x
```

以下代码生成一个包含四个随机数的张量：torch.randn(4)。不再需要其他代码；我们的神经网络模型已经准备好，名字叫 MyLinear。

要训练一个模型，我们首先需要对其进行初始化，这就像在 LLM 或扩散模型中设置随机权重一样：

```
model = MyLinear()
```

几乎所有神经网络模型的训练过程都包含以下几个步骤：
1. 前向传播以预测结果。
2. 计算预测结果与实际值之间的差异，即损失值。
3. 通过反向传播计算梯度损失值。
4. 更新模型参数。

在开始训练之前，先定义损失函数和优化器。损失函数 loss_fn 将根据预测结果与真实结果计算损失值，优化器则用于更新权重：

```
loss_fn = nn.MSELoss()
optimizer = torch.optim.SGD(model.parameters(), lr = 0.00001)
```

lr 代表学习率，这是一个至关重要的超参数。确定最佳学习率通常需要反复尝试，具体取决于模型、数据集和问题的特点。要找到合适的学习率，需要执行以下步骤：
- 通常建议以 0.001 这样的学习率起步，然后根据观察到的收敛情况逐步增减。
- 使用学习率调度器：你可以使用学习率调度器在训练过程中动态调整学习率。一种常见的方法是阶跃衰减，即学习率在固定的轮次后降低。另一种流行的方法是指数衰减，即学习率随时间呈指数下降（我们不会在世界上最简单的模型中使用它）。

另外，不要忘记将输入和输出转换为 torch Tensor 对象：

```
x_input = torch.tensor(x_list, dtype=torch.float32)
y_output = torch.tensor(y_list, dtype=torch.float32)
```

准备工作已经全部完成，现在我们开始训练模型吧。

21.2.3 训练模型

我们将轮次设为 100，这意味着我们的训练数据将循环 100 次：

```
# start train model
num_epochs = 100
for epoch in range(num_epochs):
    for i, x in enumerate(x_input):
```

```
        # forward
        y_pred = model(x)

        # calculate loss
        loss = loss_fn(y_pred,y_output[i])

        # zero out the cached parameter.
        optimizer.zero_grad()

        # backward
        loss.backward()

        # update paramters
        optimizer.step()

    if (epoch+1) % 10 == 0:
        print('Epoch [{}/{}], Loss: {:.4f}'.format(epoch+1,
            num_epochs, loss.item()))
print("train done")
```

让我们详细解释一下前面的代码：

- `y_pred = model(x)`：将模型应用到当前输入数据样本 x 上，生成预测值 y_pred。
- `loss = loss_fn(y_pred, y_output[i])`：这一行代码利用指定的损失函数 loss_fn，将预测输出 y_pred 与实际输出 y_output[i] 进行对比，从而计算损失（即误差或代价）。
- `optimizer.zero_grad()`：该方法会将反向传播过程中计算出的梯度归零。这一点很关键，因为它能够阻止梯度值在不同样本之间累积。
- `loss.backward()`：这一行代码执行反向传播算法，计算所有参数相对于损失的梯度。
- `optimizer.step()`：这一行代码根据计算出的梯度和所选的优化方法，更新模型参数。

将所有代码整合并运行后，我们会看到如下输出：

```
Epoch [10/100], Loss: 201.5572
Epoch [20/100], Loss: 10.8380
Epoch [30/100], Loss: 3.5255
Epoch [40/100], Loss: 1.7397
Epoch [50/100], Loss: 0.9160
Epoch [60/100], Loss: 0.4882
Epoch [70/100], Loss: 0.2607
Epoch [80/100], Loss: 0.1393
Epoch [90/100], Loss: 0.0745
```

```
Epoch [100/100], Loss: 0.0398
train done
```

损失值迅速收敛，经过 100 个轮次后接近 0。运行以下代码查看当前权重：

```
model.w
```

你可以看到权重更新如下：

```
Parameter containing:
tensor([1.9761, 3.0063, 4.0219, 6.9869], requires_grad=True)
```

这非常接近 [2,3,4,7]，训练后的模型成功地找到了正确的权重值。

在使用 Stable Diffusion 和多 GPU 训练时，我们可以借助 Hugging Face 的 Accelerate 软件包[4]。接下来，让我们开始使用 Accelerate 吧。

21.3 使用 Hugging Face 的 Accelerate 训练模型

Hugging Face 的 Accelerate 是一个库，它在不同的 PyTorch 分布式框架之上提供了一个高级 API，旨在简化分布式和混合精度训练的过程。它的设计目标是尽可能减少对训练循环的更改，并允许相同的功能适用于任何分布式设置。让我们看看 Accelerate 可以带来什么。

21.3.1 应用 Hugging Face 的 Accelerate

让我们将 Accelerate 应用到我们简单但有效的模型中。Accelerate 旨在与 PyTorch 一起使用，因此我们不需要更改太多代码。以下是使用 Accelerate 训练模型的步骤：

1. 生成默认配置文件：

```
from accelerate import utils
utils.write_basic_config()
```

2. 初始化 Accelerate 实例，并将模型实例和数据发送到由 Accelerate 管理的设备：

```
from accelerate import Accelerator
accelerator = Accelerator()
device = accelerator.device

x_input.to(device)
y_output.to(device)
model.to(device)
```

3. 将 `loss.backward` 替换为 `accelerator.backward(loss)`：

```
# loss.backward
accelerator.backward(loss)
```

接下来，我们将使用 Accelerate 来更新训练代码。

21.3.2 将代码合在一起

我们将保留所有其他代码不变，以下是除数据准备和模型初始化之外的完整训练代码：

```
# start train model using Accelerate
from accelerate import utils
utils.write_basic_config()

from accelerate import Accelerator
accelerator = Accelerator()
device = accelerator.device

x_input.to(device)
y_output.to(device)
model.to(device)

model, optimizer = accelerator.prepare(
    model, optimizer
)

num_epochs = 100
for epoch in range(num_epochs):
    for i, x in enumerate(x_input):
        # forward
        y_pred = model(x)

        # calculate loss
        loss = loss_fn(y_pred,y_output[i])

        # zero out the cached parameter.
        optimizer.zero_grad()

        # backward
        #loss.backward()
        accelerator.backward(loss)

        # update paramters
        optimizer.step()

    if (epoch+1) % 10 == 0:
        print('Epoch [{}/{}], Loss: {:.4f}'.format(epoch+1,
```

```
                    num_epochs, loss.item()))

print("train done")
```

运行上述代码，我们会获得与未使用 Hugging Face 的 Accelerate 库训练模型时相同的结果，并且损失值也会收敛。

21.3.3　使用 Accelerate 进行多 GPU 模型训练

多 GPU 训练有很多种类型；在本例中，我们将使用数据并行的方式[1]。简而言之，我们会将整个模型数据加载到每个 GPU 中，并将训练数据拆分到多个 GPU 上。

在 PyTorch 中，我们可以用下面的代码来实现这一点：

```
import torch.nn as nn
from torch.nn.parallel import DistributedDataParallel

model = MyLinear()
ddp_model = DistributedDataParallel(model)
# Hugging Face Accelerate wraps this operation automatically using the
prepare() function like this:
from accelerate import Accelerator
accelerator = Accelerator()

model = MyLinear()
model = accelerator.prepare(model)
```

对于世界上最简单的模型，我们会将整个模型加载到每个 GPU，并将 10 组训练数据分别分成 5 组。每个 GPU 将同时处理 5 组数据。在每一步之后，所有损失梯度值将使用 allreduce 操作进行合并。allreduce 操作简单来说就是将所有 GPU 的损失数据加起来，然后将其发送回每个 GPU 以更新权重，如下面的 Python 代码所示：

```
def allreduce(data):
    for i in range(1, len(data)):
        data[0][:] += data[i].to(data[0].device)
    for i in range(1, len(data)):
        data[i][:] = data[0].to(data[i].device)
```

Accelerate 将启动两个独立的进程进行训练。为了避免创建两个训练数据集，让我们生成一个数据集并使用 pickle 包将其保存到本地存储：

```
import numpy as np
w_list = np.array([2,3,4,7])

import random
x_list = []
```

```python
for _ in range(10):
    x_sample = np.array([random.randint(1,100)
        for _ in range(len(w_list))]
    )
    x_list.append(x_sample)

y_list = []
for x_sample in x_list:
    y_temp = x_sample@w_list
    y_list.append(y_temp)
train_obj = {
    'w_list':w_list.tolist(),
    'input':x_list,
    'output':y_list
}

import pickle
with open('train_data.pkl','wb') as f:
    pickle.dump(train_obj,f)
```

然后,将整个模型和训练代码封装在一个 main 函数中,并将其保存在一个名为 `train_model_in_2gpus.py` 的新 Python 文件中:

```python
import torch
import torch.nn as nn
from accelerate import utils
from accelerate import Accelerator

# start a accelerate instance
utils.write_basic_config()
accelerator = Accelerator()
device = accelerator.device

def main():
    # define the model
    class MyLinear(nn.Module):
        def __init__(self):
            super().__init__()
            self.w = nn.Parameter(torch.randn(len(w_list)))

        def forward(self, x:torch.Tensor):
            return self.w @ x

    # load training data
    import pickle
    with open("train_data.pkl",'rb') as f:
        loaded_object = pickle.load(f)
    w_list = loaded_object['w_list']
```

```python
        x_list = loaded_object['input']
        y_list = loaded_object['output']

        # convert data to torch tensor
        x_input = torch.tensor(x_list, dtype=torch.float32).to(device)
        y_output = torch.tensor(y_list, dtype=torch.float32).to(device)

        # initialize model, loss function, and optimizer
        Model = MyLinear().to(device)
        loss_fn = nn.MSELoss()
        optimizer = torch.optim.SGD(model.parameters(), lr = 0.00001)

        # wrap model and optimizer using accelerate
        model, optimizer = accelerator.prepare(
            model, optimizer
        )

        num_epochs = 100
        for epoch in range(num_epochs):
            for i, x in enumerate(x_input):
                # forward
                y_pred = model(x)

                # calculate loss
                loss = loss_fn(y_pred,y_output[i])

                # zero out the cached parameter.
                optimizer.zero_grad()

                # backward
                #loss.backward()
                accelerator.backward(loss)

                # update paramters
                optimizer.step()

            if (epoch+1) % 10 == 0:
                print('Epoch [{}/{}], Loss: {:.4f}'.format(epoch+1,
                    num_epochs, loss.item()))

        # take a look at the model weights after trainning
        model = accelerator.unwrap_model(model)
        print(model.w)

if __name__ == "__main__":
    main()
```

然后，用下面的命令来启动训练：

```
accelerate launch --num_processes=2 train_model_in_2gpus.py
```

你应该看到如下内容：

```
Parameter containing:
tensor([1.9875, 3.0020, 4.0159, 6.9961], device='cuda:0', requires_
grad=True)
```

如果你的结果也是这样的话，恭喜你！你刚刚成功地在两块 GPU 上训练了一个 AI 模型。现在，用你学到的知识，我们来训练一个 Stable Diffusion v1.5 LoRA 吧。

21.4 训练 Stable Diffusion v1.5 LoRA

Hugging Face 文档详细介绍了如何通过调用 Diffusers 提供的预定义脚本[2]来训练 LoRA。然而，我们不想仅仅局限于"使用"脚本。Diffusers 的训练代码包含了许多边缘情况处理和难以理解的附加代码，阅读和学习起来相当困难。在本节中，我们将逐行编写训练代码，以彻底理解每一步的具体操作。

在下面的示例中，我们将使用八张配有相关标题的图像来训练 LoRA。本章代码的 `train_data` 文件夹中提供了这些图像和标题。

我们的训练代码结构如下所示：

```
# import packages
import torch
from accelerate import utils
from accelerate import Accelerator
from diffusers import DDPMScheduler,StableDiffusionPipeline
from peft import LoraConfig
from peft.utils import get_peft_model_state_dict
from datasets import load_dataset
from torchvision import transforms
import math
from diffusers.optimization import get_scheduler
from tqdm.auto import tqdm
import torch.nn.functional as F
from diffusers.utils import convert_state_dict_to_diffusers

# train code
def main():
    accelerator = Accelerator(
        gradient_accumulation_steps = gradient_accumulation_steps,
        mixed_precision = "fp16"
    )
    Device = accelerator.device
```

```
    ...
    # almost all training code will be land inside of this main
function.

if __name__ == "__main__":
    main()
```

在 `main()` 函数的下方，我们初始化一个 `accelerate` 实例。`Accelerator` 实例通过两个超参数进行初始化：

- 梯度累积步数（`gradient_accumulation_steps`）：这是在更新模型参数前需要累积梯度的训练步数。在单个 GPU 无法处理的情况下，使用梯度累积可以让更大的批量进行有效训练，同时仍然能够将模型参数加载到内存中。
- 混合精度（`mixed_precision`）：该参数确定训练过程中使用的精度。`"fp16"` 值表示将使用半精度浮点数进行中间计算，这可以提高训练速度并减少内存使用。

`Accelerator` 实例还有一个 `device` 属性，表示训练模型的设备（GPU 或 CPU）。在训练前，可以用 `device` 属性将模型和张量移到合适的设备上。

现在，让我们来定义一下超参数。

21.4.1 定义训练超参数

超参数是在学习过程开始前设置的参数，而不是从数据中学习得到的。它们是由用户定义的设置，用于控制机器学习算法的训练过程。在我们的 LoRA 训练案例中，我们将进行以下设置：

```
# hyperparameters
output_dir = "."
pretrained_model_name_or_path   = "runwayml/stable-diffusion-v1-5"
lora_rank = 4
lora_alpha = 4
learning_rate = 1e-4
adam_beta1, adam_beta2 = 0.9, 0.999
adam_weight_decay = 1e-2
adam_epsilon = 1e-08
dataset_name = None
train_data_dir = "./train_data"
top_rows = 4
output_dir = "output_dir"
resolution = 768
center_crop = True
random_flip = True
train_batch_size = 4
gradient_accumulation_steps = 1
num_train_epochs = 200
```

```
# The scheduler type to use. Choose between ["linear", "cosine", #
"cosine_with_restarts", "polynomial","constant", "constant_with_
# warmup"]
lr_scheduler_name = "constant" #"cosine"#
max_grad_norm = 1.0
diffusion_scheduler = DDPMScheduler
```

让我们详细解释一下前面的设置：

- `output_dir`：这是保存模型输出结果的目录。
- `pretrained_model_name_or_path`：用于训练起点的预训练模型的名称或路径。
- `lora_rank`：这是 LoRA 中的层数，用于微调预训练模型。秩越高，模型调整的复杂度越高，但也需要更多的训练数据和计算资源。通常情况下，低于 32 的秩可能效果不够好，而高于 256 的秩对于大多数任务来说可能又有些多了。由于我们只使用 8 张图像来训练 LoRA，因此将秩设置为 4 就足够了。
- `lora_alpha`：它控制微调过程中对预训练模型权重的更新强度。具体来说，在微调过程中生成的权重变化会乘以一个等于 alpha 除以 rank 的比例因子，然后再加回到原始模型权重中。因此，相对于 rank，增加 alpha 会增强 LoRA 的影响。将 alpha 设置为等于 rank 是一个常见的做法。
- `learning_rate`：学习率控制模型在训练过程中从错误中学习的速度。具体来说，它设置了每次迭代的步长，决定了模型调整参数以最小化 loss 函数的力度。
- `adam_beta1` 和 `adam_beta2`：这些参数用于 Adam 优化器中，分别控制梯度和梯度平方的移动平均值的衰减率。
- `adam_weight_decay`：这是 Adam 优化器中使用的权重衰减，用于防止过拟合。
- `adam_epsilon`：这是一个添加到 Adam 优化器分母中的小值，用于提高数值稳定性。
- `dataset_name`：这是用于训练的数据集名称。具体来说，这是 Hugging Face 数据集 ID，例如 lambdalabs/pokemon-blip-captions。
- `train_data_dir`：这是存储训练数据的目录。
- `top_rows`：这是用于训练的行数。它用于选择用于训练的前几行；如果你有一个包含 1000 行的数据集，请将其设置为 8 以使用前 8 行训练代码。
- `output_dir`：这是在训练期间保存输出的目录。
- `resolution`：这是输入图像的分辨率。
- `center_crop`：这是一个布尔值标志，指示是否对输入图像执行中心裁剪。

- random_flip：这是一个布尔值标志，指示是否对输入图像执行随机水平翻转。
- train_batch_size：这是训练期间使用的批量大小。
- gradient_accumulation_steps：这是在更新模型参数之前累积梯度的训练步数。
- num_train_epochs：这是要执行的训练次。
- lr_scheduler_name：这是要使用的学习率调度器的名称。
- max_grad_norm：这是要剪辑的梯度的最大范数，以防止梯度爆炸。
- diffusion_scheduler：这是要使用的扩散调度器的名称。

21.4.2 准备 Stable Diffusion 组件

训练 LoRA 的过程涉及推理、添加损失值和反向传播，这与一般的推理过程类似。为方便起见，我们使用 Diffusers 包中的 StableDiffusionPipeline 来获取分词器、文本编码器、VAE 和 UNet：

```
noise_scheduler = DDPMScheduler.from_pretrained(
    pretrained_model_name_or_path, subfolder="scheduler")
weight_dtype = torch.float16
pipe = StableDiffusionPipeline.from_pretrained(
    pretrained_model_name_or_path,
    torch_dtype = weight_dtype
).to(device)
tokenizer, text_encoder = pipe.tokenizer, pipe.text_encoder
vae, unet = pipe.vae, pipe.unet
```

在 LoRA 训练期间，这些组件将参与前向传播，但它们的权重在反向传播期间不会更新，因此我们需要将 requires_grad_ 设置为 False，如下所示：

```
# freeze parameters of models, we just want to train a LoRA only
unet.requires_grad_(False)
vae.requires_grad_(False)
text_encoder.requires_grad_(False)
```

LoRA 权重是我们想要训练的部分；让我们使用 PEFT[3] 的 LoraConfig 来初始化 LoRA 配置。

PEFT 是由 Hugging Face 开发的一个库，它提供了一些参数高效的方法，可以将大型预训练模型适配到特定的下游应用。PEFT 背后的关键思想是只微调模型的一小部分参数，而不是全部微调，从而在计算和内存使用方面节省大量资源。这使得即使在资源有限的消费级硬件上也能微调非常大的模型。

LoRA 是 PEFT 库支持的 PEFT 方法之一。使用 LoRA，在微调期间，无须更新给定层的所有权重，只需学习权重更新的低秩近似，从而减少每层所需的额外参数数量。这种方法允许你仅微调模型总参数的 0.16%，同时实现与完全微调类似的性能。

要将 LoRA 与预训练的 Transformer 模型一起使用，你需要实例化一个 `LoraConfig` 对象并将其传递给模型的相应组件。LoraConfig 类有几个属性可以控制其行为，包括分解的维度/秩、dropout 率和其他超参数。配置完成后，你可以使用标准技术（例如梯度下降）来训练模型。以下是创建 LoRA 配置对象的代码：

```
# configure LoRA parameters use PEFT
unet_lora_config = LoraConfig(
    r = lora_rank,
    lora_alpha = lora_alpha,
    init_lora_weights = "gaussian",
    target_modules = ["to_k", "to_q", "to_v", "to_out.0"]
)
```

接下来，让我们使用 `unet_lora_config` 配置将 LoRA 适配器添加到 UNet 模型中：

```
# Add adapter and make sure the trainable params are in float32.
unet.add_adapter(unet_lora_config)
for param in unet.parameters():
    # only upcast trainable parameters (LoRA) into fp32
    if param.requires_grad:
        param.data = param.to(torch.float32)
```

在 `for` 循环中，如果参数需要梯度（即可训练），则将其数据类型显式转换为 `torch.float32`。这确保只有可训练参数采用 `float32` 格式，从而提高训练效率。

21.4.3　加载训练数据

我们来用下面的代码加载数据：

```
if dataset_name:
    # Downloading and loading a dataset from the hub. data will be
    # saved to ~/.cache/huggingface/datasets by default
    dataset = load_dataset(dataset_name)
else:
    dataset = load_dataset(
        "imagefolder",
        data_dir = train_data_dir
    )

train_data = dataset["train"]
dataset["train"] = train_data.select(range(top_rows))

# Preprocessing the datasets. We need to tokenize inputs and targets.
```

```
dataset_columns = list(dataset["train"].features.keys())
image_column, caption_column = dataset_columns[0],dataset_columns[1]
```

让我们分解一下前面的代码：

- if dataset_name：如果提供了dataset_name，则代码会尝试使用load_dataset函数从Hugging Face的数据集中心加载数据集。如果没有提供dataset_name，则假设数据集存储在本地，并使用imagefolder数据集类型加载它。
- train_data = dataset["train"]：将数据集的训练拆分分配给train_data变量。
- dataset["train"] = train_data.select(range(top_rows))：选择训练数据集的第一行，并将它重新分配给数据集的训练拆分。这在使用数据集的一小部分进行快速实验时很有用。
- dataset_columns = list(dataset["train"].features.keys())：提取dataset["train"]特征字典的键，并将其分配给dataset_columns变量。这些键表示数据集中的图像和标题列。
- image_column, caption_column = dataset_columns[0], dataset_columns[1]：将第一列和第二列分别分配给image_column和caption_column变量。这里假设数据集正好有两列——第一列用于图像，第二列用于标题。

我们需要一个函数将输入文本转换为令牌ID。我们这样定义函数：

```
def tokenize_captions(examples, is_train=True):
    '''Preprocessing the datasets.We need to tokenize input captions
and transform the images.'''
    captions = []
    for caption in examples[caption_column]:
        if isinstance(caption, str):
            captions.append(caption)
    inputs = tokenizer(
        captions,
        max_length = tokenizer.model_max_length,
        padding = "max_length",
        truncation = True,
        return_tensors = "pt"
    )
    return inputs.input_ids
```

接着，我们对数据转换管道进行训练：

```
# Preprocessing the datasets.
train_transforms = transforms.Compose(
    [
```

```
        transforms.Resize(
            resolution,
            interpolation=transforms.InterpolationMode.BILINEAR
        ),
        transforms.CenterCrop(resolution) if center_crop else
            transforms.RandomCrop(resolution),
        transforms.RandomHorizontalFlip() if random_flip else
            transforms.Lambda(lambda x: x),
        transforms.ToTensor(),
        transforms.Normalize([0.5], [0.5]) # [0,1] -> [-1,1]
    ]
)
```

上述代码定义了一组图像变换，这些变换将在机器学习或深度学习模型的训练期间应用于训练数据集。这些变换是使用 PyTorch 库中的 `transforms` 模块定义的。

以下是每一行的作用：

- `transforms.Compose()`：这是一个将多个变换"链接"在一起的函数。它将变换函数列表作为输入，并按顺序应用它们。
- `transforms.Resize(resolution, interpolation=transforms.InterpolationMode.BILINEAR)`：此行将图像调整为给定的分辨率像素，同时保持纵横比。使用的插值方法是双线性插值。
- `transforms.CenterCrop(resolution) if center_crop else transforms.RandomCrop(resolution)`：此行将图像裁剪为分辨率×分辨率的正方形。如果 `center_crop` 为 True，则从图像中心进行裁剪。如果 `center_crop` 为 False，则随机裁剪。
- `transforms.RandomHorizontalFlip() if random_flip else transforms.Lambda(lambda x: x)`：此行以 0.5 的概率随机水平翻转图像。如果 `random_flip` 为 False，则图像保持不变。
- `transforms.ToTensor()`：此行将图像从 PIL 图像或 NumPy 数组转换为 PyTorch 张量。
- `transforms.Normalize([0.5], [0.5])`：此行将图像的像素值缩放至 -1 到 1 之间。这通常用于在将图像数据传递给神经网络之前对其进行归一化。

通过使用 `transforms.Compose` 将这些变换链接在一起，你可以轻松地预处理图像数据并将多个变换应用于数据集。

我们需要以下代码来使用链接的变换对象：

```
def preprocess_train(examples):
    '''prepare the train data'''
```

```
        images = [image.convert("RGB") for image in examples[
            image_column]]
        examples["pixel_values"] = [train_transforms(image)
            for image in images]
        examples["input_ids"] = tokenize_captions(examples)
        return examples

# only do this in the main process
with accelerator.main_process_first():
    # Set the training transforms
    train_dataset = dataset["train"].with_transform(preprocess_train)

def collate_fn(examples):
    pixel_values = torch.stack([example["pixel_values"]
        for example in examples])
    pixel_values = pixel_values.to(memory_format = \
        torch.contiguous_format).float()
    input_ids = torch.stack([example["input_ids"]
        for example in examples])
    return {"pixel_values": pixel_values, "input_ids": input_ids}

# DataLoaders creation:
train_dataloader = torch.utils.data.DataLoader(
    train_dataset,
    shuffle = True,
    collate_fn = collate_fn
    batch_size = train_batch_size
)
```

上述代码首先定义了一个名为 preprocess_train 的函数，用于预处理训练数据。它首先将图像转换为 RGB 格式，然后使用 train_transforms 对象对它们应用一系列图像变换（调整大小、中心/随机裁剪、随机水平翻转和归一化）。然后，它使用 tokenize_captions 函数对输入标题进行分词。将生成的预处理数据作为 pixel_values 和 input_ids 键添加到 examples 字典中。

with accelerator.main_process_first() 这一行用于确保块内的代码仅在主进程中执行。在本例中，它为 train_dataset 设置训练变换。

collate_fn 函数用于将数据集示例整理到一个批次中，以便送入模型。它接受示例列表，并将 pixel_values 和 input_ids 堆叠在一起。然后将生成的张量转换为 float32 格式并作为字典返回。

最后，使用 torch.utils.data.DataLoader 类创建 train_dataloader，该类使用指定的 batch_size、shuffle 和 collate_fn 函数加载 train_dataset。

在 PyTorch 中，DataLoader 是一个实用程序类，它抽象了批量加载数据以进行训练或评估的过程。它用于批量加载数据，这些数据是用于训练机器学习模型的数据点序列。

在提供的代码中，`train_dataloader` 是 PyTorch 的 `DataLoader` 类的一个实例。它用于批量加载训练数据。更具体地说，它以预定义的批量大小从 `train_dataset` 加载数据，为每个轮次 shuffle 数据，并在将数据送入模型之前应用用户定义的 `collate_fn` 函数对数据进行预处理。

`train_dataloader` 对于模型的有效训练是必要的。通过批量加载数据，它允许模型并行处理多个数据点，这可以显著减少训练时间。此外，为每个轮次 shuffle 数据有助于防止过拟合，方法是确保模型在每个轮次中看到不同的数据点。

在提供的代码中，`collate_fn` 函数用于在将数据送入模型之前对其进行预处理。它接受示例列表，并返回一个字典，其中包含每个示例的像素值和输入 ID。`DataLoader` 在将每个数据批次送入模型之前，都会对数据应用 `collate_fn` 函数。这允许通过对每个数据批次应用相同的预处理步骤来更有效地处理数据。

21.4.4 定义训练组件

为了准备和定义训练组件，我们先初始化一个 AdamW 优化器。AdamW 是一种用于训练机器学习模型的优化算法，它是流行的 Adam 优化器的变体，Adam 优化器对每个模型参数使用自适应学习率。AdamW 优化器类似于 Adam 优化器，但前者在梯度更新步骤中包含一个额外的权重衰减项。这个权重衰减项会在优化过程中添加到损失函数的梯度中，通过向损失函数添加正则化项来帮助防止过拟合。

我们可以通过以下代码来初始化一个 AdamW 优化器：

```
# initialize optimizer
lora_layers = filter(lambda p: p.requires_grad, unet.parameters())
optimizer = torch.optim.AdamW(
    lora_layers,
    lr = learning_rate,
    betas = (adam_beta1, adam_beta2),
    weight_decay = adam_weight_decay,
    eps = adam_epsilon
)
```

`filter` 函数用于迭代 `unet` 模型的所有参数，并仅选择需要计算梯度的参数。`filter` 函数返回一个生成器对象，其中包含需要计算梯度的参数。此生成器对象分配给 `lora_layers` 变量，该变量将用于在训练期间优化模型参数。

AdamW 优化器使用以下超参数进行初始化：

❑ `lr`：学习率，控制每次迭代时向损失函数最小值前进步伐的大小。

- `betas`：这是一个元组，包含梯度的移动平均指数衰减率（β1）和平方梯度的指数衰减率（β2）。
- `weight_decay`：在优化过程中，添加到损失函数梯度中的权重衰减项。
- `eps`：在分母中加入一个小值以增强数值计算的稳定性。

接下来，我们定义一个学习率调度器——`lr_scheduler`。我们可以使用 Diffusers 包中的 `get_scheduler` 函数（从 `diffusers.optimization` 导入 `get_scheduler`）来代替手动定义：

```
# learn rate scheduler from diffusers's get_scheduler
lr_scheduler = get_scheduler(
    lr_scheduler_name,
    optimizer = optimizer
)
```

这个代码通过调用 Diffusers 库中的 `get_scheduler` 函数来创建一个学习率调度器对象。学习率调度器决定在训练过程中学习率（即梯度下降的步长）如何变化。

`get_scheduler` 函数需要两个参数：

- `lr_scheduler_name`：要使用的学习率调度算法的名称。在我们的示例中，名称是固定的（`constant`），并在代码开头定义。
- `optimizer`：学习率调度器将会应用于相应的 PyTorch 优化器对象，即我们刚刚初始化的 AdamW 优化器。

我们已经为训练准备好了所有元素，并编写了大量代码来准备数据集，虽然实际的训练代码并不长。接下来，让我们编写训练代码吧。

21.4.5 训练 Stable Diffusion v1.5 LoRA

训练 LoRA 通常需要较长时间，我们最好设置一个进度条来跟踪训练的进展：

```
# set step count and progress bar
max_train_steps = num_train_epochs*len(train_dataloader)
progress_bar = tqdm(
    range(0, max_train_steps),
    initial = 0,
    desc = "Steps",
    # Only show the progress bar once on each machine.
    Disable = not accelerator.is_local_main_process,
)
```

以下是核心训练代码：

```
# start train
for epoch in range(num_train_epochs):
```

```python
unet.train()
train_loss = 0.0
for step, batch in enumerate(train_dataloader):
    # step 1. Convert images to latent space
    # latents = vae.encode(batch["pixel_values"].to(
        dtype=weight_dtype)).latent_dist.sample()
    latents = latents * vae.config.scaling_factor

    # step 2. Sample noise that we'll add to the latents,
    latents provide the shape info.
    noise = torch.randn_like(latents)

    # step 3. Sample a random timestep for each image
    batch_size = latents.shape[0]
    timesteps = torch.randint(
        low = 0,
        high = noise_scheduler.config.num_train_timesteps,
        size = (batch_size,),
        device = latents.device
    )
    timesteps = timesteps.long()

    # step 4. Get the text embedding for conditioning
    encoder_hidden_states = text_encoder(batch["input_ids"])[0]

    # step 5. Add noise to the latents according to the noise
    # magnitude at each timestep
    # (this is the forward diffusion process),
    # provide to unet to get the prediction result
    noisy_latents = noise_scheduler.add_noise(
        latents, noise, timesteps)

    # step 6. Get the target for loss depend on the prediction
    # type
    if noise_scheduler.config.prediction_type == "epsilon":
        target = noise
    elif noise_scheduler.config.prediction_type == "v_prediction":
        target = noise_scheduler.get_velocity(
            latents, noise, timesteps)
    else:
        raise ValueError(f"Unknown prediction type {
            noise_scheduler.config.prediction_type}")

    # step 7. Predict the noise residual and compute loss
    model_pred = unet(noisy_latents, timesteps,
        encoder_hidden_states).sample

    # step 8. Calculate loss
```

```
        loss = F.mse_loss(model_pred.float(), target.float(),
            reduction="mean")

        # step 9. Gather the losses across all processes for logging
        # (if we use distributed training).
        avg_loss = accelerator.gather(loss.repeat(
            train_batch_size)).mean()
        train_loss += avg_loss.item() / gradient_accumulation_steps

        # step 10. Backpropagate
        accelerator.backward(loss)
        if accelerator.sync_gradients:
            params_to_clip = lora_layers
            accelerator.clip_grad_norm_(params_to_clip, max_grad_norm)

        optimizer.step()
        lr_scheduler.step()
        optimizer.zero_grad()

        # step 11. check optimization step and update progress bar
        if accelerator.sync_gradients:
            progress_bar.update(1)
            train_loss = 0.0

        logs = {"epoch": epoch,"step_loss": loss.detach().item(),
            "lr": lr_scheduler.get_last_lr()[0]}
        progress_bar.set_postfix(**logs)
```

上述代码是 Stable Diffusion 模型训练的典型训练循环。下面我们详细解释代码的每部分功能：

- 外层循环（for epoch in range(num_train_epochs)）迭代训练轮次。一个轮次是指遍历整个训练数据集一次。
- unet.train() 将模型设置为训练模式。这很重要，因为某些层（例如 dropout 和批量归一化）在训练和测试期间的行为不同。在训练阶段，这些层与评估阶段的行为不同。例如，dropout 层将在训练期间以一定的概率丢弃节点以防止过拟合，但在评估期间不会丢弃任何节点。类似地，BatchNorm 层将在训练期间使用批次统计信息，但在评估期间将使用累积统计信息。因此，如果不调用 unet.train()，这些层将无法在训练阶段正确定位，这可能会导致结果不正确。
- 内层循环（for step, batch in enumerate(train_dataloader)）迭代训练数据。train_dataloader 是一个 DataLoader 对象，它提供训练数据的批次。
- 在步骤 1 中，模型使用变分自动编码器将输入图像编码到潜空间中。然后对潜在分布进行采样以获得潜向量（latents），并将其按比例缩放。

- 在步骤 2 中，将随机噪声添加到潜向量中。此噪声是从标准正态分布中采样的，并且与潜向量具有相同的形状。
- 在步骤 3 中，为批次中的每个图像采样随机时间步长。这是时间相关噪声添加过程的一部分。
- 在步骤 4 中，文本编码器用于获取文本嵌入以进行条件设定。
- 在步骤 5 中，根据每个时间步长的噪声幅度将噪声添加到潜向量中。
- 在步骤 6 中，根据预测类型确定损失计算的目标。它可以是噪声或噪声的速度。
- 在步骤 7 和 8 中，模型使用噪声潜向量、时间步长和文本嵌入进行预测。然后将损失计算为模型预测与目标之间的均方误差。
- 在步骤 9 中，跨所有进程收集损失以进行记录。这在分布式训练的情况下是必要的，其中模型在多个 GPU 上进行训练。这样我们就可以在训练过程中看到损失值的变化。
- 在步骤 10 中，计算损失相对于模型参数的梯度（accelerator.backward(loss)），并在必要时剪裁梯度。这是为了防止梯度变得过大，这会导致数值不稳定。优化器根据梯度（optimizer.step()）更新模型参数，学习率调度器更新学习率（lr_scheduler.step()）。然后将梯度重置为零（optimizer.zero_grad()）。
- 在步骤 11 中，如果梯度同步，则训练损失将重置为零并更新进度条。
- 最后，记录训练损失、学习率和当前轮次以监控训练过程。进度条会随着这些日志更新。

一旦你了解了上述步骤，你不仅可以训练 Stable Diffusion LoRA，还可以训练任何其他模型。

最后，我们需要保存刚刚训练的 LoRA：

```
# Save the lora layers
accelerator.wait_for_everyone()
if accelerator.is_main_process:
    unet = unet.to(torch.float32)

    unwrapped_unet = accelerator.unwrap_model(unet)
    unet_lora_state_dict = convert_state_dict_to_diffusers(
        get_peft_model_state_dict(unwrapped_unet))

    weight_name = f"lora_{pretrained_model_name_or_path.split('/')[-1]}_rank{lora_rank}_s{max_train_steps}_r{resolution}_{diffusion_scheduler.__name__}_{formatted_date}.safetensors"
    StableDiffusionPipeline.save_lora_weights(
        save_directory = output_dir,
```

```
            unet_lora_layers = unet_lora_state_dict,
            safe_serialization = True,
            weight_name = weight_name
        )

accelerator.end_training()
```

让我们分解一下前面的代码：

- `accelerator.wait_for_everyone()`：在分布式训练中，这行代码起到关键作用——它确保所有进程都到达此代码点，准备执行下一步。这是一个同步点。
- `if accelerator.is_main_process`：这行代码检查当前进程是否是主进程。在分布式训练中，通常只需要保存一次模型，而不是每个进程都保存一次。
- `unet = unet.to(torch.float32)`：这行代码将模型权重的的数据类型转换为 `float32`。这样做通常是为了节省内存，因为 `float32` 比 `float64` 占用更少的内存，但仍然为大多数深度学习任务提供了足够的精度。
- `unwrapped_unet = accelerator.unwrap_model(unet)`：这行代码将模型从加速器中"解包"出来，加速器是用于分布式训练的包装器。
- `unet_lora_state_dict = convert_state_dict_to_diffusers(get_peft_model_state_dict(unwrapped_unet))`：这行代码获取模型的状态字典（包含模型的权重），然后将其转换为 Diffusers 适用的格式。
- `weight_name = f"lora_{pretrained_model_name_or_path.split('/')[-1]}_rank{lora_rank}_s{max_train_steps}_r{resolution}_{diffusion_scheduler.__name__}_{formatted_date}.safetensors"`：这行代码为保存权重的文件创建一个名称。该名称包含有关训练过程的各种详细信息，例如预训练模型名称、LoRA 秩、最大训练步数、分辨率、扩散调度器名称以及格式化日期。
- `StableDiffusionPipeline.save_lora_weights(...)`：这行代码将模型的权重保存到文件。`save_directory` 参数指定保存文件的目录，`unet_lora_layers` 是模型的状态字典，`safe_serialization` 表示权重应以安全的方式保存，以便以后加载，`weight_name` 是文件名。
- `accelerator.end_training()`：这行代码标志着训练过程的结束。这通常用于清理训练期间使用的资源。

本章的配套代码文件夹中包含完整的训练代码，名为 `train_sd16_lora.py`。但这还没完，我们还需要使用 `accelerator` 命令启动训练，而不是直接输入 `python py_file.py`。

21.4.6 启动训练

如果你只有一块 GPU，只需运行以下命令：

```
accelerate launch --num_processes=1 ./train_sd16_lora.py
```

如果你使用两块 GPU，请将 `--num_processes` 设置为 2，示例如下：

```
accelerate launch --num_processes=2 ./train_sd16_lora.py
```

如果你有两块以上的 GPU，并希望在指定的 GPU 上进行训练（例如，你有三块 GPU 并希望训练代码运行在第二块和第三块 GPU 上），请使用以下命令：

```
CUDA_VISIBLE_DEVICES=1,2 accelerate launch --num_processes=2 ./train_sd16_lora.py
```

要使用第一块和第三块 GPU，只需将 `CUDA_VISIBLE_DEVICES` 设置更新为 0,2：

```
CUDA_VISIBLE_DEVICES=0,2 accelerate launch --num_processes=2 ./train_sd16_lora.py
```

21.4.7 验证结果

这是见证模型训练威力的最激动人心的时刻。首先，我们加载 LoRA，将其权重设置为 0.0，代码为：`adapter_weights = [0.0]`：

```
from diffusers import StableDiffusionPipeline
import torch
from diffusers.utils import make_image_grid
from diffusers import EulerDiscreteScheduler

lora_name = "lora_file_name.safetensors"
lora_model_path = f"./output_dir/{lora_name}"

device = "cuda:0"
pipe = StableDiffusionPipeline.from_pretrained(
    "runwayml/stable-diffusion-v1-5",
    torch_dtype = torch.bfloat16
).to(device)

pipe.load_lora_weights(
    pretrained_model_name_or_path_or_dict=lora_model_path,
    adapter_name = "az_lora"
)

prompt = "a toy bike. macro photo. 3d game asset"
nagtive_prompt = "low quality, blur, watermark, words, name"
```

```
pipe.set_adapters(
    ["az_lora"],
    adapter_weights = [0.0]
)

pipe.scheduler = EulerDiscreteScheduler.from_config(
    pipe.scheduler.config)

images = pipe(
    prompt = prompt,
    nagtive_prompt = nagtive_prompt,
    num_images_per_prompt = 4,
    generator = torch.Generator(device).manual_seed(12),
    width = 768,
    height = 768,
    guidance_scale = 8.5
).images

pipe.to("cpu")
torch.cuda.empty_cache()
make_image_grid(images, cols = 2, rows = 2)
```

运行上述代码后，我们会得到如图 21.1 所示的图像。

图 21.1　一个玩具自行车、一张微距照片、一个 3D 游戏资产以及一张未使用 LoRA 生成的图像

结果不尽如人意。现在，我们来启用已训练的 LoRA，设置 `adapter_weights = [1.0]`。再次运行代码，你应该会看到图 21.2 中的图像。

图 21.2　一个玩具自行车、一张微距照片、一个 3D 游戏资产以及使用八张图像通过 LoRA 训练生成的图像。

结果明显优于未使用 LoRA 的图像！如果你看到类似的结果，那就恭喜你啦！

21.5　总结

本章内容较多，但学习模型训练的强大功能绝对值得。一旦掌握了训练技巧，我们就可以根据需要训练任何模型。当然，整个训练过程并不容易，因为有许多细节和琐碎的事情需要处理。然而，编写训练代码是完全理解模型训练原理的唯一途径。考虑到丰硕的成果，花时间从头开始弄清楚它是值得的。

由于章节篇幅限制，我只能涵盖 LoRA 训练的完整流程。但一旦你成功完成 LoRA 训练，就可以从 Diffusers 中找到更多训练样本，根据你的特定需求更改代码，或者干脆编写自己的训练代码，尤其是在你研究新模型架构时。

在本章中，我们首先训练了一个简单的模型。模型本身并不那么有趣，但它帮助你了解了使用 PyTorch 进行模型训练的核心步骤。然后，我们利用 Accelerator 包在多个

GPU 上训练模型。最后，我们接触了真正的 Stable Diffusion 模型，并仅使用八张图像就训练了一个功能齐全的 LoRA。

在第 22 章也是最后一章中，我们将讨论一些技术性较弱的内容，例如人工智能及其与我们、隐私的关系，以及如何跟上其快速变化的步伐。

21.6 参考文献

1. What is **Distributed Data Parallel** (**DDP**): https://pytorch.org/tutorials/beginner/ddp_series_theory.html
2. Launch the LoRA training script: https://huggingface.co/docs/diffusers/en/training/lora#launch-the-script
3. Hugging Face PEFT: https://huggingface.co/docs/peft/en/index
4. Hugging Face Accelerate: https://huggingface.co/docs/accelerate/en/index

CHAPTER 22

第 22 章

Stable Diffusion 与未来

　　Stable Diffusion 的世界日新月异，每天都有新的模型、方法和研究论文涌现。在撰写本书的过程中，Stable Diffusion 社区也经历了蓬勃发展。鉴于该领域的动态特性，书中不可避免地会遗漏一些新的进展。

　　在写作本书并深入研究 Stable Diffusion 的复杂细节时，我经常被问道："你是如何开始理解这个复杂主题的？"在本章中，我将分享我的学习历程，并提供一些见解，帮助你及时了解 Stable Diffusion 和人工智能领域的最新发展动态。

本章将讨论以下内容：
- 新一波人工智能浪潮有何不同？理解当前人工智能革命的独特特征。
- 数学和编程的持久价值：强调核心技能在瞬息万变的人工智能格局中的重要性。
- 紧跟 AI 创新步伐：分享一些技巧和策略，助你掌握人工智能领域的最新突破。
- 培养负责任、合乎道德、保护隐私和安全的人工智能：探索如何开发符合社会价值观和安全标准的人工智能最佳实践。
- 我们与人工智能之间不断演变的关系：反思人工智能对个人、组织和整个社会的影响。

　　我希望本章能为渴望扩展 Stable Diffusion 和 AI 知识的读者提供宝贵的资源。好奇心是在这个激动人心的领域进行深入理解和探索的关键。

22.1 这波人工智能浪潮有何不同

　　2016 年 3 月，AlphaGo[1] 在比赛中击败了世界著名围棋选手李世石，创造了历史。这是一件意义重大的事件，因为围棋需要战略思维和直觉，由于其复杂性，人们一度认为计算机无法掌握。AlphaGo 的胜利证明了人工智能和机器学习的进步。

AlphaGo 的成功基于深度神经网络和蒙特卡洛树搜索技术的结合。它通过学习数千场职业围棋棋谱来学习模式和策略，然后，它与自己进行了许多场比赛，以提高技能和对围棋的理解。

这一成就标志着人工智能发展的一个重要里程碑，表明机器现在可以在需要深度理解和战略决策的任务中胜过人类。

我当时正在观看这些比赛的直播，机器的力量让我感到震惊。然而，为 AlphaGo 提供动力的模型并非没有局限性。以下列举几条：

- 特定于围棋：AlphaGo 是专门为下围棋而设计的。它无法将其知识转移到其他游戏或领域。如果我们在棋盘上再加一行，那么 AlphaGo 将无法正常工作。
- 可解释性：很难理解 AlphaGo 为什么会做出某些决定，这使得在关键情况下难以信任或依赖其输出。

AlphaGo 仅使用围棋数据进行训练，因此其数据范围非常有限，这是其"特定于围棋"的根本原因。这类似于基于卷积神经网络的图像分类模型。这些模型由一组预定义的数据进行训练，因此，它们只能对限定范围的输入数据执行操作。

2017 年，论文"Attention Is All You Need"[2] 介绍了 Transformer 模型。作者在一项名为机器翻译的特定无监督任务中展示了 Transformer 模型的有效性。他们训练模型将句子从一种语言翻译成另一种语言，而不需要任何对齐的句子对或显式监督。相反，他们使用编码器 - 解码器结构以概率预测下一个单词。换句话说，下一个"单词"或"令牌"是输入的训练标签，因此模型试图学习数据中存在的模式或结构，而不需要任何关于学习内容的明确指导。

毫无疑问，Transformer 模型本身仍然很重要（至少在撰写本书时）。但是在没有预定义标签的情况下训练模型的想法和实现是绝妙的。

近年来，一些模型仅使用解码器来训练模型。值得注意的是，GPT-3 使用仅解码器架构来生成文本。其他一些视觉模型使用注意力机制来取代 CNN 结构——例如，Vision Transformer (ViT)[3] 和 Swin Transformer[4]。

就 Stable Diffusion 而言，本书中介绍的模型将其注意力机制集成到其 UNet 架构中，如第 4 章和第 5 章所述。Stable Diffusion 可以采用任何图像和标题对进行训练，其数据范围没有限制。如果我们有足够的硬件能力，则我们可以提供世界上所有的图像及其相关的描述文本，来训练一个超级扩散模型。

正如 OpenAI 的 Sora 模型所展示的那样，拥有足够的视频数据、相关的描述、强大的 GPU 算力和基于扩散 Transformer 的模型，模型就可以生成视频，在某种程度上模仿现实世界。

在撰写本书时，我们还不知道这种基于注意力的自动学习架构的极限是什么。

22.2 数学和编程的持久价值

随着人工智能展现出越来越强大的能力，有些人可能会认为，未来我们不再需要学习编程或数学，因为任何任务都可以交给人工智能来完成。然而，事实远非如此。这波人工智能革命的确打开了通往未来的一扇新大门，但从根本上来说，人工智能仍然是运行在硅芯片上的程序，它需要人类提供智慧和知识。

当前的人工智能技术是基于概率论、统计学和线性代数等数学模型发展起来的，这些都是人工智能算法的基石。例如，基于潜变量的扩散模型（Stable Diffusion）就是一种基于神经网络的算法，而神经网络的灵感来源于人脑的结构。深度学习中最重要的部分是反向传播，其本质上就是微积分的应用。因此，人工智能离不开数学。

至于编程技能，GPT 和扩散模型并没有让编程技能变得多余；相反，编程找到了新的领域来征服。那些为人工智能发展做出贡献的人，也正是那些编写了大部分代码的人。

假设你被某些自称专家的言论误导，放弃了对编程能力的追求。几年后，当你打开任何 GitHub 上的人工智能项目时，你不仅无法做出任何贡献，甚至根本无法阅读代码。

数学知识和编程技能永远不会过时。它们的形式可能会随着时间的推移而改变，但其核心概念将保持不变。

既然你在阅读一本关于如何使用 Python 操作 Stable Diffusion 的书，我敢打赌你不会满足于仅仅会使用这个模型，而需要了解它的内部工作原理。要理解它，最好的方法就是创造它，正如 Richard Feynman[7] 在他的黑板上[5]所说的那样，如图 22.1 所示。

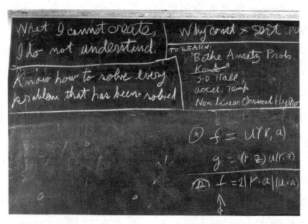

图 22.1　Richard Feynman 的黑板——"凡我不能创造的，我就不能理解。"
（What I can not create, I do not understand.）

这也与个人经验有关；只有在亲自实现之后，我才能完全理解一个主题。俗话说，我们不能通过阅读游泳书籍来学习游泳。

然而，实现一个模型需要理解其背后的理论，这需要相关的数学知识和将复杂公式转换为可执行代码的编程技能。

假设我们已经下定决心要深入学习人工智能，那么我们应该从哪里开始呢？

22.3 跟上人工智能创新的步伐

由于 Transformer 模型的出现极大地改变了人工智能领域的面貌，因此我们无法在亚马逊书店找到最新的学习资料，尤其是 2022 年之前出版的书籍。找到最相关的高质量信息至关重要。以下是一些可能有用的渠道：

- 关注知名论文作者：通常，高产或才华横溢的论文作者可能会创建或参与另一个模型的研发。关注他们的 GitHub 账户、X（以前的 Twitter）账户或其他渠道的更新是了解他们最新工作的好方法。
- 利用 X 平台：当我浏览我的 X 信息流时，经常会看到各种各样的内容，包括幽默的视频和图片，这些很容易让我一早上都沉迷其中。为了最大限度地利用这个平台，我学会了使用"对此帖子不感兴趣"功能来定制我的信息流，使其显示更多相关信息。这需要自律，因为我需要抵制参与娱乐性话题的诱惑，转而与那些提供有价值见解的人工智能相关帖子互动。通过坚持应用这一策略，X 平台可以转变为一个宝贵的资源，帮助我及时了解该领域的最新发展动态。
- 使用 git pull 命令：当我们从网站上阅读帖子或新闻时，这些信息可能已经过时或不够详细。我发现 git pull 命令是跟上相关领域最新进展的有效方法。

    例如，当我们打开 diffusers 的 GitHub 仓库，并输入 git pull origin main 命令时，它会列出主分支的最新更改，我可以从中找出哪些代码被合并到了主分支。只需按住 Ctrl 键并点击文件名，我就可以打开包含最新更改的文件。

    通常，使用 git pull 命令可以获取关于 Stable Diffusion 最前沿进展的宝贵信息，代码中通常还会附上论文的网址。
- 实用网站：除了 GitHub 仓库外，还有三个非常有用的网站或工具，可用于查找论文和模型。
    - Papers with Code（https://paperswithcode.com/）：这个网站是跟踪最新研究进展的绝佳资源。它提供了学术论文及其相关代码实现的完整列表，便于理解和复现研究结果。你可以根据研究领域、任务和数据集筛选论文，该网站还提供各种任务的最新模型排行榜。

- GitHub 趋势：GitHub 是开发者和研究人员分享代码的平台，"趋势"部分是发现新模型和实现的宝库。通过根据你的兴趣领域（例如机器学习、深度学习或自然语言处理）筛选结果，你可以找到最受欢迎和最近更新的代码仓库。这可以帮助你了解该领域的最新进展和最佳实践。
- Hugging Face 模型中心：Hugging Face 是构建和分享自然语言处理模型的知名平台。模型中心是一个可搜索的预训练模型库，你可以根据任务、语言和框架进行筛选。通过浏览模型中心，你可以找到各种 NLP 任务的尖端模型，并轻松地将它们集成到自己的项目中。此外，Hugging Face 还提供详细的文档和教程，使其成为初学者和经验丰富的从业者的优秀资源。

在追赶最新进展的同时，我发现保持专注和好奇心也很重要：

❑ 保持专注：对我们来说，保持专注于当前的任务或项目而不被最新的人工智能进步所干扰是至关重要的。紧跟行业趋势固然重要，但不断转移焦点可能导致项目无法完成或缺乏深度理解。以下是一些保持专注的策略：
  - 学习的优先级：确定你现在需要为你的项目或职业目标学习什么，并专注于此。
  - 设定具体的学习目标：明确的目标可以帮助你保持进度。
  - 分配探索时间：每周留出特定时间来探索新的进展。这样，你就可以在不偏离重点的情况下满足你的好奇心。

❑ 保持好奇，同时避免不知所措：在人工智能领域，保持好奇心并对新想法和技术持开放态度至关重要，但同样重要的是管理这种好奇心，以避免感到不知所措。以下是如何做到这一点的四个技巧：
  - 拥抱成长的心态：要明白学习是一个旅程，即便现在不知道所有的事情也没关系。
  - 使用多种学习方法：如果一种方法让你感到压力大，则请尝试另一种方法。例如，如果阅读研究论文过于密集，请尝试观看视频讲座或参加在线课程。或者，也可以简单地向 ChatGPT 这样的大语言模型寻求帮助。
  - 制定学习计划：计划你的学习，以确保你有时间消化新信息。与其立即克隆一个代码仓库，不如做个笔记，安排一个时间再去学习它。
  - 寻求支持：加入人工智能社区、论坛或讨论组，在那里你可以提出问题并与他人分享你的学习旅程。这可以使学习过程不那么令人畏惧。

学习人工智能的关键在于平衡。要找到适合你自己的专注与好奇之间的平衡点。

22.4 构建负责任、遵守道德、保护隐私和安全的人工智能

展望未来，人工智能将成为我们生活中不可或缺的一部分，就像电力和互联网一样，

几乎渗透到我们存在的方方面面。最初，这些技术被视为新奇事物，甚至可能具有危险性。高压交流电会构成致命威胁，而互联网则会成为传播错误信息的渠道。尽管存在这些最初的担忧，但我们还是成功地减轻了这些技术的负面影响，并利用它们的潜力造福人类。

当突破性技术出现时，几乎不可能抑制其传播。与其限制对这些进步的访问，我们应以将其负责任地融入我们的生活为目标。

人工智能也不例外。人工智能被用于欺骗或欺诈目的的例子并不少见。随着人工智能的日益普及，每个人都更容易获得强大的人工智能工具。挑战在于管理人工智能的潜在滥用。就像刀一样，既可以用来准备食物，也可能造成伤害，人工智能的影响很大程度上取决于使用者。

为了迎接人工智能驱动的世界，我们需要加深对人工智能的理解，包括它的能力和局限性。我们必须学会正确地使用它，并在我们自己和后代身上灌输道德价值观。如果可能，我们还应该制定法律来规范其使用。

作为人工智能开发者，保持人工智能技术的透明度至关重要。当一家大公司发布的模型可以生成有害内容，例如极端言论或过度政治正确的内容时，一个开放的社区可以表达担忧并启动纠正措施。相同水平的人工智能技术可以用来抵消这些问题，本质上是以火攻火。

在 Stable Diffusion v1.5 中，提供了一个基于 OpenAI CLIP（对比语言-图像预训练）的安全检查器模型，以确保输出是无害的。这个模型可以自动有效地执行这项任务。Stable Diffusion XL 还包括一个水印模块，可以在图像背景中嵌入难以看到的水印。此功能可以通过添加特定的隐藏信息来保护图像的作者身份。如果我们保持人工智能技术的开放性，那么我们总能找到平衡力量的方法，并确保人工智能被用于造福人类。

我们正处于一个新时代的黎明，人工智能将改变我们的生活、工作和互动方式。通过拥抱人工智能并共同努力，确保这种转变带来积极的增长和发展取决于我们自己。但是，有一件事一直困扰着我们——如果人工智能抢走了我们的工作怎么办？

22.5 我们与人工智能不断演变的关系

1907 年 4 月 24 日，纽约市的点灯人举行罢工[6]，导致许多街道陷入黑暗。尽管市民抱怨，警察也努力尝试，但由于各种挑战，只有少数路灯被成功点亮。这一事件标志着人们开始转向更易维护的电灯，自 19 世纪后期引入以来，电灯就开始逐渐取代煤气灯。

到 1927 年，电灯完全取代了煤气灯，导致点灯人这一职业和点灯人联盟消失。电气化进程势不可挡，无论公众和点灯人多么不愿意接受它。

而人工智能就是新的电灯。它可以具有创造力，可以完全自动化，可以很好地完成一项或多项工作，并且可能超越人类的能力。是的，人工智能电灯将取代我们习以为常并精心维护的旧煤气灯。那么，点灯人的工作会被"人工智能"电灯取代吗？

嗯，恐怕这一次，从维护煤气灯转向维护电灯并不那么容易。然而，"人工智能"电灯不仅取代了工作岗位，还创造了更多工作岗位。最重要的是，人工智能创造的那些工作比以前的工作更有趣、更有意义。说实话，我们真的喜欢那些重复、单调的工作吗，就像点灯人曾经做过的那些工作一样？人工智能将取代枯燥的工作，解放我们更多的脑力，去探索更有趣、更令人兴奋的、以前没有人涉足过的领域。让我们拥抱变化，迎接人工智能电灯，一起开始我们的旅程吧！

22.6 总结

本章讨论了 Stable Diffusion 之外的主题，重点关注人工智能发展的更广泛背景及其对社会的影响。以下是主要观点的快速总结：

- 当前的人工智能浪潮是独一无二的，因为它利用了基于注意力的自动学习架构，使模型能够跨领域迁移知识。
- 数学和编程技能仍然是人工智能发展必不可少的，因为它们构成了人工智能算法的基础，并使研究人员能够在现有知识的基础上进行构建。
- 你需要通过以下渠道了解最新的人工智能发展：关注论文作者，使用 X，使用 GitHub，以及访问几个有用的网站。
- 通过促进透明度、解决潜在的滥用问题，以及教育用户了解人工智能的能力和局限性，开发负责任的、有道德的、保护隐私的和安全的人工智能。
- 拥抱人工智能的变革力量，认识到它可能会取代一些工作，但也会创造新的机会，带来更有趣和更有意义的工作。

通过探索这些主题，我们可以更好地理解人工智能在我们生活中的作用，并为其负责任的发展做出贡献，造福每个人。

22.7 参考文献

1. AlphaGo: https://en.wikipedia.org/wiki/AlphaGo
2. Attention Is All You Need: https://arxiv.org/abs/1706.03762
3. An Image is Worth 16x16 Words: Transformers for Image Recognition at Scale: https://

arxiv.org/abs/2010.11929

4. Swin Transformer: Hierarchical Vision Transformer using Shifted Windows: https://arxiv.org/abs/2103.14030

5. Richard Feynman's blackboard at the time of his death: https://digital.archives.caltech.edu/collections/Images/1.10-29/

6. LAMPLIGHTERS QUIT; CITY DARK IN SPOTS; Police Reserves Out in Harlem to Set the Gas Lamps Going. UNION CALLS OUT 400 MEN Only Formed a Short Time Ago, Whereupon the Gas Company Began Dismissals: https://www.nytimes.com/1907/04/25/archives/lamplighters-quit-city-dark-in-spots-police-reserves-out-in-harlem.html

7. Richard Feynman: https://en.wikipedia.org/wiki/Richard_Feynman